贞尧仔 著

# 寻求平衡

海峡出版發行集團 THE STRAITS PUBLISHING & DISTRIBUTING GROUP | 福建人民出版社 FUJIAN PEOPLE'S PUBLISHING HOUSE

# 自序

人们常常见到，现实中的一些人给人的感觉“挺好”的，包括其天资、能力、素养等，见着起高楼，见着宴宾客，见着尽风流，却忽然楼垮塌，筵散了，从光彩夺目的“金凤凰”转眼成了令人生厌的“黑乌鸦”，有的甚至沦为阶下囚。且听《红楼梦》中跛足道人叨念的《好了歌》：“世人都晓神仙好，惟有功名忘不了！古今将相在何方？荒冢一堆草没了。世人都晓神仙好，只有金银忘不了！终朝只恨聚无多，及到多时眼闭了。”[①] 人人都向往过“神仙”般的生活，像“神仙”一样超然物外，获得精神的自由和愉悦。但是，人生活在现实之中，许许多多的现实问题总“忘不了”、顶不住、过不去。虽“都晓”“世上万般，好便是了，了便是好。若不了，便不好；若要好，须是了”[②]，但想了却又没有了好，想好却又没完

① （清）曹雪芹：《红楼梦》，人民文学出版社 1982 年版，第 17—18 页。
② （清）曹雪芹：《红楼梦》，人民文学出版社 1982 年版，第 18 页。

没了，想逍遥却仍困于俗事，这就是人之为人的现实矛盾和无奈。

2012年，福建省委党校林默彪等老师到愚工作的地方调研。我们联系实际，从哲学视野谈人的过去、当下和未来，从人的视域研究探讨工作，交流广泛深入，相谈甚欢，互有启发。林老师就此提出，让愚给党校哲学专业学生授课，授课内容就联系现实，讨论人的有关问题。师命不可违，我便一口答应下来，并当即拟定授课题目为《寻求平衡》。承诺了就必须做，做了就必须努力做好，才不辜负老师的期望。经过半年多的资料查阅，结合实际思考，我拟了一万五千多字的授课提纲，壮着胆第一次走上高校的讲台。林默彪教授几次亲临听课，认为上课效果不错，课程的理论逻辑框架已较完善，建议进一步充实，写成一本书，这样更能引人思考、给人启发。在相关际遇下，2016年3月13日，我在省委党校学习期间，正式动笔抒发沉静已久的思绪。此后，无论走到哪里，或起早或歇晚，我每天坚持写作，在写作中学习，在学习中写作，想到就写，写后再思，倒逼着自己深入思索，对现实问题的不解、困惑就在思考、写作中化解，化成开心和愉悦，并将点点开悟、丝丝快意诉诸笔端。日积月累，终于在2017年4月25日于南京紫金山虎踞龙盘之地完成初稿。

习近平总书记指出："中国共产党人依靠学习走到今天，也必然要依靠学习走向未来。"① 从历史、宏观的视野来说，人从实践中走来，从学习思考中走来，实践、认识、再实践、再认识，从而走向全面自由发展。从现实、微观的视角来看，物质在变、思潮在变、现实在变，人也无时无刻不在变化，要在变中求好，只能"一日三省"，不断地学习、思考。实际上，"好人"不一定能一好到底，"坏人"也不见得坏到无边，每个人都在时刻寻找自己的基点，平衡来自现实的各种关系。如为人子，需要处理好父母、长辈的关系；为人妻，需要处理好公婆、丈夫的关系；为人父母，需要处理好孩子、媳妇的关系。每个人在人生的各个时段，都在寻找自己的立世基准，寻找自己心灵安顿的地方，如运动员走平衡木，即便做出再精彩的技巧动作，若一不小心没有控制好重心，也会翻倒落地。笔者试图以人的"真、善、谦"为基准，从马克思主义哲学、中华传统文化和自然科学角度来思考人的现实问题，用中国传统文化的思想、用普通人的思维、用现实通俗的话语来解读马克思主义哲学，使人的现实问题得到马克思主义及其发展的理论和中华优秀传统文化这"两个堤坝"的导引，如水入

① 习近平：《依靠学习走向未来》，《习近平谈治国理政》第一卷，外文出版社 2018 年版，第 407 页。

渠、归海，得到疏通、安放，期盼人们能走出困惑，珍惜当下的幸福，追求自由自在自然的生活，走向更远更好的未来。

本书内容主要是笔者学习实践的体会和思考，大多是从看书、听会、工作、吃饭交流、喝茶聊天、散步买菜、走街串巷、爬山涉水中得来的启发、思索和感悟。衷心感谢林默彪教授的鼓励和点拨，感谢领导，感谢同事，感谢茶余饭后一起交流闲谈的朋友，感谢所遇见的人和事，感谢家人全身心的支持。笔者下笔如蜗牛爬行，战战兢兢，深感自己的视野狭窄，触觉迟钝，对人和事的理解也仅是一孔之见，敬请方家雅正，笔者一定虚心学习，认真领教。

贞尧仔

2017年4月27日于南京东郊国宾馆

# 目　　录

# 第一章　平衡的一般概念



平衡无处不在。整个宇宙空间的物质基本处于平衡状态，如自然科学中的“能量守恒定律”所验证的能量。从物质结构分析看，物质合成前后原子量是相等的，比如两个氢分子和一个氧分子结合生成两个水分子。在人文社会科学中，如《周易》讲的阴阳，就是一对平衡，始终处于一种稳定的状态。我们平常所说的善恶、美丑、进退、快慢都处于一种二元对立的平衡状态。老子的“道”、孔子的“中庸”、马克思的“度”、马克龙的“第三力量”、牛顿的第三定律“作用力与反作用力”等，都是平衡理念在不同时期、不同领域、不同范畴的不同表述。

## 一、平衡的词义

《辞海》中“平衡”一词有两种含义：（1）衡器两端承受

的重量相等。《汉书·律历志上》：“准正，则平衡而钧权矣。”引申为几个方面在数量或质量上均等或大致均等。（2）亦称“均衡”。指矛盾暂时的相对的统一或协调。一般可分为动态平衡和静态平衡，但这两种形态都是和运动分不开的。在绝对的、永恒的物质运动过程中存在着相对的、暂时的静止和平衡。平衡的哲学意义在于，我们常说天道自衡，宇宙万物都有求存在的本能，这种本能源自万物的存在智慧，所产生的自然力量使宇宙万物总趋于平衡。宇宙万物总是相互依存，相互作用，在相互影响中保持自己的独立存在。存在就是平衡。人能存在，必须与联系着的事物保持平衡。从小的方面说，一个人能在一个家庭存在，就必须处理好家庭成员以及其他与之相联系事物的各种平衡关系，存在就必须平衡。平衡是消除冲突的艺术，让人“诗意地安居于大地之上”①，是人生的最高境界。

## 二、平衡的法则

平衡有五条法则：

### （一）平衡循环

平衡循环就是平衡运动，也是矛盾运动，事物始终处在从平衡到不平衡，再到新的平衡，而后又到新的不平衡的运动状态中，宇宙万物都是如此。如我们的学习成长过程，从刚上小学的不适应到后来的适应，升入中学后又从不适应到适应，然

---

① 郜元宝编译：《人，诗意地栖居：超译海德格尔》，北京时代华文书局2017年版，第106页。

后上大学又从不适应到适应；参加工作到新的岗位，也是从不适应到适应的过程。从不适应到适应，又从适应到不适应，人就在平衡、不平衡、新的平衡、新的不平衡的循环运动中进步成长。

### （二）自我平衡

自我平衡即系统内部结构的平衡。系统结构决定系统的性质和功能，系统结构的变化是为了适应外部环境。我们每个人都是一个系统，为了更好地适应外部环境，自身要寻求平衡，即结构平衡，也就是自我平衡。如人的五官，其结构决定其功能和性质，各就其位，各尽其用。但当某一个器官发生故障的时候，系统内部就会自动地进行调节，某些功能发生障碍弱化了，另一些功能就会增强，此消彼长，寻求平衡。比如聋哑人，耳朵听不见，语言能力缺失，但一般来说眼睛就特别敏锐，手脚敏捷；盲人，眼睛看不见，一般听力特别好。

### （三）事物对称

事物对称是系统与系统之间的平衡。宇宙万物都有它自身的对称方，一方的存在都是因另一方存在而存在，都有其对立面。一个系统的存在，肯定是以另一个系统的存在为依据，这就是事物对称。《周易》中讲的相生相克，就是这个意思。比如人患了某种病，肯定是身体的某些物质缺失或某些机能失调，一般都能找到对症的治疗办法。某种病目前难以治疗，只是由于目前人的认知水平有限，还没有找到对症的药物和治疗方法，并不能说无药可治、无法可施。许多病，以前不能治，但现在可以治好，就是因为找到了病的对立面，能对症下药。

### （四）自然位置

自然位置是指系统与环境之间的平衡。万物求生存求发展的本能，都能在环境中找到自然位置，发挥自己的作用。自然界中的生物链，是由动物、植物和微生物相互提供食物而形成的相互依存的链条关系，比如有树的地方常有鸟，有花草的地方常有昆虫。植物、昆虫、鸟和其他微生物在生物链中各自找到自己的位置，相互作用，相互依赖，保持自身与环境的平衡，这样才能做到“适者生存”。人在社会上生存、发展，必须找到自己在这个社会中应有的位置。找到了合适、正确的位置，站准、站好，不缺位、不越位，就能实现个人与团队、个人与社会、个人与自然环境之间的平衡。因此，我们经常说“摆正你的位置”。

### （五）万物玄同

万物玄同是指系统在特定环境下的平衡，处于无差别的状态，也就是万物同根同源同归宿。如我们人出生的时候，大家都一样，没有身份的差别，也没有善恶之分，这就是老子讲的“朴”，处于原始的状态；人死亡的时候也一样，没有贵贱之分，最后留下一把灰，回归大地自然。玄同，还有一种理解就是和光同尘，这是一种人生的智慧和境界。先哲老子说：“塞其兑，闭其门，挫其锐；解其分，和其光，同其尘，是谓玄同。”① 意思是说，塞住出口，关上门径；收敛锐气，排除纷

---

① （魏）王弼注：《老子道德经注》，楼宇烈校释，中华书局 2011 年版，第 152 页。

杂；调和光芒，混同尘垢，这就是神奇的同化境界。“古之善为士者，微妙玄通，深不可识。”① 老子倡导的是圣人或有道之人处于与世沉浮的生存状态，其精神境界远超一般人所能理解的水平，但其表现出来的却与普通人无异，有道而人不知、人不识，正所谓“大智若愚”“大象无形”“仙风道骨俗人身”。



## 三、平衡的哲学观

平衡既是一种方法论又是一种哲学观。作为哲学观来说，看待事物都要坚持“二元论”，就是一分为二辩证地看问题，比如说有善就有恶，有美就有丑，有高就有低，有长就有短，相对立而存在，也就是对立的统一。作为方法论来讲，事物相互依存，在一定条件下可以相互转化，趋于和谐大同的状态。就像《道德经》所说的：“故有无相生，难易相成，长短相较，高下相倾，音声相和，前后相随。”② 要坚持“二元平衡”的和谐理念，既要坚持二元对立，又要考虑和谐相处。因此我们强调建设和谐社会，必须注重在和谐状态下解决存在的矛盾和问题，在发展中于有利于各方的情况下解决问题，注重公平与效率。

---

① （魏）王弼注：《老子道德经注》，楼宇烈校释，中华书局 2011 年版，第 37 页。

② （魏）王弼注：《老子道德经注》，楼宇烈校释，中华书局 2008 年版，第 7 页。

# 第二章　认识你自己

平衡是社会以及人与人之间和谐相处的天平。人与人之间如何和谐相处，费孝通先生说得好："各美其美，美人之美，美美与共，天下大同。""各美其美"是前提，也是人与人之间和谐共处的关键。要做到这一点，首先要学会认识你自己，认识什么是人。

关于什么是人，古今中外哲学家仁者见仁，智者见智，提出了无数的学说和理论。古希腊神话中有个关于斯芬克斯之谜的故事：一个长着人面狮身的怪兽叫斯芬克斯，坐在忒拜城附近的悬崖上，要求过路人猜一个谜语："什么东西早上用四条腿走路，中午用两条腿走路，晚上用三条腿走路？"如果路人猜不出来，就会被吃掉。有一次俄狄浦斯路过，同样被问了这个问题，他回答说是人。为什么是人？他解释说，在生命的早晨即孩童时期，人用两条腿和两只手支撑着身体爬行；到了生命的中午即壮年时期，人用两条强壮的腿走路；到了生命的傍晚，年老体衰的人拄着拐杖，看起来就像“用三条腿走路”。斯芬克斯认为俄狄浦斯猜对了，于是羞愧地跳崖而死。这个神话故事说明，人类很早就开始了认识自己的追问。

人要认识自我，认清自己的本质。人的本质是什么？按马克思主义观点来说，人的本质就是在一定的社会关系中，从事实践的活动，简单地说人的本质是社会性的实践。对此马克思有两个著名的论断，一个是“自由的有意识的活动恰恰就是人的类特性”①，“有意识的生命活动把人同动物的生命活动直接区别开来”②。“有意识的生命活动”“自由的自觉的活动”指的就是人的劳动和实践。另一个著名的论断是“人的本质是人的真正的社会联系”③，“人的本质不是单个人所固有的抽象物，在其现实性上，它是一切社会关系的总和”④。也就是说，对人的本质把握，应当贯彻实践活动与社会关系相统一的原则。实践活动是内容，社会关系是形式，简单地说，人的本质就是社会性的实践。由此可知，要真正认识一个人，了解他的本质，除了要了解他干了多少活，有什么技术、成果之外，更重要的还要了解他的社会关系，他的工作圈、生活圈，他与谁在一起，这样才能了解一个真实的人。社会关系对人极为重要。比如说狼孩，出生时他表现出的是人的本性，但在狼群中生活，动物性本能就占主导地位甚至起决定性作用，人的社会



① 马克思：《1844 年经济学哲学手稿（节选）》，《马克思恩格斯选集》第一卷，人民出版社 2012 年版，第 56 页。

② 马克思：《1844 年经济学哲学手稿（节选）》，《马克思恩格斯选集》第一卷，人民出版社 2012 年版，第 56 页。

③ 马克思：《1844 年经济学哲学手稿》，人民出版社 2000 年版，第 170 页。

④ 马克思：《关于费尔巴哈的提纲》，《马克思恩格斯选集》第一卷，人民出版社 2012 年版，第 135 页。

性就弱化了，更多地表现出狼的特征。孟母三迁的故事也说明社会关系的重要性。读书、学习是个人的实践，但孟母更注重社会关系，要找好邻居、好伙伴，以引领孟子走上正道。还有，人们经常说不能为一个人而活。如果只为自己而活、为生存去实践，那与动物无异，那就不是一个完整的人生。人在社会大家庭中生活，要与社会相联结、相协调，要为自己生存而努力，还得为亲人、为其他人、为社会奋斗，做到我为人人，人人为我。

## 一、人凭什么立足于社会

人凭什么立足于社会，靠什么实践？马克思主义认为，人是思想的存在物。实践是人的存在方式，其本质是人能动地改造物质世界的对象性活动。这种能动性突出表现在通过人类自觉的有意识的活动，即思想活动，把人的动机、目的、理想转化为某种客观存在。可以说，思想是社会进步的活水源泉。人凭着思想在社会立足，靠思想实践。英国哲学家柯林伍德说："一切历史都是思想史。"

什么是思想？思想是形而上。《易经·系辞》说"形而上者谓之道，形而下者谓之器"。上即天，"在天成象，在地成形"①，形而上就是天上的"象"。古人很重视天上的象，认为它是起主导作用的，支配地上的"形"和"器"。思想如道，用抽象的思维、形而上的道理，统领约束下界作为"器"的

① 黄寿祺，张善文：《周易译注》，上海古籍出版社 2007 年版，第 374 页。

自然万物。思想，一般也称观念，是指一种客观事物在人头脑中认知的反映，并通过语言、文字、动作表达出来，是一种“思”与“想”的结合。它主要有三层含义：一是思想是一种认知；二是这种认知不能脱离客观存在，即实践；三是这种认知往往通过语言、文字、动作等表现出来，也就是思想的表现形态。

### （一）思想的表现形态多种多样



从广义上讲，非物质就是思想，凡世界观、方法论、道德规范、风俗习惯都是思想。它可分为理性的，如书籍、制度等；感性的，如梦、灵感、冲动等；神性的，如宗教、巫术等。从狭义上讲，思想就是人的想法、理念等。物质和思想可以相互转化。一方面，思想对物质有巨大的反作用，在一定条件下可以产生巨大的物质力量。我们常说“一人胜过百万兵”，一位优秀将帅的智慧发挥的作用，能够胜过百万大军的作用。现代科学技术的发明创造表现得更为明显。如乔布斯的发明创造所获得的社会财富，远远超过富士康120万员工创造的价值。另一方面，物质可以上升为思想。中国古代为防御而修建的万里长城，经过历史的沉淀，已从建筑物演化成中华民族的文化符号，“不到长城非好汉”，成为中华民族无惧困难、敢于挑战的精神象征。自然界的生物，如荷花，因其特殊的生活习性，在中国文化中已成为出淤泥而不染的化身。梅兰竹菊亦如此，其不同的自然属性，赋予它们不同的思想意义。

“思想是开启世界大门的钥匙”。思想是行动的指南，在人生历程中，比如说如何对待自己的学习问题，如何选择自己的职业，如何选择自己的朋友，如何评判自己的幸福等等，都是思想在起决定作用。法国哲学家帕斯卡尔说："思想形成人的伟大。"荀子说："水火有气而无生，草木有生而无知，禽兽有知而无义。人有气、有生、有知，亦且有义，故最为天下贵也。"① 人与动物的区别在于人有思想、讲究道义。世间万物，唯有精神不朽。古人所说"三不朽"即立德、立功、立言，立德立言是精神，立功最终将从物质力量变成文化符号，成为精神的力量，如我们熟悉的红军长征、红旗渠、航天事业、焦裕禄等，成为激发我们继续前进的长征精神、红旗渠精神、航天精神、焦裕禄精神。

### （二）思想的作用极其强大

#### 1. 思想统治世界

马克思主义认为，思想不仅反映客观世界，还改造客观世界。毛主席说"代表先进阶级的正确思想，一旦被群众掌握，就会变成改造社会、改造世界的物质力量"。② 德国哲学家雅斯贝尔斯提出"轴心时代"的思想，对世界产生巨大影响。他认为，公元前 800 年至公元前 200 年，以公元前 500 年为轴心，世界各区域的文明经过早期发展之后，形成了三大古典文化文明，即中国先秦文明、古印度文明和古希腊文明。这三个地区分别发生了非同寻常的文化事件，出现了非凡的文化人物。在中国，老子、孔子、孟子、墨子等思想家、哲学家相继出现；在印度，婆罗门教的经典《奥义书》等问世，佛教等

---

① 王威威：《荀子译注》，上海三联书店 2018 年版，第 79 页。

② 毛泽东：《人的正确思想是从哪里来的?》，《毛泽东文集》第八卷，人民出版社 1999 年版，第 320 页。

宗教开始创立，释迦牟尼等圣贤出现；在希腊，更是贤哲辈出，有苏格拉底、德谟克利特、柏拉图、亚里士多德和阿基米德等。“轴心时代”是人类思想的大爆炸时期，各个文明中心几乎同时爆发了一场伟大的思想革命。这些思想的出现，将人类往后几千年的活动原则确立下来，如宗教原则，人与人、人与社会、人与自然的原则，人类的本质、地位、意义等。这次人类文明的重大贡献主要表现在三个方面。一是产生了三种影响深远的宗教思想，最终形成了三种传承几千年的宗教：老子的道家思想，最终形成了中国的道教；释迦牟尼的轮回思想，最终形成了影响深远的佛教；索罗亚斯德的善恶思想，最终形成了拜火教。二是产生大量伦理哲学，中国的儒家学说就是道德哲学，印度《奥义书》中包含大量“伦理哲学”。三是古希腊哲学更多地关注人，希望把人类的思想从非理性中解放出来。这些伟大的思想为人类社会的发展奠定了思想基础，一直影响着当今世界。

2. 思想决定高度

思想是行动的先导，思想的高度决定成就的高度。毛泽东主席强调参加党组织首先要思想入党，克服非无产阶级思想，确立全心全意为人民服务的思想。毛泽东和他的战友等老一辈无产阶级革命家创造性地将马克思主义与中国革命实践相结合，创立了毛泽东思想。此后以人民为中心，邓小平“我是中国人民的儿子”，江泽民“代表着中国最广大人民的根本利益”，胡锦涛“权为民所用”，不断创新和发展马克思主义，引领中国人民取得建设、改革开放等一个又一个胜利。党的十八大之后，习近平总书记强调中国梦归根到底是人民的梦，是人民幸福之梦。江山就是人民，人民就是江山。人民对美好生活的向往，就是我们的奋斗目标。他在接受俄罗斯记者采访时指出，他的执政理念概括起来就是：为人民服务，担当起该担当的责任。他提出中国特色社会主义事业“五位一体”总体布局和“四个全面”战略布局等一系列治国理政的新思想、新理念、新方略，创立了习近平新时代中国特色社会主义思想，引领我们为全面建设社会主义现代化国家、全面推进中华民族伟大复兴而团结奋斗。

3. 思想改变命运

“真正的财富是一种思维方式”。机遇对每个人、每个组织、每个民族都是平等的，但观念的差异会让他们的命运发生完全不同的变化。毛泽东带领中国工农红军上井冈山后，确立了农村包围城市的战略思想，不断取得革命的胜利。但受“左”倾教条主义的影响，第五次反“围剿”失败，红军被迫长征。而自从遵义会议确立毛泽东的领导地位之后，红军不断取得中国革命的胜利。一支同样的军队，以不同的思想指导，结果有生死存亡之别。因此毛泽东主席说：“政策和策略是党的生命。”①

此类例子古今中外还有很多，比如历史上的“赤壁之战”，是以弱胜强的典型案例，且看《三国演义》第四十九回、第五十回的相关叙述。② 孙权刘备联盟能以弱胜强，主要是孙刘联盟在思想上的胜利。一是战略上的胜利。孙刘集团统

---

① 毛泽东：《关于情况的通报》，《毛泽东选集》第四卷，人民出版社 2009 年版，第 1298 页。

② （明）罗贯中：《三国演义》，齐鲁书社 2014 年版，第 253—262 页。

一了联合抗曹的思想，出“连环计”，制定了用铁链把曹军战舰锁住，使用火攻的战略。正如毛泽东主席所说：“主观指导的正确与否，影响到优势劣势和主动被动的变化。”[①] 二是认知上的领先。当有谋士提醒曹操吴军会用火攻时，操笑曰：“冬至一阳生，来复之时，安得无东南风？何足为怪！”而诸葛亮知天文地理，预测十一月二十一、二十二日有东南风，知道“万事俱备”，火攻的“东风”也不欠。三是态度上的差异。曹操在基本平定了中国北方后，一路凯歌高奏，带着号称八十万的大军，浩浩荡荡杀奔长江流域，自满情绪滋长，过于轻敌，根本不把孙刘联盟放在眼里，忽略了孙刘联盟的积极力量。其轻敌和自大从他的“笑”中就能看出，例如，在迎黄盖来“降”时，“操在中军遥望隔江，看看月上，照耀江水，如万道金蛇，翻波戏浪。操迎风大笑，自以为得志。”“忽一军指说：‘江南隐隐一簇帆幔，使风而来。’操凭高望之，操笑曰：‘公覆来降，此天助我也！’”当“东风有意便周郎”“赤壁楼船一扫空”，曹操败走“乌林之西，宜都之北”。“操见树木丛杂，山川险峻，乃于马上仰面大笑不止。诸将问曰：‘丞相何故大笑？’操曰：‘吾不笑别人，单笑周瑜无谋，诸葛亮少智。若是吾用兵之时，预先在这里伏下一军，如之奈何？’”“说犹未了，两边鼓声震响，火光竟天而起”，杀出赵子龙，“惊得曹操几乎坠马”。走北彝陵，行至葫芦口，“操坐于疏林之下，仰面大笑。众官问曰：‘适来丞相笑周瑜、诸葛亮，引惹出赵子龙来，又折了许多人马。如今为何又笑？’操

---

① 毛泽东：《论持久战》，《毛泽东选集》第二卷，人民出版社 1991 年版，第 491 页。

曰：‘吾笑诸葛亮、周瑜毕竟智谋不足。若是我用兵时，就这个去处，也埋伏一彪军马，以逸待劳；我等纵然脱得性命，也不免重伤矣。彼见不到此，我是以笑之。’”正说间，张翼德横矛立马，大叫：“操贼走哪里去！”“曹瞒兵败走华容”，“操在马上扬鞭大笑。众将问：‘丞相何又大笑？’操曰：‘人皆言周瑜、诸葛亮足智多谋，以吾观之，到底是无能之辈。若使此处伏一旅之师，吾等皆束手受缚矣。’”斋言未毕，一声炮响，关云长截住去路，“正与关公狭路逢。”可见曹操在完败时，也没有把周瑜、诸葛亮当回事。相反，刘备刚刚与曹操交战失败，就退守江夏，图东山再起；周瑜面对强大的曹军心忧泣血，上下同心，敢以“苦肉”为家国。孙刘联盟精心谋算，共同对敌。四是信仰上的指引。诸葛亮所谓的“八门遁甲术”，筑七星坛施法借东风，实际上是借天说话，他利用民间的巫道信仰，来传播天助刘氏后裔正义之军的神奇力量，给全军以强烈的心理暗示，以鼓舞斗志。周瑜望曹军后口吐鲜血，一倒不起，诸葛亮给予信仰的力量，给予心理的医治。如，“孔明索纸笔，屏退左右，密书十六字曰：‘欲破曹公，宜用火攻；万事俱备，只欠东风。’写毕，递与周瑜曰：‘此都督病源也。’瑜见了大惊，暗思：‘孔明真神人也！早已知我心事！只索以实情告之。’乃笑曰：‘先生已知我病源，将用何药治之？事在危急，望即赐教。’孔明曰：‘亮虽不才，曾遇异人，传授奇门遁甲天书，可以呼风唤雨。亮于台上作法，借三日三夜东南大风，助都督用兵，何如？’‘十一月二十日甲子祭风，至二十二日丙寅风息，如何？’瑜闻言大喜，矍然而起。”孙刘联盟在战略、认知、态度、信仰上的胜利，就决定了赤壁之战的成败。还有历史上的袁曹官渡之战、吴蜀彝陵之战、秦晋淝水之战等，都是思想起决定作用的例子。

## 二、人的实践生存方式

任何事物都有自己的存在方式，人也一样。一般说来，事物的存在方式包括两种含义。一是从存在论的角度来讲，存在方式指事物本质的现实化、具体化，也就是说存在方式是对事物本质的表现、展示和外显，如草绿、花艳、树茂、竹有节。二是从生存论的角度来说，存在方式指的是事物生成活动、生成过程和生成状态的总和，也就是说存在方式揭示的是事物的存在活动本身，如人的衣、食、住、行。存在方式描述的是事物生成和存在的完整状态，揭示事物本身是一种生成过程和存在过程的统一。

什么是人的生存方式呢？人是有生命的存在物，同时人是有意识的存在物。就存在论的角度来看，人的生存方式本质上是人的本质力量的确证和外化，也就是人的本质的现实化和对象化，体现为生存方式的对象性特征；就生成论的角度来看，人的生存方式实际上就是人的实践活动本身，是人自身“自由自觉”能动的、有目的的生活，体现为生存方式的主体性和意向性特征。人的生存方式，就是人解决“活着了”“怎样活着”和“为了什么活着”的方式。“活着了”是人生存的基本事实即“生存事实”，必须面向自然界的实践；“怎样活着”是人的生存实践活动本身也就是“生存实践”，必须面向社会界的实践；“为了什么活着”是人生存价值的原由也就是“生存价值”，必须面向人的精神世界的实践。生存事实、生存实践和生存价值组成了人的生存方式的三要素，其中核心要素是生存实践，本质要素是生存价值。人除了是一种自然性存在和社会性存在，同时还是一种精神性的存在，也就是说，人是追求意义的。所以说，人除了活着，更重要的是追求生存的意义，必须明白人为了什么活着，即生存的目标性；怎样活着才有意义，即生存的自足性。只有生存的目标和自足两者统一了，人们才会感到生存有意义。因此，依据生存目标的不同以及满足生存目标的不同标准，可以划分出不同人不同的生存价值取向。

### （一）生存价值引领有时甚至决定着生存实践

马克思在《1844年经济学哲学手稿》中指出：“动物只是按照它所属的那个种的尺度和需要来构造，而人却懂得按照任何一个种的尺度来进行生产，并且懂得处处都把固有的尺度运用于对象；因此，人也按照美的规律来构造。”① 马克思所指的“固有的尺度”，是人想要的东西和追求的价值，“人却懂得按照任何一个种的尺度来进行生产”，人可以做任何事，有很多选项，但人只选择生产自己所要的东西，所追求的价值。“美的规律”是指人想要的东西和追求的价值必须符合道德、制度规范，不能因自己所要而侵害了他人和与之相联系事物的权利和尊严，做到天人合一，万物与人为一。比如说，结婚成家，享受家的幸福、家的温暖、家的甜蜜的同时，必须遵循家

① 马克思：《1844年经济学哲学手稿（节选）》，《马克思恩格斯选集》第一卷，人民出版社2012年版，第57页。

的秩序，承担家的责任，生活在家的空间里，而不能享有家的权利却要跳出家的“围墙”天马行空，或为了家而破坏家之外的事物。“懂得处处都把固有的尺度运用于对象”，这就是我的事我做主，我思故我在，这既是人生的目的，又是人生的意义，体现了人的主体地位、人生境界。冯友兰在《中国哲学简史》中曾指出：“人与其他动物的不同，在于人做某事时，他了解他在做什么，并且自觉地在做。正是这种觉解，使他正在做的对于他有了意义。他做各种事，有各种意义，各种意义合成一个整体，就构成他的人生境界。如此构成各人的人生境界，这是我的说法。不同的人可能做相同的事，但是各人的觉解程度不同，所做的事对于他们也就各有不同的意义。”① 马克思的“固有的尺度”和冯友兰的“正是这种觉解”是一致的。“自觉地在做”是为了“正是这种觉解”，为了追求他的价值、实现他的目的而产生的原动力，自觉自为。比如说，人为了生存，必须自觉劳作取得柴米油盐；为人民服务，必须自觉当公仆甘为孺子牛；为了能打胜仗，必须勇于奉献不怕牺牲；为了治国平天下，必须自觉修身齐家。“对他有意义”“构成他的人生境界”，就是人生的意义。“不同的人可能做相同的事”，而“有不同的意义”，就是他们的“觉解”不同、价值取向不同。比如说读书，有的人为谋生而读书，有的人为修身而读书，有的人为中华崛起而读书。简单地说，人是在追求他的价值，实现他的人生目的和意义，在自觉做事，价值取向不同，人生的意义也不同。这就是我们要说的人为什么做

① 冯友兰：《中国哲学简史》，北京大学出版社 2013 年版，第 320—321 页。

事，做事的目的和意义，也就是人的信仰问题。

### （二）信仰源于生存实践

信仰起源于人类认识世界和改造世界的活动之中，这既是人的社会生产和生活实践的客观需要，也是人主观心理上精神追求的需要。它既是目的性需要——为人的实践提供目的、方向和精神动力，又是意义性需要——人一生只有一次，应该怎样度过呢？对于世界前途、人类命运和人生意义的追求，是人类的基本需求和自然渴望，信仰就是这种意义性追问的一种结果。目的和意义都是价值问题。

信仰是什么？从词义上解释，信，意有诚实、信奉等，就是某种主张、主义或者宗教，一种道德规范；仰，就是信服、景仰。《辞海》解释为：“对某种宗教或主义极度信服和尊重，并以之为行动的准则。”从学术上的解释来看，信仰是一种社会精神现象，是一个具有多层次复杂内容的系统概念，可以给信仰作如下定义：信仰是基于一定的世界观、人生观、价值观而产生的，对世界（宇宙、社会）和人的本质、前途以及个人命运的坚定信念，是对科学、主义或宗教的极其信服、尊重和崇敬的态度，是对未来理想社会的执着追求。信仰和信念是两个基本含义相同的概念，信念往往用来表达对当前具体事务所持有的坚定的观念和态度，而信仰则更高、更远、更普遍、更深刻、更执着和强烈。可以说信仰是一系列信念的组合。古人认为人道天道都是信念，是人的最高境界。孔子说“朝闻道，夕死可矣”，范仲淹说得更好，“先天下之忧而忧，后天下之乐而乐”，他信仰的是民本思想，人民至上。毛泽东主席在中央警备团追悼张思德的会上的讲演中说道："我们的共产党和共产党所领导的八路军、新四军，是革命的队伍。我们这个队伍完全是为着解放人民的，是彻底地为人民的利益工作的。"① 在这篇600多字的文章中，"人民"一词一共提了17次，充分昭示了无产阶级革命政党及其人民军队的历史使命、为谁革命、为谁服务的重大问题，也就是共产党人的信仰和立场原则问题，即信仰人民，为人民服务；站在人民的立场，属人民性。



### （三）信仰引领生存实践，是实践的原动力

信仰的特点在于它是一种人们在对世界和人的整体性认识基础上产生的强烈的人生态度。有了崇高的信仰，有了正确的价值取向，就能充分发挥主观能动性，就有源源不断的精神动力。人们通常说压力变成动力，愚以为不甚准确。受压是被动的，因此压力只能是推力，是外界因素推动着主体前进。只有主体选择正确的价值取向，有正确的思想意识，对认识和实践才有自觉能动性，才有充满活力的精神状态和十足的干劲，才能克服在认识世界和改造世界中遇到的种种困难、挫折，甚至失败，直至取得胜利。我们在日常生活中经常见到，许多孩子资质不错，但不肯好好学习，无论家长给多大的压力，孩子还是没有学习的精神动力、没有学习的自觉，推不动。家长往往会无奈地叹息：这孩子还未明"事理"啊。孩子明"事理"，就是已有自己的崇高追求，从而源源不断地产生前进的动力。

---

① 毛泽东：《为人民服务》，《毛泽东选集》第三卷，人民出版社1991年版，第1004页。

信仰，催人奋进。当然，压力有时也会激起斗志，在特殊的环境下也会“绝地反攻”，那是人们在无路可走时总结失败的经验教训，重新选择自己的价值取向，确定正确的思想意识引领，激发出主观潜能和斗志，在遵循规律中取得胜利。这里的“潜能和斗志”，是通过艰难困苦的“外因”来迫使人们改造“内因”，从而让“内因”遵循规律，获得自由和解放。如中央红军在第五次反“围剿”失败后被迫撤出中央苏区，中国革命面临生死存亡的抉择。党中央总结失败的教训，在遵义会议上确立了毛泽东的领导地位。中央红军在毛泽东的正确引领下，遵循战争规律，选择了正确的策略和路线，统一了全军上下的意识，激发了官兵的斗志，在战略和战术上胜敌一筹，积小胜为大胜，最终取得长征的胜利，为中国革命胜利奠定了坚实基础。

每个人都有自己的价值取向，都有自己的信仰，大人物有大人物的信仰，普通百姓也有普通百姓的信仰。绝大多数人的信仰是具体且平凡的，如许多农村老百姓的信仰就是建好家养好家，让孩子有饭吃有书读，期盼自己的孩子能够胜过父辈，有出息，为此而无怨无悔地付出。如我的母亲，只要孩子能健康成长有出息，她宁愿忍饥挨饿，粗茶淡饭过一生。在艰苦时期，母亲把能填饱肚子的东西让给她的丈夫和孩子，克勤克俭供孩子读书；等到孩子长大成人、生活改善后，母亲还是坚持粗茶淡饭，常常是一日三餐都吃地瓜稀饭。她常说，看到孩子成人，能为他人做事，即使不吃饭，心里也是乐滋滋的，喝水也是甜的。这就是我母亲的信仰，也是天下母亲最朴素真挚的愿望。

中国人有中国人的价值取向，有中国人的崇高信仰；西方人也有西方人的价值取向，有西方人的崇高信仰。爱因斯坦1921年获诺贝尔物理学奖时发表了题为《我的信仰》的演讲，其中提到的信仰令人动容。

> 人是为别人而生存的——首先是为那样一些人，他们的喜悦和健康关系着我们自己的全部幸福；然后是为许多我们所不认识的人，他们的命运通过同情的纽带同我们密切结合在一起。
>
> …………
>
> 要追究一个人自己或一切生物生存的意义或目的，从客观的观点看来，我总觉得是愚蠢可笑的。可是每个人都有一定的理想，这种理想决定着他的努力和判断的方向。就在这个意义上，我从来不把安逸和快乐看作是生活目的本身——这种伦理基础，我叫他猪栏的理想。照亮我的道路，并且不断地给我新的勇气去愉快地正视生活的理想，是善、美和真。要是没有志同道合者之间的亲切感情，要不是全神贯注于客观世界——那个在科学与艺术工作领域永远达不到的对象，那么在我看来，生活就会是空虚的。人们所努力追求的庸俗的目标——财产、虚荣、奢侈的生活——我总觉得都是可鄙的。①

爱因斯坦是20世纪最伟大的科学家，受到全世界的尊敬，这种尊敬不仅来自于他作为科学家的伟大贡献，更源于他那高

① 爱因斯坦：《我的世界观》，《爱因斯坦文集》第三卷，许良英、李宝恒、赵中立、范岱年编译，商务印书馆2017年版，第55页。

尚的心灵。爱因斯坦一生热爱和平，具有强烈的社会责任感，因此被誉为“人类的良心”“世界公民”。这篇《我的信仰》集中阐释了爱因斯坦的信仰和追求。“人是为别人而生存的”，这是爱因斯坦的朴素信念，他由此提醒自己用最大的热诚回报社会和他人，为人类社会承担责任。他鄙视以追求财产、虚荣、奢侈的生活为目标的庸俗人生，他的理想是“全神贯注于客观世界”，不倦地追求善、美和真。

哲学家萨特曾经说过，世界上有两样东西是亘古不变的，一是高悬在我们头顶上的日月星辰，一是深藏在每个人心底的高贵信仰！信仰给人生以意义，为人生设立价值标准，是人类的精神寄托，也是人类行动的指南和精神动力。习近平总书记指出：“理想信念就是共产党人精神上的‘钙’，没有理想信念，理想信念不坚定，精神上就会‘缺钙’，就会得‘软骨病’。”①

一人、一团体、一政党、一民族、一国家，都有自己的信仰。信仰是一种精神，但又是具体的，离不开物质世界。人是时代的产物。每个人所处的环境不同，价值取向也会有所不同，信仰也就会有差异。马克思、恩格斯在《共产党宣言》中说：“人们的观念、观点和概念，一句话，人们的意识，随着人们的生活条件、人们的社会关系、人们的社会存在的改变而改变。”② 生活在科学技术高速发展，物质相对丰富的时代的我们，应坚守什么样的信仰？对普通百姓来说，就是信仰通过努力过上幸福的生活；对公职人员来说，就是信仰全心全意

---

① 习近平：《紧紧围绕坚持和发展中国特色社会主义学习宣传贯彻党的十八大精神》，《习近平谈治国理政》第一卷，外文出版社 2018 年版，第 15 页。

② 马克思，恩格斯：《共产党宣言》，《马克思恩格斯选集》第一卷，人民出版社 2012 年版，第 419—420 页。

为人民服务的宗旨，具体表现为时时为身边的群众排忧解难谋福利。正如毛泽东主席所说：“我们一定要坚持下去，一定要不断地工作，我们也会感动上帝的。这个上帝不是别人，就是全中国的人民大众。”① 这是建党之本，是我们取得一个又一个胜利的精神法宝、力量源泉。信仰人民，既是崇高的，又是具体的。目的是为追求人民的解放、人民的事业、人民的幸福而奋斗不止，具体表现为可以时时为身边的群众排忧解难谋福利，一点一滴做奉献。这在中国革命中得到充分证明：革命战争时期，党为根据地群众谋解放、谋利益、减租减息、打土豪分田地、开展“满缸运动”等，帮助群众解决日常生活问题，让群众得到实实在在的好处，群众就信任你、拥护你、爱戴你。为什么许多革命老区老百姓出现“父母送子”“妻子送郎”“兄弟相争”参军的动人场景？为什么无数先进青年，其中不乏富家子弟，不怕艰险，甚至冒着生命危险奔赴延安参加革命？因为共产党为人民谋幸福，党和人民军队为了人民利益出生入死、浴血奋战。人民有信仰，民族有希望，国家有力量。



坚定信仰，关键在于处理好生存实践中的生与死、义与利、苦与乐、荣与辱、理想与现实、物质与精神等关系。处理好这些关系，需要遵循一些规律，按规律处世。任何事物都有两面性，有正就有负，有得就有失，既对立又统一，二者相互协调、和谐相长。你刻苦工作，取得了成绩，职位有可能得到提升，但家庭可能就照顾得少，家人可能就会不满意、有怨

① 毛泽东：《愚公移山》，《毛泽东选集》第三卷，人民出版社 1991 年版，第 1102 页。

气。你在家全身心地尽为父母、为子女之责，家庭成员都好、都满意，你的工作可能就受影响，单位的领导同事可能就不满意，个人的成长进步可能就受阻。世上难有十全十美的东西，因此要以平常心看待得失、接受得失、处理得失，才能和谐处世。再比如因果规律。因果规律是客观存在的规律，种豆得豆，种瓜得瓜，任何事物有因就有果。因果始终相伴而行，但不是说有因马上就有果，正像种豆不能马上结出豆一样，它需要一个过程，需要条件，需要从量变到质变。有些事，可能眼前看不见摸不着，近期不显现，但不能为一时一事计，不能种下种子浇一次水就等着收成。只要不断创造条件，积极浇水、施肥、养护，最后都会结出豆，而且会结出好豆。因此，看得失成败、人生的价值意义，要从长计议，选择理想、选择倾听内心的呼唤、选择坚守，才能拥有最饱满的人生。

## 三、人的异化

现实中不难看到，有的母亲十月怀胎生出孩子，含辛茹苦把孩子拉扯大培养成人，最后孩子却忘了娘，不孝顺娘，有的甚至虐待娘。这是否与人的异化有关呢？这是需要思考的问题。

### （一）什么是人的异化

“异化”一词，《辞海》的其中一个义项源自德国古典哲学的概念，指主体在一定的发展阶段，分裂出它的对立面，变成外在的异己的力量。弗洛姆在《超越幻相之锁链》中对

“异化”概念是这样表述的：“人把自己的精力、自己的艺术才能用来塑造一具偶像，然后供自己崇拜。这个偶像不是别的，正是他个人奋斗的结果。他的生命力渗透到‘某物’中去，但是，一旦这个某物成为一个偶像时，人就不再认为这是自身创造力的产物了，相反，他所崇拜和服从的这个偶像却成了脱离人的、凌驾于人之上并且反对人的某物。”由此可知，所谓异化，一般情况下是指人本身的创造物与人分离，成为一种外在的异己力量与人相对立，并使人的意识和活动从属于它。异化这个概念具有疏离、偏离、隔绝、陌生化的含义，即疏离自己的本原、偏离自己的本质，与自己原来的共同体、照管者相隔绝，从而与本体产生陌生感。



马克思在《1844年经济学哲学手稿》中提出了“异化劳动”及其四个规定：劳动产品同劳动者相异化，即“物的异化”，也就是物的世界的增值同人的世界的贬值成正比，劳动者生产的财富越多，他的生产的影响和规模越大，他就越贫穷；劳动活动同劳动者本身相异化，即“自我异化”；人的类本质的异化；人与人的异化。其中，“物的异化”是“自我异化”的结果，而人的类本质的异化和人与人的异化是同一问题的两个侧面。就像马克思所说：“人的类本质，无论是自然界，还是人的精神的类能力，都变成了对人来说是异己的本质，变成了维持他的个人生存的手段。异化劳动使人自己的身体同人相异化，同样也使在人之外的自然界同人相异化，使他的精神本质、他的人的本质同人相异化。”① “异化劳动从人那

① 马克思：《1844年经济学哲学手稿（节选）》，《马克思恩格斯选集》第一卷，人民出版社2012年版，第57—58页。

里夺去了他的生产的对象，也就从人那里夺去了他的类生活，即他的现实的类对象性，把人对动物所具有的优点变成缺点，因为人的无机的身体即自然界被夺走了。同样，异化劳动把自主活动、自由活动贬低为手段，也就把人的类生活变成维持人的肉体生存的手段。”① 这也就是弗洛姆所说的，人征服了自然，却成了自己所创造的机器的奴隶。在现代社会，物质产品相当丰富，人的类本质也被淹没在物质的海洋里，许多人都在背离自己的本质而生活，自我异化显得更为突出。马克思指出，个人的生命“是不依赖于他、不属于他、转过来反对他自身的活动。这是自我异化”，这是生命活动的异化，是主体自身的异化。人的自我异化具有双重性，即人将自己的本质赋予一个异己的、凌驾于一切的上帝，同时在世俗社会中也塑造了类似的统治者。严格来讲，异化应是人本身理性与非理性、感觉与思考、主体性与对象性、理想与现实的分裂，异化在实质上是人的意识分裂的反映，是人的混沌一片的意识分裂成自我意识与对象意识而导致了异化的产生。简单地说，人的自我异化就是人自己塑造了一种无形的力量统治着人自己，奴役人自身，改变和扭曲了人的本质。异化活动中，人的能动性丧失了，遭到异己的物质力量或精神力量的奴役，从而使人的个性不能全面发展，只能片面发展，甚至畸形发展。因此异化和人的自由、孤独、超越的存在维度紧紧相关联，可以说，这既是人存在的基本特征，又共同构成了人的存在困境。

---

① 马克思：《1844 年经济学哲学手稿（节选）》，《马克思恩格斯选集》第一卷，人民出版社 2012 年版，第 57 页。

## （二）人在实践中异化

马克思指出：“在实践的、现实的世界中，自我异化只有通过对他人的实践的、现实的关系才能表现出来。异化借以实现的手段本身就是实践的。”① 人的本质是社会性的实践。实践有积极的一面，也有消极的一面，消极的一面就是自我异化导致的。人在实践中不断地创造“新我”，寻找自己的精神家园，同时也在自我异化，不知道自己从哪里来到哪里去，找不到“新居”，又不懂得返回“故乡”。这就是人的两面性，每个人都有两面性，既对立又统一。由于自我异化，人有时会发生心灵与肉体的对立，如通常说的“意识分裂”或人格分裂。现实中这样的例子比比皆是，如口是心非、阳奉阴违、貌合神离、叶公好龙，还有善意的谎言，等等，这些都是人的异化在现实中的具体表现。曹雪芹的《好了歌》，对人性作了精辟的刻画。

世人都晓神仙好，惟有功名忘不了！
古今将相在何方？荒冢一堆草没了。
世人都晓神仙好，只有金银忘不了！
终朝只恨聚无多，及到多时眼闭了。
世人都晓神仙好，只有姣妻忘不了！
君生日日说恩情，君死又随人去了。
世人都晓神仙好，只有儿孙忘不了！
痴心父母古来多，孝顺儿孙谁见了？②

---

① 马克思：《1844年经济学哲学手稿（节选）》，《马克思恩格斯选集》第一卷，人民出版社2012年版，第59页。

② （清）曹雪芹：《红楼梦》，人民文学出版社1982年版，第17—18页。

人们都向往“神仙”超脱尘世、无牵无挂、逍遥自在的状态，但人生活在现实之中，总离不开功名利禄、儿女情长，都期盼“笏满床”“金满箱，银满箱”，也因此“昨怜破袄寒，今嫌紫蟒长”“乱哄哄你方唱罢我登场”，把身外之物作为自己的人生目标，作为自己的终极追求，“反认他乡是故乡”，甚至最后走上了不归路，“因嫌纱帽小，致使锁枷扛”“正叹他人命不长，那知自己归来丧”“甚荒唐，到头来都是为他人作嫁衣裳”。“神仙”虽好，但人没有三头六臂，不能腾云驾雾，成不了“神仙”，只能回到人间来生活实践，摆脱不了柴米油盐酱醋茶，因此异化就在所难免。

自我异化始终伴随着人类的生活实践，不断地否定自己。憧憬成为自在的神仙所产生的原动力，与自我异化的力量始终在角力。当自我异化成了矛盾的主要方面，凌驾于人之上，就会产生恶念，结出恶果，导致人走向自己的反面，颠覆自己的人生。譬如说人类在自然界斗争中创造科学技术，推动着人类的进步发展，但当人无法控制自己的贪欲、恶念而运用科学技术破坏性的一面的时候，如核武器、化学武器泛滥，人类也将走向毁灭。

自我异化是普遍存在的，而且随着时代的发展不断加剧，也因此造成当代人的困惑。当代人面临的困惑主要有：①无根感，常常不知道自己“姓”什么，农非农，工非工，商非商，无明显的阶级性；②传统道德观被各种思潮冲散，立世根基浅；③“你与我何干？”缺少同情、感恩和敬畏之心；④信仰缺失，很少追问人生的目的和意义，容易随风飘荡，随波逐流；⑤役于物，物欲横流，拜金主义盛行，成为单向度的人；

⑥役于科技，被虚拟世界所左右，甚至完全被“操纵”或“遥控”；⑦追求高大上，不屑低小难，不愿在低职位干小事难事，不愿当螺丝钉；⑧竞争激烈，生存压力大，生活危机加剧；⑨心理脆弱，经不起风吹浪打，容易走极端；⑩被个人自由世界所囚禁，孤独感增强；⑪有家似无家，缺乏责任与担当；⑫喜横向同好的比较，生活贵族化，心态容易失衡；⑬茫然感增多，“被工作”，为别人打工的意识增强；⑭信任感缺乏，不知哪里是依靠，哪个可信赖；⑮难以安顿自己的心灵，缺乏安身立命之所，前途不知向何方……

人在实践活动中产生自我异化主要有三个方面的原因。一是认知层面的问题。世界无限且在不断变化发展，而人的生命有限、认知有涯，眼光能及的范围极其狭小，因此，人对客观世界的认识、对客观规律的把握极为有限。尽管许多时候动机是好的，出发点是好的，但因对客观世界及其规律缺少全面的认知和把握而产生了异化。比如说人们砍伐树木，是为了满足人的需求，为人服务，但因对森林的作用缺乏全面的认知，不科学地采伐而造成水土流失、破坏生态等副作用，反过来影响人的生存和发展。又比如说，以前人们除“四害”时抓捕麻雀，恨不得把麻雀捕尽杀绝，只考虑麻雀会吃五谷，影响农作物产量，没认识到麻雀也会抓害虫，有益于发展生产。二是价值层面的问题。价值取向主导着人的实践活动。在现实生活中，在利益驱动之下，人们的价值取向容易发生偏差，从而产生异化。比如说，大家都知道毒品有害，但因价值取向产生偏差，仍有人贩毒、吸毒。人们知道三聚氰胺有害健康，但在利益驱动之下，仍有人将其添加到奶粉中，造成了轰动全国的

“三鹿奶粉事件”。三是制度层面的问题。好的制度，能保障、促使人朝着良性的方向发展；不好的制度，会迫使人产生异化，成为非正常人。在中国封建体制下，《白毛女》中的喜儿为了躲避地主恶霸的迫害而不得不隐藏于深山老林，常年的饥寒交迫与心神惶恐导致她身体发生变异，通体白毛，成为人人恐惧、人人喊打的“孤魂野鬼”；但在新社会与新制度的影响下，她又从“鬼”还原成人，有了人的尊严和自由。这其实就是社会制度好与坏的最好佐证。

### （三）正确对待现实中的人生悖论

人们的认知能力、价值取向，以及所处的制度环境不同，自我异化普遍存在，但程度也有所不同。自我异化给人带来了深深的不安感、无力感，以及怀疑、孤独和忧虑的精神病态，以致现实中出现种种悖论，最突出的有以下几种：

1. 爱群体更爱自己

大家都明白，没有群体个人就难以存在，没有大家也就没有小家，没有家哪有我。但是，很多人常常只顾自己的情绪，只想着自己的喜好，常常我行我素、独来独往，常常忘记甚至侵害群体的利益。比如说，随地吐痰，随意扔垃圾，随意喧哗，随便在公共场所吸烟，等等。

2. 爱功高又怕震“主”

人一般都喜欢做事、成事，希望对社会有所贡献，贡献越大，自己的存在感、尊严感也就会越强。但矛盾的是，一方面担心功高了，会引起别人妒忌，怕枪打出头鸟，因此总是小心翼翼，患得患失，不敢施展手脚大显身手；另一方面，又担心别人超过自己，撼动自己的地位和权威，于是千方百计设限防范，捆住他人的手脚，甚至“武大郎开店”，不允许别人比自己高、比自己强。

3. 爱使用工具又不珍惜

人们都爱使用称手的工具以提升效率，但往往对工具不爱护，更别说珍藏了。比如说，人们常用螺丝刀旋螺钉，但用完之后就不像用时轻轻拿起，而是随手扔放，更不用说给它上油养护了。又比如，人们常用开瓶器开啤酒瓶，用完之后就随便搁在一边，待再要用时找不到，只好用牙齿开瓶，只有损牙崩牙伤身后才知道开瓶器的可贵。使用物如此，使用人又如何呢？

4. 爱正直又喜倚靠

人都注重形象，所谓立得正，坐得稳，站如松，坐如钟。但是，人又总喜欢倚倚靠靠，总希望自己能够舒服一些，能躺则不坐，能坐则不站，因此总想方设法去找床躺、找椅子坐，依赖倚靠而生活，却不承想一旦靠背垮了，人也就栽倒了。

5. 爱新而又厌旧

人总喜欢给自己添新物、长新象、增新量，对旧的习以为常，常常忽略、冷落了旧的，甚至弃之如敝屣。殊不知，新的一诞生就已成了旧的，任何事物都不可能日日新。

6. 爱静而又不止

人总希望有自己的小天地，少被人干扰，自己能安静自在地生活。但是，人有头脑、有口舌、有手脚，常忍不住折腾自己，闹点动静，发点声音，静而不止，退而不休，以体现自己的存在。多管事爱惹事，反过来又影响了自己幽静的生活。

7. 爱生命又不尊命

每个人都珍爱自己的生命，总希望自己能健康长寿。但是，又总是图一时之快，常常不遵循天地之道，不依照生命运行的规律，日出而作、日落而息，而是随欲尽兴，黑白颠倒，甚至昼夜狂欢；不是一日三餐，而是想吃就吃，甚至暴饮暴食，以致“三高”成了普遍现象；讳疾忌医，生病不愿意吃药，喜欢走偏门、寻偏方，最后只能是进一步危害生命。

在现实生活中，这些悖论我们或多或少都会遇到，因而要学会躬身自省，常思己过，善修其身，尽可能降低自我异化的程度和影响。

愚以为，自我异化如人身上长出的肿瘤。在正常的情形下，我们的身体不断有新的细胞生长出来，以补充不断死亡的细胞，这种“死亡”及“新增”的过程是受身体严格控制，维持平衡的，就是我们常说的“新陈代谢”。当机体在各种因素作用下，代谢不平衡，局部组织细胞不按身体需要异常增生，就会形成局部肿块即肿瘤。肿瘤有良性和恶性之分，良性肿瘤一般不转移、不复发，对人体危害相对较小。但恶性肿瘤即癌症会破坏组织、器官的结构和功能，导致患者最终可能由于器官功能衰竭而死亡。癌症来源于我们机体的自身细胞，是由这些细胞异常增生所形成的一些新生物，和正常组织增生所不同的是，这种增生完全不受机体的调控，所产生的新生组织也不具有正常组织的功能，它最主要的活动就是不停地消耗机体资源，挤占空间并越来越快速地分裂增殖。意识形态也是如此，如果继续下去，就将拖垮人体。每个人的机体都在新陈代谢，代谢不平衡就会异化而产生“新生组织”。如果自我异化产生的“新生组织”得不到有效控制，人就会患精神上的癌症，最后也将走向“死亡”。在《超越幻相之锁链》一书中，弗洛姆将异化说成是精神病理的一种形式。的确，人的异化暴露出了人类社会全面的病态。一个个以病态化的形式存在的人彻底地迷失了自己，人已找不到回“人的故乡”的路。许多人身上都长有“肿瘤”，如果不正确对待，忽视它可能给它的生长存在提供更多空间，过度在乎它又会被其所奴役，最终将失去人这个主体。因此，自我异化必须加以克服和控制，保持精神上的健康，防止出现病态的自我。

世界本来没有善恶之别，人出生时都处于“朴”的状态，也无好坏之分，因为生活实践中的自我进化、自我异化，才有善恶好坏的不同，正如古人所说的“近朱者赤，近墨者黑”，因为你的实践近“墨”，“黑”就产生了，并不是说你本身就是“黑”的。一个保持健康的人，并不是说他就有善无恶，而是他能经常反省自我异化产生的恶念恶行，并能用善念善行去平衡补救。因此我们提倡要正心、诚意、修身，“吾日三省吾身”，只有不断地自我完善、自我革新、自我砥砺，才能防止主体被奴役，私心变成私行，酿成人生恶果。

# 第三章　人与自然的平衡

马克思指出："全部人类历史的第一个前提无疑是有生命的个人的存在。因此，第一个需要确认的事实就是这些个人的肉体组织以及由此产生的个人对其他自然的关系。……任何历史记载都应当从这些自然基础以及它们在历史进程中由于人们的活动而发生的变更出发。"① 因此，对人的认识与研究应当从人与自然的关系与人的自然存在维度开始。

党的十八大报告指出，建设生态文明是关系人民福祉、关乎民族未来的长远大计。必须树立尊重自然、顺应自然、保护自然的生态文明思想，把生态文明建设放在突出地位，融入经济建设、政治建设、文化建设、社会建设各方面和全过程，努力建设美丽中国，实现中华民族永续发展。尊重自然、顺应自然、保护自然，就是强调人与自然的平衡，实现绿色发展、和

① 马克思，恩格斯：《德意志意识形态》，《马克思恩格斯选集》第一卷，人民出版社 2012 年版，第 146—147 页。

谐发展、永续发展。

自然，这里是指广义的自然，即自然界、物理学宇宙、物质世界以及物质宇宙。简单地说，自然即宇宙万物，包括人类社会在内的整个客观物质世界，人类社会是统一的自然界的一个特殊部分。正像老子所说的：“故道大，天大，地大，王亦大。域中有四大，而王居其一焉。”① 物质世界具有系统性、复杂性和无穷多样性。它既包括人类已知的，也包括人类未知的物质世界。

万物同体，人有生命，万物皆有生命。自然科学告诉我们，每一个物质都有它的物质结构，都由分子、原子以及更小的粒子组成，这些组成的粒子都在不停地按照自己的规律运动着。一些东西看似没有生命，如石头，只是我们还没有把自己当作自然界的一分子，还没发现自然万物生命的真谛而已。

恩格斯早就指出：“我们决不像征服者统治异族人那样支配自然界，决不像站在自然界之外的人似的去支配自然界——相反，我们连同我们的肉、血和头脑都是属于自然界和存在于自然界之中的；我们对自然界的整个支配作用，就在于我们比其他一切生物强，能够认识和正确运用自然规律。”② 人是自然界的一部分，但人又不是纯粹的自然，人在感性活动之上的其他活动如认识、思考等，才使人类与其他动物相区别，比其他一切动物更强。

① （魏）王弼注：《老子道德经注》，楼宇烈校释，中华书局 2011 年版，第 66 页。

② 恩格斯：《自然辩证法（节选）》，《马克思恩格斯选集》第三卷，人民出版社 2012 年版，第 998 页。

## 一、认识自然

### （一）自然力无处不在

自然力是指自然因素的作用力，包括时间因素、环境因素，具体地说就是自然界中客观存在的风力、水力、生物力、引力、电磁力等，它是不以人的意志为转移的。

自然力是无形的，无论你能否感受到，它都存在，就像苹果从树上掉下来，牛顿发现也好，没发现也罢，这个使苹果掉下来的力都是客观存在的。又如自然界气象变化产生的自然力，这一点许多病人都能体会到。比如有一些人身体患有某种疾病，在天气变化时，会明显感觉到病情也随之变化，有的甚至在还没发现天气变化时，身体就已有反应，开始不舒服，相关症状也相继出现。气象条件及其变化不仅影响人的生理健康，对人的心理情绪方面的影响也非常明显。有利的气象条件可使人们情绪高涨、心情舒畅，生活质量和工作效率获得显著提高；不利的气象条件则使人情绪低落、心胸憋闷、慵懒无力，甚至导致精神病态和行为异常。日常经验告诉我们，好天气能带来好心情，阴雨天则令人烦闷。这不仅是一个生活体验，在医学上，还有一种叫作季节性情绪失调（Seasonal Affective Disorder，简称 SAD）的心理疾病，也叫冬季抑郁症。顾名思义，患者在春天、夏天、秋天一般都很正常，但是在秋末至冬天就会表现出抑郁的症状，会非常“SAD”（忧伤）。SAD 与阳光有着密切的联系，赤道附近鲜有 SAD 发病记录，而在北纬30°以北或南纬30°以南，SAD则有着一定的发病率。尤其是居住在北极圈或南极圈内的人，由于极夜的存在，更容易患SAD。SAD的发病原因有不同说法，其中一种观点认为其可能与血清素或褪黑素相关，阳光会刺激这些激素的分泌，进而影响人的情绪。

人会受自然气象变化的影响，其他动物也如此。俗语说“蚂蚁搬家蛇过道，明日必有大雨到”“鸡迟宿，鸭欢叫，风雨不久到”，这些是人们长期观察自然所得的经验。在自然现象变化之前，一些动物能“先知先觉”，从而采取相应的“行动”。这也是受自然力的影响。

无形的自然力时刻控制着有形的东西，就像无形的思想时刻控制着有形的人体一样。为什么会出现这种现象呢？原因就在于事物是普遍联系的，万物间无时无刻不在进行能量和信息的交换、交流，这些信息和能量就是自然的力量。自然力时刻在发生作用，无形地控制世界万物。比如说，春天万物生发，夏天繁花似锦，秋天硕果累累，冬天蓄能储藏。这些都是自然力，不可违背，像《鬼谷子·持枢·全篇》中所说：“此天道、人君之大纲也。”[①] 意思是，春生、夏长、秋收、冬藏，这是规律，是人君必须遵守的天下纲纪。自然力能让万物生发成长，也能使万物败落消亡。

人在自然的大系统中，同样受自然力作用，受自然力支配，就像自然被安装上GPS定位管理系统，人也就不能随心



---

① （战国）鬼谷子：《六韬·鬼谷子译注》，北京联合出版公司2015年版，第273页。

所欲地摆脱。因此，古人说“举头三尺有神明”“欲使人不知，除非己莫为”，人要知敬畏，懂敬畏，能敬畏，敬畏涵养、承载人的自然万物。敬畏生命，就懂得尊重生命，就能明白生命的目的和意义，就不会“视万物如草芥”，就会“己所不欲、勿施于人”，也就能与万物和谐共生。

### （二）万物运行自有规律

自然规律是指不经人为干预，客观事物自身运动、变化和发展的内在必然联系，也叫作自然法则。《现代汉语词典》的解释是“存在于自然界的客观事物内部的规律”，即物质运动固有的、本质的、稳定的联系。每一个事物都有它的天性和本质，具有不以人的意志为转移的客观性。《荀子·天论》指出：“天行有常，不为尧存，不为桀亡。”大意是说：自然万物运行有它的规律，不为尧的贤明而存在，也不因桀的暴虐而灭亡。“天不言而四时行，地不语而百物生。”① 天地之间万事万物各有规律，它们按照自身规律运动、发展，无法逆转，也无法阻止。《易经》说“乾道变化，各正性命，保合太和，乃利贞”②。“乾道”即大自然的运行规律，其变化使得万物各得其性命之正。天所赋为命，物所受为性，万物由此而具有各自的禀赋，成就各自的品性，通过万物协调并济的相互作用，形成了最高的和谐，称之为“太和”。自然规律的变化长久保持“太和”状态，而万物各得其性命以自全，这就是“利贞”

---

① 李白：《上安州裴长史书》，周绍良主编《全唐文新编》卷三四八，吉林文史出版社 2000 年版，第 3982 页。

② 黄寿祺，张善文：《周易译注》，上海古籍出版社 2007 年版，第 4 页。

了。自然规律本身能变化形成宇宙万物，万有物类，都是由于它而得到真正的性和命。所以万物如果能够保持它被赋予性命和合功能的原始状态，就能守持正固。自然规律是宇宙万物长期磨合共同选择的最佳生存规则——生存合力。任何事物都有一种天然的自然欲求，谁顺应了这种自然欲求，谁就会与外界和谐相处；谁违背了这种自然欲求，谁就会同外界产生抵触。万物总有道——道就是规律，不在此道，即在彼道。道就是对自然欲求的顺应，是万物长期磨合、共同选择的结果。比如地球上的饮食男女，西方传说里是上帝创造的，我们东方传说里是神仙化育的，是女娲造的。自然科学证明，人类是由猿在长期劳动实践中进化形成的。总之，无论是由传说中的超自然力量创造的，还是在劳动实践中演化的，男、女在各方面基本上是平衡的：数量上大致相当，是平衡的；性格上互补，也是平衡的，我们常说男刚女柔，男阳女阴，男主外女主内，就是一种互补、一种平衡。这都是长期实践磨合的结果，是“一阴一阳谓之道”的生动体现。

### （三）自我平衡是大自然的铁律

每个生命体，为了求存在，都必须自我平衡，也就是说每个事物都有趋向自身平衡的本性。比如说人遇热出汗，遇冷发抖，这是条件反射，是自身在调节平衡。再比如我们用肩挑担子、用手提东西，左边觉得累了，就自觉转到右边；右边疲劳了，就自然转到左边，这也是平衡。我们身体有些小毛病时会自己痊愈，人体有自愈功能，这是自身在调节平衡。人体其实是一个很好的具有自愈能力的机器。骨折了，只要调整好、固定好不动，它就会骨头对骨头、血管对血管地生长，连接得天衣无缝。其实，人体在一生中会遇到各种病痛，很多都是依靠人体的免疫功能自愈的。人这个小自然如此，大自然也如是，如一些遭受破坏的生态，假以时日，大都能自然修复。在自然界，生态系统的生物按照对能量的获取方式，分为生产者、消费者和分解者。生产者大多是绿色植物，它利用太阳能，通过光合作用，将养分、水分等转化成有机物。消费者，就是包括我们人在内的生物，如虎、狮、豹、狼等，自己不能产生有机物，只能以植物和其他动物为食。分解者就是指有分解能力的生物。正因为有这些分解者，很多东西才会被分解掉，重新返回自然，比如说落叶归根，叶被分解，又变成富有营养的泥土，供生产者利用。生产者、消费者和分解者构成了自然生态系统能量流动、物质循环、信息传递的动态循环平衡圈，组成了生态和谐的大家园。在这个生态园里，无论哪个环节出了问题，遭到破坏，生命体为了保障自己的生存，就会做出必要的反应。但如果超出了自我调节、自净能力的限度，平衡就会遭受破坏。比如说人在高温下长期劳作却没有得到有效的防护，可能就会中暑生病；人患有小毛病，但长期得不到很好的治疗、休息，或者营养跟不上，可能就会从亚健康变成不健康，甚至危害生命。地球环境长期被污染、被破坏，而没有得到及时修复，一旦失去平衡，就会发生自然灾害，比如现在频发的极端天气、北方地区司空见惯的雾霾等，这些都是例证。

## 二、道法自然

### （一）遵循自然

老子说：“人法地，地法天，天法道，道法自然。”[1] 人应该取法于地，地取法于天，天取法于道，而道具有顺其自然的本性。“自”便是自在的本身，“然”是当然如此。老子所说的“自然”，即是自己如此。“道法自然”即道效法或遵循自然，“道”是本来如是、原来如此，自然而然地生，自由自在地长。“道法自然”具体到万物之灵——人的身上，即人的一切行为都要顺其自然，要尊重万物的本性，遵循客观事物的规律，倡导人们保持自然本真、淡泊名利的心态，并以此来指导生活。但在现实生活中，有的人却背道而行。比如，某些国家想用一个“主义”、一种模式来统一世界，想用自己的价值观来“漂白”世界大脑。这实际上是痴心妄想，明知不可为而强为之，失败是必然的。大家知道，天有日月星辰，地有山川湖海；太阳光有红橙黄绿蓝靛紫七色，生物有植物、动物、微生物三种，山有高低峰谷岭，海有深浅浪涛波。这是一个丰富多彩、给人以无限遐想的美丽世界！试想一下，世界如果只有一种颜色、一种生物，人如果只有一个“主义”、一种思想、一样的生活方式，那将是一个什么样的世界！多样性是自然规律，是自然法则，人们必须遵循，不能背道而驰。

---

① （魏）王弼注：《老子道德经注》，楼宇烈校释，中华书局 2011 年版，第 66 页。

运动变化也是自然规律、普遍规律。地球在不停地转动，世界无时无刻不处于变化之中，今天最好不等于将来也最好，今天最合适不等于明天也合适，现在不好的将来也可能变成好的，不然怎么会有“否极泰来”之说呢？俗话说“冥冥之中，老天自有安排”。因此，许多事我们只需顺其自然、顺道而行即可。

### （二）协调自然

20 世纪初，在美国西部落基山脉的凯巴伯森林中约有 4000 头野鹿，与之相伴的是一群凶残的狼，威胁了鹿的生存。为了这些鹿的安宁，1906 年，美国决定开展一场除狼行动，到 1930 年累计枪杀了 6000 多只恶狼。狼在凯巴伯森林不见了踪影，于是鹿在那里开始无忧无虑无节制地生育，不久鹿群就增长到 10 万余头。鹿群啃食一切可食的植物，吃光野草，毁坏林木，并使以植物为食的其他动物锐减，鹿群本身也陷于饥饿和疾病的困境。到 1942 年，凯巴伯森林中的鹿骤减到 8000 头，且病弱者居多，兴旺一时的鹿家族急剧走向衰败。出现这种事与愿违的局面，正是因为狼被人大量消灭了。首先，狼会捕食掉一些鹿，使鹿的总数得到控制，不至于让其繁殖到使植被退化的程度；其次，狼捕食的鹿多为老弱病残者，有助于鹿种优胜劣汰，利于鹿群传宗接代；最后，鹿在狼的追逐下，经常处于逃跑的运动状态，促进了鹿的健壮发育。由于狼的消失，鹿没了天敌，“懒汉”体弱，鹿群便退化了。美国政府为挽救大量消灭狼带来的恶果，于 20 世纪 70 年代制定了“引狼入室”计划。但这项计划因遭到一些人的反对未及时实施。随着人们环境意识的提高，“引狼入室”计划终于在 1995 年得以实施。时年从加拿大运来首批野狼放生到落基山脉，凯巴伯森林终于又焕发了勃勃生机。这是人们破坏和重新协调自然的鲜活案例，值得思考。实际上，我国自古以来就有协调自然的优良传统。比如说农业中的套种套养。稻田中养泥鳅、黄鳝，水稻与它们优势互补，为它们提供阴凉舒适的生长之所，吸引来的昆虫为它们供给了天然营养丰富的活饵料，而泥鳅、黄鳝的粪便为水稻供应很好的有机肥料。还有，利用天敌来防害，比如说某地老鼠多了，就引进蛇来控制老鼠的数量。还有，利用生物发酵技术来改善生活生产，像利用动物粪便发酵既可以产生沼气，提供燃料，又可以产生有机肥料。

自然万物相互依存、相互影响、相互促进、相互制约，每一物种都能在自然界中找到与它相生相克之物。当今社会的人们对此应有足够的认识，并充分地加以利用。切不可为追求产量、产值而不惜破坏生态环境，过度使用农药、化肥等与自然不协调的物质。否则，我们笑古人拔苗助长，也将被后人所耻笑。

### （三）文化自然

文化自然就是人在学习自然万物的过程中不断对人的自然性进行否定，从而构建自己的精神世界。自然万物中蕴含着无限的文化密码，人类在认识、开发和利用自然的生产、生活实践中不断地予以破解，从中得到启发、感悟之后重新进行理性的排列组合，从而形成自己的世界观和价值观。文化自然可以说是“自然的人性”，就是人在自然中得到的启示，是人的伦理、法律、文化的起源，从物质世界中建立自己的文化世界，并以之来认识自然、改造自然。人的生存哲学、生活感悟更多地来源于自然万物。《史记·日者列传》：“今夫卜者，必法天地，象四时，顺于仁义，分策定卦，旋式正棋然后言天地之利害，事之成败。”[①] 意思是说，今天的卜者，上必效法天地的定理，下必取象四时的变化，再配合仁义的原则，分龟策定出卦名，然后才能谈天地间的利害与事的吉凶成败。《四库全书》中有这么一句话：“易之为书，推天道以明人事也。”古人所讲的“天道”，指的是宇宙运行所形成的自然万物生存发展的规律。“人事”，指的是生活在地球上的人类的各种活动及其道德规范。易学通过掌握并推演大自然的运动变化去预测社会发展，从中总结人类社会的发展变化规律。“推天道以明人事”含有很深刻的道理。要“明人事”就必须依据“天道”。“天道”是根据自然现象概括出的一个反映客观世界一般规律的科学理论，再根据这个理论体系推导出人的行为规范。不明“天道”就不会“明人事”。所以中国文化的根就是自然。《老子》中的许多章节都是从自然中推导出来的，如“五色令人目盲，五音令人耳聋，五味令人口爽，驰骋畋猎令人心发狂，难得之货令人行妨。是以圣人为腹不为目，故去彼取此”,[②]“五色”“五音”“五味”给人造成“目盲”“耳聋”“口爽”等现象，告诉人们应当“为腹不为目”，注意修持内在之德行，而不是舍本逐末，迷于外物，求其虚华。又如，“揣而棁之，不可长保”[③]，把铁器磨得又尖又利，难保长久。

---

① （西汉）司马迁：《史记》，中华书局 1999 年版，第 2437 页。

② （魏）王弼注：《老子道德经注》，楼宇烈校释，中华书局 2011 年版，第 31 页。

③ （魏）王弼注：《老子道德经注》，楼宇烈校释，中华书局 2011 年版，第 23 页。

“企者不立，跨者不行”①，踮起脚跟想站得高，反而站不住；想要跨越式快走，反而走得不快。这告诉人们，锋芒毕露、急躁冒进、急功近利，是不会长久、不会有好结果的。

我们的先贤从自然中获取智慧，从而推动人与社会发展，为我们树立了榜样。从物质世界中构建精神世界，把“自在之物”变成“为我之物”，这需要人们细心观察，用心感悟。比如，我们在浴缸或水槽排水时会看到旋涡，涡流是往下沉的，且离旋涡中心越近，旋得越快、沉得越深。由此而来的一句话“极聪明的永不卷入旋涡”，就是告诉我们不必暗流涌动，不必拉帮结伙，平平稳稳归入大海才是大道。又如，一块白布被沾上黑污，无论采取物理的还是化学的清洗方法，都难以还原到原来的“白”、原来的“样”。一张白纸写错一个字，无论怎么刮擦，或是使用涂改液，都难以消去“错”的痕迹。人们由此明白要慎初，防止“一足不慎千古恨”。当然，自然在变，时代在变，科学技术在迅速改变人们的生产、生活方式，人们要从自然中获取智慧，不必再像鲁班发明铁锯那样刀耕火种、上山入林。我们已经走进了大数据时代，世间万事万物正在通过计算机、传感器迅速被数据化，一切物理的、化学的、生物的、社会的现象，都可以转化为数据。数据化世界开始改变现实世界。数据产生信息，信息产生知识，知识产生智慧。在数据化的世界中寻找现象之间的关系与规律，要比在现实世界中容易，且成本更低。因此，人们要有大数据思维，在“网罗”自然万物中激发灵感，在虚拟的世界中获得更多的人



① （魏）王弼注：《老子道德经注》，楼宇烈校释，中华书局 2011 年版，第 63 页。

生智慧。比如，在利用搜索引擎时要更加明白世界是普遍联系的，“你我之间”是如此之近，无论远隔千山万水，还是跨越千秋万世，都在“一键之间”。在传输信息中要更加明白大数据时代是雁过留痕的，无论你在天涯海角，都摆脱不了一张“无形之网”，采用任何方式躲着藏着，都不可能只是“你知我知”，只要聚焦再聚焦，搜索又搜索，就能找出痕迹，探明真相，让“不可告人”之事天知地知，人尽皆知。在使用互联网时要更加明白，一切人类的制造物都是数据传感器，包括人类自身，人们的一切活动都可以以数据化的方式体现，人都将成为“玻璃人”而不可能是“隐身人”。总之，人在做，天在看，数在编，网在织，“一键”原形现。因此，做人还是明明白白、堂堂正正为好。

## 三、合和自然

### （一）亲亲自然

人们常说“大地母亲”。大地生养自然万物，作为其中一员，人类与其他自然万物如同兄弟姐妹，我们应当以自然万物为亲，以自然万物为邻，爱惜它们，保护它们，与它们和谐共长。古人十分爱惜自然万物。我国夏代就有“春三月，山林不登斧斤，以成草木之长；夏三月，川泽不入网罟，以成鱼鳖之长”① 之说。意思是说，阳春三月，不拿斧头进山林砍伐，让草木自然生

① 朱右曾：《逸周书集训校释》，商务印书馆 1940 年版，第 65 页。

长，不拿网具到江河、湖泽去捕捞，让鱼鳖好好成长。因为这个时节，正是它们成长的关键时期。司马迁在《史记·殷本纪第三》告诉我们“网开三面”的故事：商汤还在做诸侯的时候，一天，“汤出，见野张网四面，祝曰：‘自天下四方皆入吾网。’汤曰：‘嘻，尽之矣！’乃去其三面，祝曰：‘欲左，左。欲右，右。不用命，乃入吾网。’”[①] 这是古代君侯保护鸟类的最早记载。“万物并育而不相害，道并行而不相悖。”[②]“断一树，杀一兽，不以其时，非孝也。”[③] 由此可见，古人已经懂得与万物和谐相长而不相害，把伐木杀兽提到“孝”的层面，视逆时取用为不孝之事。这告诉我们在向自然界索取资源时，应有所节制，要注意时令，按一定的季节从事捕鱼、猎兽等生产活动，而不是过度享用，甚至赶尽杀绝。可以看到，现实中节制、简约的人，一般都生活得幸福且长寿。因为他们不过度消耗资源、不引起物怨而心安理得。“亲亲自然”还告诉我们：你以自然万物为亲，自然万物也以你为亲；你感恩自然万物，自然万物也感恩于你。因为万物都有生命，都有生命的信息和能量。现实生活中，不是有许多动物感恩救人的故事吗？实际上植物也在救人，如中草药，它们虽不言语，但医治了多少人的病痛，救了多少人的生命。如果没有了某味草药，人的某种病就可能无药可治。如果更多的物种灭绝了，人类就会有更多的病痛无药医治，长此以往，人将自取灭亡。因此，

① （西汉）司马迁：《史记》，中华书局1999年版，第70页。

② （西汉）戴圣：《礼记》，（元）陈澔注，金晓东校点，上海古籍出版社2016年版，第352页。

③ （西汉）戴圣：《礼记》，（元）陈澔注，金晓东校点，上海古籍出版社2016年版，第544页。

保护自然就是保护我们人类自己。自然万物相互联系、相互依存，一方的存在以另一方的存在为依据。人与自然万物都是大地这个母亲共同养育的，大家都是“地球村”的成员，应当相亲相爱，共存共荣。

### （二）创新自然

自然蕴藏着无限的资源和信息密码。人们只要把握自然规律，尊重自然法则，就会创造出无尽的财富。比如风能、太阳能，不仅蕴藏量大，分布广，而且是一种无污染、能够大范围应用的可再生性能源，取之不尽用之不竭。对这些资源进行合理利用，既有利于自然保护，又有利于人的生存发展。自古以来，中华民族进行了认识、开发和利用自然的波澜壮阔的历史活动，两千多年前建成的都江堰和隋代开凿的大运河等水利工程，对我国的经济和社会发展起到了重要作用。

自然界还是人类各种技术思想、工程原理及重大发明的源泉。自然万物储存着无限的信息，只要人们读懂并科学利用这些信息，就能够为人类发展拓展无限的空间。譬如，早在四百多年前，意大利人利奥那多·达·芬奇和他的助手研究鸟的身体结构并认真观察鸟类的飞行，设计和制造了一架扑翼机，这是世界上第一架人造飞行器。譬如说，苍蝇是细菌的传播者，谁都讨厌它，可是苍蝇的楫翅又叫平衡棒，是“天然导航仪”，人们模仿它制成了“振动陀螺仪”。这种仪器目前已经应用于火箭和高速飞机，在自动驾驶中发挥了重要作用。又如，苍蝇的眼睛是一种“复眼”，由 3000 多只小眼组成，人们模仿它制成了“蝇眼透镜”。“蝇眼透镜”是用几百或者几千块小透镜整齐排列组合而成的，用它做镜头可以制成“蝇眼照相机”，一次就能照出千百张相同的相片。这种照相机已经广泛应用于印刷制版和大量复制电子计算机的微小电路，大大提高了工效和质量。创新利用自然的事例不胜枚举，人们也因此受益无穷。

合理开发、创新利用自然，就是要把“自在之物”转化为“为我之物”。恩格斯曾说：“动植物体内所产生的化学物质，在有机化学开始把它们一一制造出来以前，一直是这种‘自在之物’；一旦把它们制造出来，‘自在之物’就变成为我之物了，例如茜草的色素——茜素，我们已经不再从地里的茜草根中取得，而是用便宜得多、简单得多的方法从煤焦油里提炼出来了。”① 而“用便宜得多、简单得多的方法”使“自在之物”变成“为我之物”，就是创新自然的路径和价值。



### （三）天人合一

古人最讲究天人合一。甲骨文 （天）在 （人）的头上加指示符号 （一个圆圈），表示人头顶上方的无边苍穹，表示天与人同一。中国古代“天”的含义大致可以分为三种：一是意志之天，以董仲舒为代表的神秘主义的主宰之天；二是义理之天，是以孔子、孟子、朱熹为代表的具有伦理意义的道德化的天；三是自然之天，以老子、庄子、柳宗元、刘禹锡为代表的具有自然的本性与状态的天，与地相对。物道理论关于天的论述主要体现的是自然之天。天人合一的含义究竟如何

① 恩格斯：《路德维希·费尔巴哈和德国古典哲学的终结》，《马克思恩格斯选集》第四卷，人民出版社 2012 年版，第 232 页。

呢？学界对此可谓众说纷纭，目前尚无定论，分歧的焦点在于两个基本方面：一是如何理解天人合一的“天”，二是“天”与“人”究竟是如何“合一”的。关于中国传统文化中的天，冯友兰先生认为主要有五种含义。第一种是物质之天，是指日常生活中所看见的与地相对的天，就是我们现在所说的天空。第二种是主宰之天或意志之天，是指宗教中所说的有人格、有意志的“至上神”。第三种是命运之天，是指旧社会中所谓的运气。第四种是自然之天，是指唯物主义哲学家所谓的自然。第五种是义理之天或道德之天，是指唯心主义哲学家所虚构的宇宙的道德法则。[①] 这五种含义中最基本的不外乎两个方面：自然方面的天和精神领域的天。前者是基础，对后者起决定作用；但是后者一旦生成，又可对前者进行意义建构，使自然的无思想无情感的天获得存在的意义和价值。比如说，南泥湾原本是荒芜之地，在毛泽东主席“自力更生、丰衣足食”的号召下，八路军三五九旅官兵激发出战天斗地的无限劳动热情，他们披星戴月，披荆斩棘，风餐露宿，艰苦奋战，开荒种地几十万亩，将荒无人烟的南泥湾变成了“平川稻谷香，肥鸭遍池塘。到处是庄稼，遍地是牛羊”的陕北好江南。三五九旅为防止官兵过度劳动，还制定了史上罕见的“限制早到和迟退”条令，培育出了“自力更生、艰苦创业，同心同德、团结奋斗”的南泥湾精神，赋予了南泥湾这块土地更多的意义和价值。

对于“天”与“人”究竟是如何“合一”的问题，张岱

---

① 冯友兰：《中国哲学史新编》，人民出版社 1982 年版，第 89 页。

年先生进行了梳理，认为“中国哲学中所谓天人合一，有二意谓：一天人本来合一，二天人应归合一”。“关于天人本来合一，有二说：一天人相通，二天人相类。所谓天人相通，如解析之，其意义可分为两层。第一层意义，是认为天和人不是相对待之二物，而乃一息息相通之整体，其间实无判隔。第二层意义，是认为天是人伦道德之本原，人伦道德原出于天。在今观之，在天为根本的，自一意义言，亦是在人为根本的，因人为自然中之一物。然自另一意义言，所谓人性，常指人之所以异于非人者，即人与他类物不同者；而人与他物相同的，虽为根本，亦不含于所谓人性之中。以此义言，人固以自然为根本，而人性乃是后起之特殊的性质，非即是普遍的天道。将天道与人性合而为一，表面上似将天道说为人性，而实际乃是将人性说为天道，即将人伦义理说为宇宙之主宰原则。这就陷于拟人的错误。”“天人相类之意义，亦可析为两方面。一，天人形体相类，此实附会之谈。二，天人性质相类，此义与天人相同论之天道人性为一之说相似，实际上亦是将人伦道德说为天道。”① 张先生这里的分析是很具合理性的，也是很精彩的。简单地说就是：天“合”向人或人“合”向天两种方式。

天人合一不是高深莫测的理论问题，而是活生生的现实问题。实际上，每个人都在践行“天人合一”，只是程度不同而已。现实生活中有许许多多忘我之人，这是人“合”向天的方式之一。他们为了自己崇高理想之“天”，为苍生、为大地而谋，超然脱俗，忘记了自己的存在，与自然和社会融为一

① 张岱年：《中国哲学大纲》，中国社会科学出版社 1982 年版，第 181—182 页。

体，为国为民无私工作，甚至献出自己的生命。“苟利国家生死以，岂因祸福避趋之?”从古至今，无数仁人志士、英模先烈、中国脊梁，如屈原、诸葛亮、欧阳修、文天祥、李大钊、黄继光、焦裕禄、谷文昌等，都是以天下为己任，公而忘私，公而忘我，鞠躬尽瘁，死而后已，就是人“合”向天的例证。然而，“莫道世界真意少，自古人间多情痴”，现实生活中亦存在不少“情痴”“物痴”，他们为了儿女之情，为了心爱之物，为了功名利禄，为达目的不择手段，执着甚至疯狂，忘掉了天地，忘掉了社会，甚至忘掉了衣食父母，痴什么，什么就是天，世界聚焦为这个点。痴情，情即天，如热恋一个人，尽管世界美女帅哥无数，但他（她）目中就此一人，可以追到天涯海角；痴物，物即天，如现实中的黑恶势力、腐败分子，尽管他们都明白天网恢恢，但他们痴心过度，恶行难改，不顾天道法理，尽其所能把天下财货收入囊中，这是天“合”向人的极端方式。

天人合一，应该是物我两需、物我两忘，做到物与我、需与忘相平衡。天下为公，天人同一，既爱“物”这个江山，又爱“我”这个美人，既追求物质解决生存需要，又创造精神满足发展需要，实现人与自然、人与社会、主观与客观、感性与理性的和谐统一，从而从物质之天的必然王国走向精神之天的自由王国，获得安身立命之所。

# 第四章　人与社会的平衡

马克思认为："只有当对象对人来说成为人的对象或者说对象性的人的时候，人才不致在自己的对象中丧失自身。只有当对象对人来说成为社会的对象，人本身对自己来说成为社会的存在物，而社会在这个对象中对人来说成为本质的时候，这种情况才是可能的。"① 人之为人更根本的原因是社会存在，人具有社会的现实存在维度。在马克思主义者看来，人不仅是自然的存在，还是社会的存在。人性由其生物性和社会性共同决定，而社会性是人类特有的本质，也是人的最主要、最根本的属性，人的社会属性制约人的自然属性。亚里士多德把人的社会性看成是一种天赋的自然倾向，他认为"人类生来就有合群的热情"，因此人类在本性上是"一个政治动物"。人的生存一刻也离不开他人、他物、他事，人是社会关系的综合

① 马克思：《1844 年经济学哲学手稿》，《马克思恩格斯文集》第一卷，人民出版社 2009 年版，第 190 页。

体，只有使社会性成为人的本质属性，“人才不致在自己的对象中丧失自身”。

## 一、人的社会角色

马克思主义认为，人的本质是社会性的实践，人是社会人，社会性是人的本质属性。人是社会的人，无论个人在整个社会生产中的作用和地位如何，他都属于社会；无论个人如何超脱各种社会关系，他总是在一定的社会关系中生存与发展，因此必须遵循社会发展规律。人类社会发展的最一般规律，表现为整个社会基本矛盾的辩证运动。社会基本矛盾就是生产力与生产关系、经济基础与上层建筑的矛盾。生产力决定生产关系，生产关系反作用于生产力；经济基础决定上层建筑，上层建筑反作用于经济基础。这种层层决定和层层反作用的关系，构成了以促进生产力发展为最终动因的整个社会基本矛盾的辩证运动，体现了人类社会发展的最一般规律，推动着人类社会的发展进步。生产力和生产关系、经济基础和上层建筑构成每个人现实的社会存在。

人们应该从社会基本矛盾运动中来反观自身。

### （一）我是主人吗

这是人们在现实中经常自问的问题。在社会矛盾辩证运动中，生产力起决定作用。所谓生产力就是人们认识自然、改造自然以获得物质生活资料的能力，是人们认识自然、改造自然的物质力量。生产力是一个由多种要素构成的复杂系统，它的基本三要素是人、产品、工具，即劳动者、劳动对象（资料）和劳动工具。比如说，农民种植庄稼，农民自身、农具、化肥、农药、种子、土地、阳光、水分等要素都是生产力，其中农具、化肥、农药是人生产制造出来的。农民要有一个好收成，除了农民的自身素养，还要用好的农具，选好的种子，择合适的季节，种在合适的土地，浇灌适宜的水分，施适量的化肥、农药，按期收获。即便一些客观条件如土地、水等，人决定不了，但人的使用是否合理，也起很大的作用。比如土地的酸碱度、翻耕田地的深浅，水浇灌的多少等。人如果没有正确地选用、取舍，没有因时、因地制宜，结果可能南橘北枳、产量减少甚至颗粒无收。又比如说，我们最常用的手机、电脑的质量好坏，品质优劣，取决于每一个零件的设计、制作工艺、材料品质，而设计、工艺、选用材料的关键在人，在于人的能力素养。还有，作家、画家能否创作出好作品，关键也在他们自身：怎么选取创作素材，从什么角度反映社会现实，站在什么高度。可见，人在生产力诸要素中占主导地位，人是根本，是核心，是主体。所谓生产关系是指人们在物质资料的生产过程中形成的社会关系。它是生产方式的社会形式，包括生产资料所有制的形式、人们在生产中的地位和相互关系、产品分配的形式等。历史唯物主义认为，一定社会的基础是该社会的经济关系的体系，即生产关系的总和。经济基础和生产关系实际上是统一的，它们反映的都是人的社会关系，即人的地位、人对劳动产品的分配、人对物的占有等。生产力是人的生产力，生产关系是人的生产关系，生产力与生产关系都是人活动的产物。总之，社会的主体是人。

人是社会的主体，那么人能主宰这个社会吗？显然是不能的，因为人同时还是客体。人是在社会实践中实现主体与客体的辩证统一。马克思指出："人们不能自由选择自己的生产力——这是他们的全部历史的基础，因为任何生产力都是一种既得的力量，是以往的活动的产物。可见，生产力是人们应用能力的结果，但是这种能力本身决定于人们所处的条件，决定于先前已经获得的生产力，决定于在他们以前已经存在、不是由他们创立而是由前一代人创立的社会形式。后来的每一代人都得到前一代人已经取得的生产力并当做原料来为自己新的生产服务，由于这一简单的事实，就形成人们的历史中的联系，就形成人类的历史，这个历史随着人们的生产力以及人们的社会关系的愈益发展而愈益成为人类的历史。"① 人在当下是主体，主导着社会的物质生产活动和精神生产活动，但是，人在历史的演进中又是客体，在各种复杂因素作用下从猿进化到人，进行人的活动。人的物质生产以前人所创造的生产力为物质条件和精神条件，是以前人为基础的，站在前人的肩膀上进行，"不能自由选择自己的生产力"。比如说，现在要生产一张时尚、舒适的办公桌，必须有前人种树，借鉴前人设计好的款式、制作工艺、制作工具，吸取历史积累的经验，需要借助他人的力量，不可能仅靠个人随时、凭空就能生产。可见，历史是人民大众创造的，历史是人民大众的历史。个人即使在某个历史节点发挥过作用，取得了成功，但他创造的功业也是建立在前人创造的基础之上，在历史长河中也只是沧海一粟。人

---

① 马克思：《马克思致帕维尔·瓦西里耶维奇·安年科夫》，《马克思恩格斯选集》第四卷，人民出版社 2012 年版，第 409 页。

是历史的主体，但个人是主体中的客体，是历史的客体。因此，个人即便能发光发热，成为一时的英雄，但在人民大众的汪洋大海之中仍只是一个小水滴，切不可自以为是，以自我为中心，揽功诿过，推崇个人英雄主义。

当然，人可以主导当下，把握现在。每一代人只能在自己的历史前提下改变自己眼前的现实，从而推动历史前进，而无法改变作为既得力量的历史前提本身。每一代人进行怎样的物质生产，有什么样的物质生活，这是与每一代人的生产力相一致的，任何人都不能随意超越自己时代的物质生产力水平。前人在想象中渴望后人的生活，但只能是想象。后人也不能以自己时代的标准要求前人。在现实生活之中，作为主体的个人，对于历史来说是后人，相对未来而言又是前人；对前辈来说是后人，对后辈来说又是前人。历史如一条线。作为后人来说，近有父母，远有祖先，“没有他哪有我”，不能成为无根的浮萍，没有根哪能枝繁叶茂、开花结果。让历史不断线，人们应该尊重历史，尊重前人的创造，学习借鉴前人留下的物质精神财富，切不可奉行历史虚无主义，否定一切，怀疑一切。对前人应有敬畏之心，不可掘先人的“陵墓”，更不可鞭“尸”，否则不符合天道人情。社会在变化，历史在前进，对待历史应该实事求是，应该以历史的眼光审视，不可以用现代的标准来评判先人的功过得失，也不能因先人的失误而否定先人所创造的历史功绩。就像父母有失误，但不能否定父母养育我们长大的事实，不能否定父母的养育之恩。传宗颂祖，孝敬父母，这是后人的责任和义务。作为前人，应该有前人的“样”，树好

"典"，立德、立言、立功，以自己的功业启迪后人，以自己的经验引领后人，以自己的智慧展望未来，做好传帮带，教育后来者，指引未来的路。这是前人的使命。实际上，立世的人们既是前人，又是后人，是前人与后人统一中的今人。今人，就应该立足当下，"我的事我做主"，只争朝夕，抓住机遇，现在的事现在做好，现在的问题尽可能现在解决，不能"明日复明日"，不能把当下的事留给未来。立足当下，开创未来，这是今人对历史的担当。长江后浪推前浪，一代更比一代强。今人还应该在创造历史中进行自我塑造、自我完善，不断提升自己的"思维力、意志力和心力"，这也是历史对今人的要求。总之，一切历史都是当代史。美好的生活、美好的人生要靠自己去把握、去创造。

人是历史的剧作者，又是历史的剧中人。历史由人民群众创造，历史这个大剧的剧作者是人民群众，而每个人都应该是这部历史剧的剧中人。个人作用再大，他也只是剧中一个人物而已，都是在当时的社会矛盾运动中行进的，都是顺着历史潮流前进的。因此，在现实生活中要处理好个人作用和群体作用的关系。社会现实生活就如一台戏。一台戏，必然有高潮低潮之时；剧中人物，必然有主角、配角之分；剧务安排，必然有出场先后之序。主角再强、再有表演天赋，也不能整台戏都由一个人来表演，也需要配角的陪衬和烘托，否则就成了独角戏，甚至不成戏，就像人们常说的"好花也要绿叶衬"。当个人成为某个单位、某个事件的主导时，在人生高潮的时刻，要清醒地认识自己，并正确地面对现实，在充分展示自己才能的基础上，切不可有个人英雄主义，自以为是。“勿以身贵而贱人”，要时刻照顾大家的情绪，发挥大家的积极性，人尽其才，物尽其用，引领大家一起干、一起演、一起唱，领着配角演好主角。实际上主角、配角是相对的，主角一旦离开了配角，主角的地位也就不存在了。况且，对观众来说，萝卜青菜各有所爱，剧中的主角不一定是其心中主角，有的还偏偏喜欢配角，配角才是他心中的“人”、他心中的“范”。当然，作为配角，要有“我的角色我做主”的主动性，尽其所能，补台、救台，按照剧情的需要，围绕着主角演好配角，像《西游记》中的沙僧一样，常常说“师父，大师兄说得对”“大师兄，二师兄说得对”。哪怕是跑龙套，该出场时走好步，该出声时唱好调，做好“黏合剂”，当好“螺丝钉”，把个人融入整部戏之中。台上有主配角之分，到了台下，卸了妆，那还不都一个样！戏如人生，人生如戏。



每个人都是社会的一分子，都在相应的位置上运转着，为社会所需尽其所能。社会如一部机器，机器由许多零件组成，要发挥机器的完整功用，每一个零件都不能坏、都不能少。一辆汽车要正常行驶，发动机、轮胎固然重要，挡风玻璃、倒车镜、车灯都不能坏，哪怕是不起眼的雨刷也不能少，否则行车就有危险。每个人在社会这个大机器中就如同一个小小的零件，在合适的场合、合适的时机发挥应有的作用。在当今中国社会大舞台，每个人都是主体，都是主人翁，都要努力演好自己的角色，凝聚中国力量，中国特色社会主义这个大剧才能演得好，中国社会这个大舞台才能精彩纷呈，才能更好地展现中国精神。

## （二）我需要劳动创造吗

这也是人生路上的必答题。马克思指出："我们首先应当确定一切人类生存的第一个前提，也就是一切历史的第一个前提，这个前提是：人们为了能够'创造历史'，必须能够生活。但是为了生活，首先就需要吃喝住穿以及其他一些东西。因此第一个历史活动就是生产满足这些需要的资料，即生产物质生活本身，而且，这是人们从几千年前直到今天单是为了维持生活就必须每日每时从事的历史活动，是一切历史的基本条件。"① 每个人为了"能够生活"，"第一个历史活动"就是"生产物质生活本身"，而且"必须每日每时"都要进行，这是"一切历史的基本条件"。一直以来，人类为了生存，都在永不停歇地劳动。

劳动创造人本身，劳动也推动着历史的前进。社会基本矛盾是社会历史前进的根本动力。生产力的基本要素——劳动者、劳动对象（资料）和劳动工具，都离不开"劳动"。生产关系是人们在物质资料的生产过程中形成的社会关系。生产的过程就是劳动的过程，是生活资料、社会关系、自身意识的生产过程。因此，社会基本矛盾辩证运动的过程也是劳动生产的过程。劳动是人塑造自我的手段，也是推动社会历史发展进步的手段。这在《西游记》的故事中有非常形象的描述。孙悟空、猪八戒、沙僧三人保护唐僧西行取经，一路降妖伏魔，历经九九八十一难，终于到达西天，取得真经。唐僧师徒取回真

① 马克思，恩格斯：《德意志意识形态》，《马克思恩格斯选集》第一卷，人民出版社 2012 年版，第 158 页。

经的过程就是他们劳动的过程。

唐僧师徒都是有“原罪”的，八金刚引唐僧师徒到如来佛祖近前受职时，佛祖说道：

> “圣僧，汝前世原是我之二徒，名唤金蝉子。因为汝不听说法，轻慢我之大教，故贬汝之真灵，转生东土。今喜皈依，秉我迦持，又乘吾教，取去真经，甚有功果，加升大职正果，汝为旃檀功德佛。孙悟空，汝因大闹天宫，吾以甚深法力，压在五行山下，幸天灾满足，归于释教；且喜汝隐恶扬善，在途中炼魔降怪有功，全终全始，加升大职正果，汝为斗战胜佛。猪悟能，汝本天河水神，天蓬元帅。为汝蟠桃会上酗酒戏了仙娥，贬汝下界投胎，身如畜类。幸汝记爱人身，在福陵山云栈洞造孽，喜归大教，入吾沙门，保圣僧在路，却又有顽心，色情未泯。因汝挑担有功，加升汝职正果，做净坛使者。……沙悟净，汝本是卷帘大将，先因蟠桃会上打碎玻璃盏，贬汝下界，汝落于流沙河，伤生吃人造孽，幸皈吾教，诚敬迦持，保护圣僧，登山牵马有功，加升大职正果，为金身罗汉。”又叫那白马：“汝本是西洋大海广晋龙王之子。因汝违逆父命，犯了不孝之罪，幸得皈身皈法，皈我沙门，每日家亏你驮负圣僧来西，又亏你驮负圣经去东，亦有功者，加升汝职正果，为八部天龙马。”①

唐僧师徒虽然都有“原罪”，但他们在取经途中完成了对自身的改造，在追求美好的理想和目标、完成伟大的事业中提



① （明）吴承恩：《西游记》，人民文学出版社 2005 年版，第 1195—1196 页。

升了自我，最终修成正果，成真成圣。“取经”这一劳动过程不但重塑了唐僧师徒，也推动了中国佛教的发展，正如书中所言：“大觉妙文回上国，至今东土永流传。”

戏如是，人也如是。每一个人出生后就要进行吃奶、呼吸等劳动化实践；随后学着爬行挪动，学着摇摇晃晃、跌跌撞撞直立走路，学着咿咿呀呀讲话；而后从家庭进入学校，开始读书明理；最后踏入社会，在社会中劳动创造，贡献自己的力量。与此同时，不断地提升自己、完善自己，就如孔子说的“三十而立，四十而不惑，五十而知天命，六十而耳顺，七十而从心所欲，不逾矩”。人一出生，就在劳动实践，随后不同的时期在不同的区域范围内劳动修行，从而达到不同的人生境界。人在自身的劳动中，在外化、异化的过程中不断扬弃，不断向更高层次的自我飞跃，从而使自身不断得到发展和进步。人之为人是在劳动中实现、在劳动中完成的。

劳动使人之为人，劳动是人的现实，人是劳动的人，不劳动的人也就成为非现实的人。人作为社会的人，归根到底是由人的劳动这一基本实践活动创造的，并且是由现实的人的劳动使人的属性成为现实的。作为现实的人，从人的自然属性来说，要为生存而努力，争取经济上的解放；从人的社会属性来说，要为尊严而奋斗，争取政治上的解放；从人的精神属性来说，要为快乐而工作，无须扬鞭自奋蹄，争取精神上的满足。个人在具体的社会劳动中，切忌一边工作一边发牢骚。有的同志，工作没少干，但是一边工作一边发牢骚，最后吃力不讨好。那又何苦呢？有道是“牢骚太盛防肠断，风物长宜放眼量”。

## （三）我立足何处

马克思在《〈政治经济学批判〉导言》中指出：“人是最名副其实的政治动物，不仅是一种合群的动物，而且是只有在社会中才能独立的动物。”① 人是社会的人，社会是人的社会。社会是各种关系的综合体，推动社会前进的根本动力是社会基本矛盾的辩证运动。生产关系是人们在物质资料的生产过程中形成的社会关系。生产关系适应生产力的发展，社会才会进步。因此，人们只有在物质资料的生产过程中形成适应生产力发展的稳妥的社会关系，才能推动社会的发展，这也是人们的立足之地。当今社会，大量出现的“低头族”“网迷”们，把自己流放到“荒野”，关到“孤岛”，甚至一家人聚首、夫妻同床都不交流、不言语，蜗居在自己的虚拟空间，游戏人生。人们立足何处，就是要遵循人性，倡导“群居”，可以借用“一切为了群众，一切依靠群众，从群众中来，到群众中去”的教导，人应该“爱于群，立于群，从群中来，到群中去”。《说文解字》指出：“群，辈也。从羊，君声。”② 又说：“辈，若军发车，百两为一辈。”③ 这里的“群”是指由同源的、或有相似个性特点、或追求共同理想事业的人组成的集体。小的如家、读书会、同学会、单位，大的如政党、民族、国家，相当于哲学上所说的“类”。《中英对照哲学词典》对“类”的解释是：一个满足其成员条件，即具有某种相同性质的实体的

① 马克思：《〈政治经济学批判〉导言》，《马克思恩格斯选集》第二卷，人民出版社 2012 年版，第 684 页。

② （汉）许慎：《说文解字》，中华书局 2013 年版，第 304 页。

③ （汉）许慎：《说文解字》，中华书局 2013 年版，第 304 页。

集合体。人的个体是群的个体，群是个体的群，每个人的现实存在是个体与群的辩证统一。

1. 爱于群

每个人的个体是群的个体，必须爱这个群，爱群中的每一个个体，善待每一个个体的生命、价值和信仰，并勇敢地维护群的利益。

（1）爱于群，需要善良。

人类因爱而生。根据《旧约·创世纪》记载，上帝耶和华照自己的形象造了人类的祖先男人亚当，再用亚当的一个肋骨创造了女人夏娃。因有亚当夏娃之爱，才有了人类。世界需要热心肠，个体应是善良郎。一方有难，八方支援，每个人奉献一点爱心，就能汇成强大的爱的洪流，温暖人间。唤起善良之心，需要换位思考。“己所不欲，勿施于人”，老人遭遇困难，你不救，你也会有成为老人的时候；妇女被侮辱，你不帮，你家也有母女姐妹；小孩受欺，你不助，你也会有子孙。试想一下，当自己遇到苦难之时，是不是渴望得到帮助？凯传的《高天上流云》歌词写得好，大家时不时可以唱一唱、哼一哼：

> 高天上流云，有晴也有阴，地面上人群，有合也有分。南来北往，论什么远和近，一条道儿你和我，都是同路人。莫道风尘苦，独木难成林，一人栽下一棵苗，沙漠也能披绿荫。莫怨人情老，将心来比心，一人添上一根柴，顽石也能炼成金。高天上流云，落地化甘霖，催开花儿千万朵，人间处处春。千家万户敬老又扶幼，讲的是一片爱，家家享天伦。

但愿人们都成“高天上的流云”，“落地化甘霖，催开花儿千万朵，人间处处春”。

（2）爱于群，需要勇敢。

对身边发生的不良现象，需要勇敢地站出来劝阻，不能事不关己、高高挂起，患冷漠症，否则，大家一起受伤。比如说，同住一个生活小区，如果张家随便扔一个垃圾，李家随手抛一件废物，老王随意吐一口痰，小赵随性乱涂鸦，日积月累，最后这个小区就是杂乱差，同区的居民生活都将受影响，影响生活质量，影响整体形象。因此，勇敢地保护我们的群，及时制止不良现象，就是保护我们群的每一位成员。在美国波士顿犹太人屠杀纪念碑上，铭刻着一位名叫马丁·尼莫拉（Martin Niemoller）的德国新教牧师留下的发人深省的短诗。“在德国，当他们把魔爪伸向共产党时，我没有说话，因为我不是共产党；当他们把魔爪伸向犹太人时，我没有说话，因为我不是犹太人；当他们把魔爪伸向天主教时，我没有说话，因为我不是天主教徒；最后当他们把魔爪伸向我时，我环顾四周：已经没有人为我说话了。”这段“碑文”寓意深刻，它精辟地阐述了人世间正义与邪恶、自我与社会、助人与被助的辩证统一关系。在当今社会中，一个人、一个群体、一个政党乃至一个国家，如果只顾自己的利益，不为社会正义而付出哪怕一点点代价，那么最后吃亏和受到惩罚的还将是他自己。比如说，现在常常出现的极端天气，像雾霾、酷热，与人们只追求发展肆意破坏自然环境的行为紧密相关，最后人们都笼罩在雾霾之下、都炙烤在酷热之中，谁也无法幸免，大家都是受害者。群是我们共同的家，必须共同爱护、珍惜。群有难，要伸出援手，不能见死不救，坐视不管；群有害，要勇敢面对，不能躲躲闪闪，选择沉默。只有这样，大家付出爱都能有所收获，才能在爱的世界里享受生活的乐趣。

2. 立于群

物以类聚，人以群分。每个人都要寻找适合自己的群，也只有在群中，才能更好地生存、立足和发展。

（1）立于群，身正直。

身正，才能行得稳、立得住。身不正将无以立群。比如说，现在不少人患腰椎间盘突出，看似常见病，但患过的人才知其痛苦难以言状。腰痛，伴一侧或双侧下肢，从臀部至脚掌放射痛、拉痛、麻木，有时会痉挛剧痛，直不起腰，抬不起腿，甚至摔倒，瘫在地上。发作时白天痛，晚上痛，坐如锥刺，站似蜂蜇，坐立不安。因此，患过此病的人才更深地感悟到，做人“腰板要硬”“脊梁要正”。患者要减轻痛楚，需要采用推拿针灸、热敷牵引、涂贴药膏、内服药物，甚至外科手术治疗等手段，除了要付出金钱，还要付出时间、精力等代价。腰椎病如此，其他病亦然。还是自身没病好，不求人，不受制于人，让自己逍遥自在地生活。

（2）立于群，心融合。

马克思指出：“不管个人在主观上怎样超脱各种关系，他在社会意义上总是这些关系的产物。”① 个人是社会的产物，他总是在一定的社会关系中生存发展。因此，人立于群，总要在群中进行交往，不仅要进行物质的交往，还要进行精神的交

① 马克思：《〈资本论〉第一卷（节选）》，《马克思恩格斯选集》第二卷，人民出版社 2012 年版，第 84 页。

往，才能促进人自身的发展。但在当今社会里，楼越盖越高、房越住越大，但楼道越来越窄、房门越锁越严、围墙越砌越高。同一楼道同一小区，虽鸡犬之声相闻，却老死不相往来。一些人为了追求个人所谓的自由空间，有的“躲进小楼成一统”，宅男、宅女“与世隔绝”；有的在线天马行空，飘在虚拟的天空，落不了地，没有根；有的当独行侠，不愿受任何约束，我行我素，傲视天涯；有的仇视社会，仇官仇富，甚至走向社会的对立面，等等。尽管这些人也在人群之中，却孤立似异乡人。当他谈到人群时，常用“他们”“你们”而不说“我们”。这些都与社会和谐发展相背离。我们知道，一个人独立行走、孤立奋斗，即使本事再大，他取得的成就必然是有限的，这就好比在孤岛上的鲁滨孙一样，努力了 20 年，也只能求得自身之温饱。现实生活中，还有另一种倾向，即身在群内，心却不在群中。有的投机如苍蝇逐利，只要哪个群有利可图，就往哪里钻，哪里有肥缺，哪里就有他的身影；有的圆滑如泥鳅，这群溜溜，那群转转，上蹿下跳，左右逢源，寻机取利；有的假装“鹤”立鸡群，但他立不住，更不必说立久、立远，因为不是真鹤，不仅没有鹤的出众，甚至还没有鸡的本事，既不会打鸣报晓也不会生蛋，站立久了就容易被识破。他只能这岗位屁股没坐热，就往那个岗位挪，只能靠不停地跑位，伸脖鸣叫，企足亮翅，展示一下羽毛，摆弄一下身姿，以引人注目，博得喝彩。人们需要注意，人在社会立足需要适合自己的群，需要知心的群，但不能让一些人借群生事作恶，为其投机提供空间。人融于群，并不是说参与的群越大越好，群越多越好，还得学会独处、看重独处。融于群，是在看外部的世界，与外部的世界打交道。但是，一个人不能只是活动在外部的世界，还得有自己的内心世界，还得审视、守卫自己的灵魂生活。如果把外部的世界活动比作进食，那安静下来独处就是在消化、在吸收。没有这消化吸收的过程，精神上就会营养不良。君不见，有一些人热衷于应酬，东家宴席，西家酒饭，一日三餐推杯换盏、山珍海味，最后是肚子圆圆、脑袋空空，有的还滋生不少问题和毛病，甚至葬身其中。这值得深思。人需要给自己留一些时间和空间，或阅读，与世界上历史上的伟大灵魂对话；或思考，与自己的灵魂交谈，让自己的精神升华。人既要融于群，与人交往，与别人做朋友，又要善于独处，和自己的灵魂交流，做自己的朋友。这样，才能内外兼修，在改造客观世界的同时，改造自己的主观世界，实现人生的目的和意义，从而获得人之为人的快乐和满足。

（3）立于群，行随顺。

世界是变化发展的，社会充满着不确定性。世界潮流浩浩荡荡，顺势者存。作为个体，必须适应外界的发展变化，根据自身的需要和意愿，根据主客观的条件做出自己的选择。老子说：“居善地，心善渊，与善仁，言善信，正善治，事善能，动善时。夫唯不争，故无尤。”① “居善地”，就是选择、安居于自己应处的位置，如“孟母三迁”。现实中，人们购房租房，要看是否适合自己一家居住，是否有利于小孩的就学，是否方便于自己的工作。就业选单位，要看自己的能力和志趣是否与所处的位置相称，自己的价值观、人生观、个性品行能否

① （魏）王弼注：《老子道德经注》，楼宇烈校释，中华书局2011年版，第22页。

适应所处的环境、所处的团队。“心善渊”，就是说心要像深潭一样清澈平静，不受外界环境的影响和干扰。在现实社会，尤其需要修心、修德，不断地修正自己的言行，理智地使心清澈、平静，不被情绪所左右，不被愤怒所控制，不被恐惧所笼罩，不被喜悦所迷惑。对人对事要有真正的宽容之心、包容之心、仁厚之心。特别是对那些你看不顺眼的人、看不舒服的事，更要以宽广的胸怀容纳之。“与善仁”，就是说与人交往，要心存友善，仁爱而坦诚。但在现实生活中，尊强、凌弱现象在一定程度仍然存在，有悖“与善仁”。事实上，强弱可以转换，今天强不等于永远强，今天弱了也不等于一直弱，君不见韩信也曾受胯下之辱吗？每个人都会有逆顺之时。你以怎样的态度对待别人，别人也会以怎样的态度对待你。与人交往，应该是长幼皆尊，童叟无欺，这样才会得众望、聚众力。“言善信”，就是说话要讲信用，守根本。要言而有信、一诺千金、言出必随，才能赢得大家的尊重，赢得大家的口碑。“正善治”，就是忠于职守，处事公正、公平，能谋事，能成事。“事善能”，就是要尽己所能，尽心做好力所能及的事。孟子说：“挟泰山以超北海，是不能也，非不为也；为老人折枝，是不为也，非不能也。”[①] 根据自己的能力和水平，不逞强、不逞能，做自己该做的事、能做的事。“动善时”，就是合理把握行动的时机，随时局而变，顺势而为，抓住机遇，谋定而动。既要“观天象”，又要“接地气”，在合适的时间合适的地点做合适的事情，遵循做事的原则，把握人生的关键节点，

① （战国）孟轲：《孟子》，万丽华、蓝旭译注，中华书局2017年版，第13页。

成就一番事业。人立于群，需从“居善地，心善渊，与善仁，言善信，正善治，事善能，动善时”七个纬度来着力、来构建，同时，要像水一样静水流深，不与人争长短，从而无忧无虑地自在生活。

3. 从群中来

人从猿群中走来，走向现实社会。人从出生至死亡，衣、食、住、行，干事创业，接生入土，都离不开群。每个人寻求生存发展，实现自己的价值，更多体现于为别人的存在，别人也为他而存在。无论社会如何发展变化，每个人都无法生产自己所需要的全部物品，都只能生产自己能生产的领域中的部分物品。每个人的需要中都有他人的劳动结晶。我劳动满足他人的需要，同时他人劳动满足我的需要。人们一日三餐，有多少物品是自己生产的？即便是最原始的、自给自足的农民，无论怎么原生态，即使不需要化肥农药，但他也需要锄头畚箕、锅碗瓢盆等劳动工具与生活用具。城里的人更不用说。有人认为有钱能使鬼推磨，有钱就可以任性，可以驾驭一切。但你再有钱，你也做不到不吃不喝度过一世、不病不痛走完一生。要吃喝、有病痛就需要别人的帮助和支持。人们所拥有的东西，不管是物质还是精神，大都来自除自己之外的别人，受着别人的影响。因此，人生活在现实之中，现实的人需要依靠社会、依靠民众，也只有如此，才能生存和发展，才能发挥自己的作用。毛泽东主席说：“人民，只有人民，才是创造世界历史的动力。”[1] 一个人再伟大、再有成就，供给他的精神、养活他

① 毛泽东：《论联合政府》，《毛泽东选集》第三卷，人民出版社 1991 年版，第 1031 页。

形体的营养都来自于社会，来自于民众。再伟大的人物也是从民众中来，在民众中逐步成长起来的，不可能生而伟大。总之，现实的人来自社会，始终是社会的一员，无论你地位如何变化，都得同普通老百姓一样吃五谷杂粮，吸取大地之精华。

4. 到群中去

人是社会的人，来于群，必须回到群中，去服务、去创造，在社会中完善自我，实现自我。但由于复杂的社会原因，现实中离群索居的大有人在，或自闭、或抑郁、或夜郎自大、或孤芳自赏、或建自由王国，甚至结党营私，损害群的利益。人离开群，离开社会，最后人将不人。狼孩的故事众所周知。一个刚出生的健全的婴儿，他有着成长为健全的人的生理基础，但他一出生就被迫脱离人群环境、脱离人类社会，生活在狼群之中，尽管他有人的大脑，有人的四肢，也不可能成为健全的人，他不会说人类的语言，不会像人类一样活动和交流。在一定意义上，狼孩就不能算作人，他只不过是有着人类躯体的动物。人不仅要有形成人的生理基础，还要有塑造人的社会环境。只有生活在社会中的人，才可能成为真正的现实的人。人只有回到群中进行现实的生活、工作，为他人的幸福和自身的完善而工作，才能得到真正的幸福和温暖，才能按照美的规律来构建，自己才不会孤独，也才有可能成就自己的伟大。马克思认为，“在选择职业时，我们应该遵循的主要指针是人类的幸福和我们自身的完美。不应认为，这两种利益是敌对的，是互相冲突的，一种利益必须消灭另一种的；人的本性是这样的：人只有为同时代人的完美、为他们的幸福而工作，自己才能达到完美。如果一个只为自己劳动，他也许能够成为著名的学者、伟大的哲人、卓越的诗人，然而他永远不能成为完美的、真正伟大的人物”。[1] 人回到群中，既是为他人的幸福，也是为自身的完美，应该是灵和形一起回到群中，而不是形在群中，而灵已飘九天云外，成了孤云野鹤，成了断线的不接地气的风筝。灵离群，形也必离群，最后就成了“流浪者”，找不到自己的“家”。现实生活中，一些娱乐明星拥有众多“粉丝”，看似与粉丝亲热无比，为粉丝签名，与粉丝一起呼喊、一起歌唱，但他心不在粉丝，情不系粉丝，他是为自己的形而造作，是为了钱而造势。因此，一场闹剧过后，他自己也就成了行尸走肉，心也陷入了孤单和寂寥。可见，只有真正回到群中，形带着灵回，灵领着形在群中扎根，心系着群，为群服务，为群创造，为自己也为他人，这样才会开心并快乐，同时也能成就自己。

总之，生产力、生产关系、经济基础、上层建筑，它们都是关于人的范畴，不管谁决定谁，都是人在自己决定自己。每个人应该在各种社会关系中找到自己恰当的位置，充当合理的角色，适材适所，在其位，尽其力，谋其事，实现人自身的发展，并奉献社会、开创未来。

## 二、人的社会价值

人的社会价值是指人通过自身和自我实践活动，为满足社会或他人物质的、精神的需要所做出的贡献和承担的责任。马

---

① 马克思：《青年在选择职业时的考虑》，《马克思恩格斯全集》第一卷，人民出版社 1995 年版，第 459 页。

克思说："在选择职业时，我们应该遵循的主要指针是人类的幸福和我们自身的完美。不应认为，这两种利益是敌对的，互相冲突的。"① 这里所说的"人类的幸福"是指社会价值，"自身的完美"是指自我价值。马克思主义既重视人的社会价值，也重视人的自我价值。马克思主义认为，人与社会是密不可分的，人是社会的人，社会是由人组成的。人的价值是多方面的，其中最根本的是两个方面：自我（个人）价值和社会价值。人的自我价值既表现为个体存在的意义（个体对社会的重要性、责任和贡献）和个体需求的满足，也表现为社会对个体的尊重和满足。人的社会价值则表现为个体对社会需求的满足和对社会进步的贡献。在马克思看来，人的这两种价值不是对立的，而是统一的。这种统一的基础是什么呢？就是为同时代人的完美、幸福而工作。马克思说得好："人们只有为同时代人的完美，为他们的幸福而工作，才能使自己也达到完美。"②"历史把那些为共同目标工作因而自己变得高尚的人称为最伟大的人物；经验赞美那些为大多数人带来幸福的人是最幸福的人。"③ 这些论述，精辟地阐明了人的社会价值与自我价值的关系：社会价值是自我价值的基础，具有很高社会价值的人，必然具有很高的自我价值。

价值是凝结在商品中一般的、无差别的人类劳动。无论是



① 马克思：《青年在选择职业时的考虑》，《马克思恩格斯全集》第一卷，人民出版社 1995 年版，第 459 页。

② 马克思：《青年在选择职业时的考虑》，《马克思恩格斯全集》第一卷，人民出版社 1995 年版，第 459 页。

③ 马克思：《青年在选择职业时的考虑》，《马克思恩格斯全集》第一卷，人民出版社 1995 年版，第 459—460 页。

人的社会价值，还是自我价值，都是“凝结在商品中”的。用马克思的话来说，今天我们处在一个“以物的依赖性为基础的人的独立性”的时代，或者说正处在以商品经济为基础的人的独立性的时代。在这个时代，人的独立性建立在商品经济的基础之上，必将受商品经济的基本规律的影响。

马克思主义的价值规律，是商品经济的基本规律。它有两个含义：一方面，商品的价值量是由生产这种商品的社会必要劳动时间决定的。社会必要劳动时间是指在现有的社会正常的生产条件下，在社会平均劳动熟练程度和劳动强度下，制造某种使用价值所需要的劳动时间。另一方面，商品交换要以价值量为基础，实行等价交换。在商品经济的条件下，生产同一种商品的往往有许多生产者，其中每一个生产者劳动时的客观条件（劳动对象、劳动手段）和主观条件（劳动的熟练程度和强度）都不尽相同，因而生产同一种商品所耗费的劳动时间也就不同，生产同一种商品的个别生产者在不等的个别劳动时间内形成的价值即个别价值也就不同。例如，在生产筷子的许多生产者中，有的用机器加工，有的用手工制作；有的能节约用料，有的则比较浪费；有的技术熟练又勤快，有的技术拙劣且懒惰；有的一小时生产百对，有的一小时生产不了一双；等等。这样同一种筷子就有多种个别价值。可见，商品的价值不由商品生产者个别劳动时间所形成的个别价值决定，而是由生产这一商品所需要的社会必要劳动时间所形成的社会价值决定的。日常生活中，常有人评价说“这个人不中用”或“这个人做不了事”，一般是说这个人个别价值低；评价说“这个人是一把好手”或“这个人能以一当十”，则是说这个人个别价值高。个别价值表现的是某一个人、某一种商品，在一定程度上反映某个人的社会价值和自我价值，但不等同于社会价值和自我价值。马克思主义的价值观是社会价值和自我价值的辩证统一，社会价值是自我价值的基础，是衡量个别价值的基准。如何体现人的社会价值，从马克思主义的价值规律可以得到以下启示。



### （一）劳而有功

价值规律告诉我们，劳动创造价值。商品的价值量是由社会必要劳动时间决定的。社会必要劳动时间就是社会“平均必要劳动时间”。可见，在其他条件不变的情况下，人们劳动时间越长、劳动强度越大，创造的价值总量就越大。比如说，社会平均必要劳动时间为 8 小时，如果你劳动 10 小时，你就多创造 2 个小时的社会价值总量，多做 2 个小时的贡献；如果你劳动 6 个小时，你就少创造 2 个小时的社会价值总量，少做 2 个小时的贡献，如果你同人家享受同样的工资待遇，你就占有其他人创造的价值总量。加班加点肯干的人，为社会贡献财富；迟到早退懒散的人，对社会就是欠债。越勤劳，创造的价值就越多；多劳动，就多对社会做贡献，也就实现了“劳”与“功”的平衡。古人说“天道酬勤”，多劳动、多创造，在贡献社会的同时，自我价值也会得到体现。比如说，现实中的计件工资、绩效工资，提倡按劳取酬，就是鼓励多劳动、多创造。从人的生活维度、经济维度来说，短期的、看得见摸得着的功绩对人的现实生活很重要。但从政治维度来看，长远的隐绩，无论是对社会，还是对个人，都更加有意义。十年树木，百年树人。人民的好书记谷文昌，以“不治服风沙，就让风沙把我埋掉”的气概，十四年如一日，久久为功，带领全县干部群众植树造林，才有了今天的美丽东山、生态东山，造福东山子孙后代。愚就读的福清三山中学，成立于20世纪70年代后期，校舍是在一座荒山边建起来的，师资配备不足，教学设施极为简陋。但是，因为有了王朝瑞校长和严家霖等老师的默默奉献，学校取得累累硕果。王校长是部队转业的干部，作风过硬，抓建校、抓教学像抓军事，经常组织师生参加整理校园劳动，硬把乱石林立的山坡平整成操场、菜园，打通了校舍之间、学校与外界之间的相关通道。同时，他狠抓教学质量，时常检查教师的备课情况和学生的早晚自修情况，早起的学生总能看到他的身影，晚上他办公室的灯在学校总是最后一个熄灭。王校长带领的诸如数学老师严家霖、化学老师林家祥、语文老师程道霖、英语老师高华英等教师，既教书又育人，常常陪伴学生学习至深夜，随时解决学生的疑难问题，用自己的言行引导学生走向正确的道路。比如，有一年，5位数、理、化学科成绩较好的同学因英语基础较差，报考中专却没考上。这几位同学家境困难，都准备放弃补习，回家务农。严家霖老师爱惜学生如爱惜自己的子女，得知情况后主动家访，帮助他们分析利弊，建议他们继续补习，发挥数理化的优势，再“恶补”英语，就有希望考上大学。学校还为这几位同学“开小灶”，请来高华英老师专门辅导英语，从二十六个字母开始补起。经过师生共同努力，几位同学相继考上了大学，其中一位考上浙江大学、一位考上厦门大学。王校长及其带领的老师们无微不至地关心学生的生活，用自己微薄的工资救济困难学生，高考时给体弱的学生加菜，甚至买人参等滋补品送给他们。因为有王校长这样的团队的辛勤耕耘，三山中学这个名不见经传的农村中学，从 1980 年开始每年考上大中专学校的学生均达几十个，1982 年出现全县中考的男女状元，数学高考平均分数超过城区中学。因此，县城一些学生慕名前来就学，县教育局相关教研活动常在三山中学举办。王校长及其带领的老师们为福清的教育事业特别是为三山镇人民做出了重大贡献，没有这批优秀的园丁，像愚这样的“小草”的命运都将改写。事实也是如此，自从王校长等老师因各种原因离开三山中学后，学校不复当时的影响力，而且这种影响是长远的、深度的、无形的。当地老百姓受了多大损失，没人知晓，也无法估算。立竿见影的“显功”要树立，植树育人的“隐功”更要赞美。面对美丽的花园，人们不应该只赞美鲜花多姿，更应该牢记园丁的养护之功，更应赞美把功绩倾注在大地上的人们。只有这样，才会有更多美丽的花园，才会有更多的绿水青山，从而给子孙后代留下更多的金山银山。

### （二）业成于精

社会必要劳动量，即社会价值量，与劳动生产率成反比，即劳动生产率越高，社会必要劳动量就越低，创造的剩余价值就越高。在其他条件不变的情况下，劳动熟练程度越高，劳动生产率就越高，在单位时间内创造的价值总量就越大。创造的价值总量越多，就越能成就自己的事业。只有精心一致努力向前，用功深而专一，处事精诚、态度精进、技术精湛，才能提高劳动熟练程度。因此，事业成于精。凡有成就的人，都孜孜不倦地坚持学习，练内功、长技艺，向书本求知识、向高人学经验、向实践练能力，精益求精追求内涵式的发展道路。

1. 精诚是立业之基础

精诚所至，金石为开。不精不诚，不能动人。成就事业，处事实事求是，对人真心诚意。实事求是地解决问题，探求规律，掌握做事谋事的方法和技能，这是强内功的基础。真心诚意能凝聚人心，增加人气，得到众力支持和拥护，这是增外力的应尽之功。人不真诚，瞒天过海，可能得一时之利，但最终必将葬身大海。

2. 精进是立业之原动力

慈恩《上生经疏》：“精谓精纯，无恶杂故。进谓升进，不懈怠故。”[1] 精进，是为人处世的态度，就是咬定青山不放松，精心一意，愚公移山，努力向善向上。精进，也是佛教用语，为“六波罗蜜”之一，谓坚持修善法，断恶法，有能耐，不放逸，毫不懈怠，精明上进，锐意求进。佛教的精进具体可分为五种：（1）被甲精进，即看到佛法义理，由信解故，自我惕励，我当如此依教奉行；（2）加行精进，即在被甲精进的基础上不断进一步加功用行，以期待早日证悟真理；（3）无下精进，指因加行精进而生疲苦，依然忍受苦楚，不产生怯懦的情绪；（4）无退精进，指与他逼恼，心不动摇，精进不舍；（5）无足精进，即对于善品不得少为足，永不满足，精进不已。此五种精进也可叫作有势、有勤、有勇、坚猛、不舍善轭精进。唐三藏西游取经，因为其精进，无论西行的道路多

---

① 丁福保：《六祖坛经笺注》，齐鲁书社 2012 年版，第 203 页。

艰险，遭遇多少妖魔鬼怪的阻难，唐僧师徒方向不变、步伐不变、目的不变，最终克服千难万险，跋涉千山万水，取回佛经归东土。古之求经求道如此，今之做人做事亦如是。日本稻盛和夫认为，“六项精进”是搞好企业经营所必须的最基本条件，同时也是我们度过美好人生必须遵守的最基本条件。所谓“六项精进”指的是：（1）付出不亚于任何人的努力；（2）要谦虚，不要骄傲；（3）要每天反省；（4）活着，就要感谢；（5）积善行、思利他；（6）忘却感性的烦恼。稻盛和夫说：“如果我们每天都能持续实践这‘六项精进’，我们的人生必将更加美好，甚至超乎我们自己的想象。我自己的人生就是如此。”

3. 精湛是立业之高地

精湛，通常指掌握学问要精切、纯粹、精深。如技术精湛、艺术精湛。古人说“游于艺”，就是要熟练掌握“礼、乐、射、御、书、数”六种基本才能，做到立世处事游刃有余。拥有金刚钻，不怕揽不到瓷器活。任何单位、团体、组织，都需要有本事能干活的人。只有自己炼成金刚不败之身，靠自己的本事吃饭，凭自己的能力成就事业，自己才有力量、有骨气，才能立得住、站得稳，才能不依不靠，不把自己的人生依附于他人，才有自己独立的人格和尊严。凡是垒成一堆、结成一团的东西，都技不出众，都没有自身的力量，也就没有自己的自主和自由。技艺若高人一筹，就像庖丁一样“在音乐和舞蹈中”解牛，自己的身心得到了真正的自由和愉悦。在追求技艺中获得愉悦，在愉悦中做好工作，可谓真正的快乐。真正的快乐早已存在于追求快乐的过程之中，实现精与嬉的平衡。因此现实中，技术高超的有识之士总是自得其乐、积极工作，而一些技术蹩脚、本事不大的人总是爱发牢骚、自寻烦恼。我技高我开心，我创造我快乐，工作着并快乐着，这本是人们应有的态度。但在当今时代有一种现象，许多人是在应付劳动、被动工作，不去在工作中寻找快乐，不在快乐中干好工作、追求崇高，而是把快乐与工作分开，好像是为生计而工作，通过工作得到钱，然后用钱去购买工作之外的快乐，去寻刺激，如吃喝嫖赌，甚至吸毒。如果在每天 8 小时工作时间内不快乐，那还有多少快乐的时间呢？人之为人的快乐，很大一部分是在工作中感受到的。做自己真正喜欢做的事，在其中锤炼自己的技艺，乐在其中，自得其乐，在快乐中攀登自己向往的人生高地，在高地享受自己的价值存在，这是人生的莫大快乐。

### （三）功成名就

人们常说“劳苦而功高”，就像前面所述，辛勤劳动，就能创造出更多的社会价值总量。创造价值总量大，功劳就大，功绩就突出。功劳大、功绩突出，就能给更多的人更多的实惠，因此自然就得到拥护，地位就自然提升，威望就自然形成，也就是我们通常说的“德高望重”“功成名就”。相反，如果工作没有成效，或者说创造的价值总量少，甚至没有达到生存需要所应该达到的价值总量，那么，就可能成为“啃老族”“寄居蟹”。这样，个人的地位、名声可想而知，无功绩自然无名声。当然，有功绩并非都有好名声。因此，现实中需要处理好功与名的关系，做到功与名的平衡。

1. 功绩不自夸

有成效、有成绩，不能自说自话，应让别人去发现、去统计、去检验、去认可，这样才能让人信服，也才能经得起时间和社会的检验，获得的功名才是真功名，才实在受用。如企业经营的计件工资制，生产者生产的产品必须经过他人的验收、统计，去除伪劣次品，从而得到真实的数据，以此作为评定功效的客观依据。这样，个人得到实实在在的收益，别人也不能随便说三道四。又如诺贝尔奖评选，自我申请不被接受，只有按诺贝尔奖评选规定，由具有提名资格的人提名才有效，再经过集体初选、复选、决选，最后才决定获奖者。这样获得的荣誉才更有说服力、更具影响力。

2. 身价不自定

劳动，自然就能创造价值。有价值，有了成就，有了地位，但不能自己给自己定身价。现实中，一些人为了体现身价，成了名牌的“集散地”：脖挂项链，腕戴名表，手提名包，十指恨不得都戴上金戒指，腰扎名皮带，脚蹬名鞋，全身珠光宝气。实际上，这种人一般给人的感觉是轻浮、不扎实、不靠谱。个别娱乐明星漫天要价，哪怕是公益演出，也要狮子口大开，索要巨额报酬。人生在世，不是靠物质、金钱给自己的身份定价，而是自己来给身上的物质定价。业有所成，达到一定高度，即使戴不起眼的东西，哪怕是几十块钱的饰品，也显得高贵；即使不要出场费，也会令人尊敬。一些民间高人，为民众服务、解忧除患不开价，不做一锤子买卖随意要钱，而是让服务对象得到实惠，感其德而谢其恩。人都有感恩之心，都会铭记他的情，还会以不同的方式表达谢意。不给自己定价，更留无价之情，更显无价之重。北宋时期神医保生大帝吴夲，热心行医济世，为民众治病救伤，救民于疾苦。吴夲过世后，漳州白礁父老乡亲缅怀他，筹资在真人生前修炼处建“龙湫庵”，雕塑吴真人像而祀之，私谥他为“医灵真人”。宋高宗皇帝为感吴夲恩德，颁诏动支国库，遣使监工，把“龙湫庵”改建为一座宫殿式的庙宇，明朝文皇后再赐送“国母狮”镇宫。该处便成为全球慈济宫的祖宫，也是保生大帝的祖殿，至今常年香火鼎盛，人们永远祭祀他。

3. 名声不自捧

商品的价格总是围绕着商品的价值上下浮动，且在一定的时间区域内，价格总是与价值相符合。如果说，人的功劳是为人的价值，那么，名声就是做人的价格。功劳决定名声高低，而名声会围绕着功劳上下浮动，且经过一定的历史时期，名声基本上与功劳相一致。功高人自颂，好名声不是靠吹出来的，而在于你的成就、奉献。你贡献大了，人们自然会颂扬你的名声。当然，名声是动态的，也会随着世情变化，或升或降。当时代需要这类功业，其名声就会上浮；当时代不缺那类功业，其名声就会下降。人间四季，春夏秋冬，萝卜青菜，各有所爱。功绩如天地，名声如日月。无论世事如何，只要建好功、立好业，且把功业立于天地之间而不自傲，别人捧也罢、贬也罢，损也好、夸也好，圆也行、缺也行，光芒总是在人间。

## （四）双胜共赢

当今时代，正处于“以物的依赖性为基础的人的独立性”的时代，“人的独立性”是以“物的依赖性”为基础的，人的社会关系转化为物的社会关系，在一定程度上表现为商品关系。商品交换实行等价交换。尽管商品交换存在优胜劣汰，但交换主体是平等的，规则是平等的，最终的结果是促进社会成员共同进步、共同发展。因此，人的独立性表现为人的社会关系应该是平等的、共赢的、友善的关系，具体来说应该是对等往来、公平竞争、自由发展，你好、我好、大家都好，而不是自己赢别人必须输、自己好别人必须坏、自己强别人必须弱，不是二元对立的。否则，个人的独立性也就失去社会的基础，不会长久，社会也不可能和谐发展，不可能精彩纷呈。比如，在国际竞技体育项目中，我国乒乓球在传统上占有优势，改革开放以来，不断地输出技术、输出人才，让教练、运动员到其他国家去从业，在帮助他国提升该项目竞技水平的同时，也发展了自己，使世界乒乓球这个大舞台精彩纷呈。



1. 对等往来

对等往来就是往来各方都处于平等的位置，相互尊重，礼尚往来，不恃强凌弱，不以大欺小，不以权贵压人、欺人，谁也不欠谁的债，谁也不占谁的便宜。中国是礼仪之邦，人际交往历来遵从“来而不往非礼也”的传统价值观，你给我一杯水，我供你一碗汤；你鞠一个躬，我回一个礼。一般人都不愿意欠人情债，因为人情债难以还清，也还不清。正像俗话说的“喝人一碗茶，心里叫咋咋”。因此，即便在物质匮乏时期，人们也注重礼尚往来，民间传承着“没衣没裤，人情要顾”的风俗。比如，一些地方传统的民俗礼节，每家的长子结婚，必须宴请全族人。以前吃别人的、喝别人的，现在轮到自家长子结婚，就不可赖着不请客，这样的人情债不能不还，这样的礼尚往来不能不做，否则会被当作丑闻，流传几代人，会让子孙抬不起头。农村还有个习俗，红白喜事若收人家的礼金，都要在贺礼簿如实记载，还要保存好贺礼簿，待人家操办同样的事时，按贺礼簿记载如数送礼。多送，不行，人家会认为你显富自大；少送，也不行，人家会认为你瞧不起他对其不尊。一送一往，可能要相隔几年十几年，甚至更长的时间，但礼金的数额是不能变的，也不可以变。这是约定俗成的，是一码事归一码事，必须一一对等，不能轻易改变。若不对等，就会伤感情，还会弄出人际关系的变故。实际上，此类的礼尚往来更多的是体现人与人的平等、人的相互尊重，而不是财货的等额交换，这是一种朴素的对等和尊重。但是，在现实生活中，也有人不明事理、不通人情，在往来中只考虑自己的感受、自己的收益。人们偶尔会说某人“不懂事”，主要是说不懂得人情世故，只重迎来没有送往，爱占别人便宜，只希望人家对他好，不愿意为别人出份力，只允许别人敬他尊他，自己却趾高气扬，在往来中奉行“拿来主义”。世界上任何事物都是有因有果、有来有往的，这样整个世界才会处于相对平衡稳定的状态。有付出理应有收获，有接受理应有给予。光付出而没有收获，最后不情愿，也不可持续。光想收获而没付出，最后只能是一场空。像农民种果树，勤除草、勤浇水、勤施肥，但果树如果一而再地少结果，甚至不结果，农民老是歉收，甚至颗粒无收，最后只好把果树砍掉。因此，“不懂事”的人，一般都讨人嫌，没人缘，不能凝聚人做事，更不可能做大事、成大事。

2. 公平竞争

公平竞争就是在对等前提条件下的竞争。价值规律告诉我们，商品经济社会，竞争是必然的，谁创造价廉物美的商品，谁就能在竞争中取胜。在商品经济社会中，胜负取决于商品是否“价廉物美”。因此，竞争就是比拼单位时间内创造的价值量，就是比拼劳动熟练程度，就是比拼劳动生产率，就是比拼技术、比拼能力、比拼水平，对个人来说就是比内涵、比素养、比实力、比本事。这就是公平竞争的内核。这从自然法则和无数的竞技比赛中都得以验证。人在社会中，竞争不可避免，但不是无序乱争，也不是什么都争。但是在现实中，有一些人锱铢必较，无所不争，争权、争利、争地位、争名声，甚至连生活中的琐碎小事，都要争得脸红耳赤，不取利不得利而不肯罢休。还有的甚至动用“第三股力量”，采用厚黑等勾当栽赃陷害竞争对手，非要搞个你死我活。竞争的自然法则是循道而行，顺道得胜，背道必输。背道的人可能在竞争中会一时得胜得利，但最终会以失败告终。试想，每个人都有维护自己利益的本能，谁愿意老是吃亏？一次吃亏或者某次迫不得已的退让也就罢了，不可能一而再、再而三地忍受，总会有爆发的一天。而爱争之人总想让别人吃亏，让张三吃亏、让李四吃亏、让王五吃亏、让周边同事、朋友、合作对象吃亏，而吃亏的对象一旦醒悟、爆发，结果可想而知。社会是个大舞台，社会竞争也不是零和原则，谁有本事谁出彩，我赢不等于非要你输。十八般武艺，样样都可创造出自己的价值，展示各自的风采，不是只可你耍大刀，不许我舞长剑。即便是同科竞争，同台竞技，比的也是实力本领，不是靠使黑、使坏“取胜”。再说，许多事都不争自明，自有公论。像生活中的一些小事、一些过失、一些误会，你无意踩了我一脚，他无心碰了你一下，不是原则问题，能让就让，即便吃点亏，也不必太计较。对不涉及原则的生活小事，若都要争个明白高低，甚至不依不饶，恶语相向、拳脚相加，那就会大损形象，甚至会自毁前程。现实社会中，不是有不少因琐碎小事而造成命案、酿成大祸的吗？要引以为戒。在现实生活中离不开竞争，但也要懂得退让，争中有让，让中有争，做到争与让的平衡。争的是原则问题、是尊严、是权利、是长远，而对于不涉及原则的生活小事、小利、小节，让比争好，让会让出海阔天空，会让出阳光大道。像老子说的“水善利万物而不争，处众人之所恶，故几于道”[①]。

3. 自由发展

当今时代“人的独立性”，就是要实现人的自由发展。每个人自由发展，首先必须为社会创造价值。不创造价值、不劳而获，就没有社会价值，也就不可能有尊严，也不可能实现自我价值，那就不可能有“人的独立性”。创造价值是基础，是享有尊严的条件。每个人只有将社会的生存、延续与发展，社会总体利益的满足与提升作为目标来追求，才能体现人之为人的社会价值，在体现社会价值时实现自我价值，从而享有人之为人的尊严，达到每个人的自由全面发展。比如，龙舟比赛，每一艘龙舟都有十几二十个划桨手同舟共竞。如有一个不出力，或者用力不正确，不仅难以取得竞赛的胜利，甚至有翻船

① （魏）王弼注：《老子道德经注》，楼宇烈校释，中华书局 2011 年版，第 22 页。

的危险。一个人再用力，而同舟的其他人不尽心，不用劲或者少用劲、或者动作不协调、不配合，也无取胜的可能。只有同舟共济，舵手和划桨手都尽其所能，且步调一致，往同一方向使劲，凝心聚力，才可能在竞赛中取胜。竞赛胜利了，集体有荣誉，同舟的每一个人自然都有荣誉，每个人都高兴，每个人的身心都自在愉悦。有了社会价值，也实现了自我价值。实际上，人无论是同舟，还是同群、同族、同党，都是如此。因此，人们常说人在一个集体中是一荣俱荣、一损俱损。只有国家有尊严、组织有尊严、家庭有尊严，个人才有尊严。国家发展、社会发展为个人发展提供了平台、创造了条件，从而使人自由发展。实现自由发展，不只是为了实现人的自我价值，还要实现人的社会价值。每个人不能离开社会价值来实现自我价值、自由发展。如果你的金钱来路不正，利用手中的权力谋取私利，利用自己的知识干坏事，身居高位而饱食终日，甚至搞腐败，不但实现不了自我价值，还会堕落成社会的害群之马。作为现实的、处在一定社会实践中的人，衡量其价值大小的尺度，只能是他对社会所做的贡献。贡献越大，价值越大；贡献越小，价值越小；没有贡献，就没有价值。没有贡献，没有价值，个人就不可能自由发展。正如马克思、恩格斯所说，“只有在共同体中，个人才能获得全面发展其才能的手段，也就是说，只有在共同体中才可能有个人自由。”①

---

① 马克思，恩格斯：《德意志意识形态》，《马克思恩格斯选集》第一卷，人民出版社 2012 年版，第 199 页。

## 三、人的社会规范

荀子说："人生而有欲，欲而不得，则不能无求；求而无度量分界，则不能不争；争则乱，乱则穷。"① 这里的"度量分界"，实际上就是指规范与节制。凡是人，总有欲望，且每个人的欲求是不一样的，追求的价值是各异的。如果每个人都按自己的想法去行事，可想而知，那整个社会将会杂乱无章。比方说现在的城市交通，建设道路不能没有规划，路通了也不能不设置红绿灯等交通规则，否则，城市将瘫痪，生活在城市的人们将堵路又堵心，也无法去自己想去的地方。人想在社会上顺畅行走，就像车在路上跑，既需要布局合理的道路，也需要遵循如红绿灯一样的规则，来控制个人的欲求。

社会规范是指人们共同遵守的行为规则的总和，是调整人与人关系的准则。具体来说，社会规范是人们在社会生活的长期实践中累积形成的，用以调节其成员与成员、成员与社会的具有普遍约束力的行为标准或规则。比如说，哪些地方需要修路架桥，哪些路口需要设置红绿灯，简单地说，社会规范就是用于调节人的行为，人的社会行为必须符合社会规范。马克思说："动物只是按照它所属的那个种的尺度和需要来构造，而人却懂得依照任何一个种的尺度来进行生产，并且懂得处处都把固有的尺度运用于对象；因此，人也按照美的规律来构造。"②

---

① 楼宇烈：《荀子新注》，中华书局 2018 年版，第 375 页。

② 马克思：《1844 年经济学哲学手稿（节选）》，《马克思恩格斯选集》第一卷，人民出版社 2012 年版，第 57 页。

依照马克思的思路，人在实践中有“三个尺度”：第一，“把内在的尺度运用到对象上去”，就是人们按照主体需要即个人的不同本质需要与价值取向来决定自己的行为，也就是人们自觉的行为对于他自己的各种意义。这是人类行为的价值尺度。比如，毛泽东主席、周恩来总理为了使中美和解，恢复中国联合国席位等国家利益需要，于 1971 年推动“乒乓外交”，结束了中美两国交往隔绝的局面，促成了尼克松访华，中美关系自此走向正常化。这就是把国家利益这个内在的尺度运用到“乒乓外交”这个对象上。第二，马克思这里指出的“种的尺度”和“任何一个种的尺度”，是客观的尺度，是事物的客观规律，就是人们要按照外在的各种客体的尺度，即不同事物的本质和规律，也就是人们的行为要去遵循和探究不同事物的本质和规律。这是人类行为的真理尺度。比如，俗话说“靠山吃山，靠海吃海”，人们靠山就会遵循山的规律来耕种劳作，依海就会按海的潮汐进行航海捕捞，山区人有山区人的行为方式，海边人有海边人的生活习性，无论面对的是“山”还是“海”，都要因地制宜，“懂得依照任何一个种的尺度”来进行生产生活实践活动，懂得依照外在的客观尺度来安排生产生活。第三，“人也依照美的规律来构造”，这是人们能够把外在的客体尺度与内在的主体尺度进行有机统一的中介性尺度。这里“美的规律”就是人的真理尺度与价值尺度的有机统一，是人的行为的中介性尺度，也就是制度尺度。比如说，建一栋房子，首先要构想建什么样的房子，包括所建房子的功能、作用、结构、规模等方面；然后选用地块，根据人的需求和地块及其周边环境条件，做出建筑规划设计图；最后严格按规划设计图建好房子。这里的“规划设计图”，就是把人的主观需要与地块的客观条件有机统一起来，既要坚持主体原则，又要坚持客体原则；既合乎人性，又遵循物性，这就是人的行为的中介尺度即制度尺度，也就是“美的规律”。要想建好房子，必须严格按规划设计图进行。不按图施工，建筑的质量就令人担忧，甚至会建成危房。

社会中的人的行为遵循这“三个尺度”，由此形成了人的价值规范、真理规范和制度规范。人的社会规范总体上由价值规范、真理规范、制度规范这“三个规范”构成。

### （一）价值规范

价值规范是内在的人的尺度。它要求人们必须依照主体本身的目的和需求去认识世界和改造世界，使客观世界适合于人的生存和发展。若问人生的价值和意义是什么，可能千百个人有千百个答案。因为每个人人生的目的和意义是由自己定义的，人生的价值也是自己选择的，每个人内在的需求是不一样的。人生是一个过程，从生到死，可以简单地化成一个等式：人生=童年+青少年+成年+中年+老年+晚年。每一个人在任何人生阶段，无论是童年还是晚年，在任何社会位置，无论是在高位还是在低位，都渴求幸福和享受幸福。这是人之为人的共同价值取向和意义。由此形成的个人行为准则，就是个人的价值规范。追求幸福的方式有千万种，个人的行为准则也就有千万种，个人的价值规范也就千差万别。追求幸福，这是每一个人的权利和自由。但是，个人行使自己主体的权利和自由，不能侵害其他客体的权利和自由，否则，自己的权利和自由也必将受到侵犯。每个人活着就是追求开心、快乐、自由、幸福的生活，人和人类的一切活动都应该围绕这个目的而展开。社会每一个成员都可以追求幸福，大家都有追求幸福的权利和自由，但不能侵害其他成员追求幸福的权利和自由。自己享受幸福，同时不伤害别人的幸福，由此形成最大公约数的社会行为准则，就是社会的价值规范。

每个人都希望自己的人生更有价值、更加精彩、更有意义，因此进行不懈的努力和奋斗，付出实际的行动。我们每个人在一天一天的生活中，一步一步走在人生这条路上，心里总是切切实实考虑自己在今天或明天怎么过上幸福的生活，怎么对自己负责、对家人负责，怎么实现自我价值，这是天经地义的。但人是社会的人，在对个人、对家庭负责的同时，还应当对社会负责。在实现自我价值中，还要不忘自己的社会责任，为社会做出自己的贡献，让个人的价值规范符合社会的价值规范。但是，人在自己事业如意的时候，在小有成就的时候，也容易自我价值膨胀，因此个人价值规范就有可能脱离社会价值规范，最终导致行为失范，自毁幸福人生。

比如，《西游记》中的孙悟空，有了地煞七十二变和筋斗云的本领之后，自认为有本事，天不怕地不怕，为一兵器大闹龙宫，为增阳寿闹翻地府，因嫌“弼马温”官职小而自封“齐天大圣”，因未被邀请参加蟠桃会而自认为不被重视不被尊重，就偷桃盗酒，大闹天宫，最后换来的是被压在五指山下五百年。孙悟空如此，人世间此类人此类事亦不少。联系每个人自身，此类现象也会在人生的不同阶段不同程度地存在。当自己有所成就的时候，可能就容易自以为是，沾沾自喜，有时甚至自以为是英雄而目空一切，自认为是“霸王”而盛气凌人，不可一世。在家里，家长作风自然滋长，感觉甚好，飘飘然，不懂得爱惜家人，有时甚至不把家人当亲人，弄得家庭不和、亲情淡漠，生活受影响；在外傲气十足，口大气粗，偶尔甚至表现出对他人的不屑、贬低、愤世嫉俗，这也使得领导、同事等难与其相处和共事，给人际关系带来负面影响。个人价值自我膨胀，就会导致“龙宫”不宁、“地府”不安、“天宫”失序、社会失范，因此也须承担造成的后果。世人可想想，孙悟空本事再大，其自我价值膨胀，换来的是被压在山下数百年的生活，其情其景令人心悸。作为一个凡夫俗子，更应引以为鉴。

### （二）真理规范

真理是什么？真理是客观世界规律与本质在人类主观世界的反映与表达。真理的轴心在客体，我们要坚持从客体出发，阐明世界“是什么”，维护事物或认识的客观性。真理规范是外在的物的尺度，是人们探求客观世界及其本质而进行的符合规律的行为准则。它要求人们必须服从客观事物的实质和规律，依照客观世界的原本面目去认识世界和改造世界，也就是说人们必须永不停息地追求真理和服从真理。简单地说，真理规范就是合规律性的行为准则。凡人们获得胜利的活动，总是以遵照或应用一定的真理作为基础和前提。人们的行为是否符合真理规范，必须以事物的本质和客观规律这个外在尺度来衡量。

真理规范要求人们以事物的本质和客观规律的外在尺度来

衡量自己的行为。但是，在现实生活中，有两种倾向时常出现。一个倾向是“有用即真理”。在拜金主义等各种思潮影响下，实用主义盛行，因此一些人的行为偏离了真理规范，以个人的内在尺度去消融和替代物的尺度，主张“有用即真理”。“有用就是真理”的有害在于抹杀了真理的客观性，混淆了真理和谬误的界限，并会导致真理多元论。按照这种观点，谎言也可以成为真理，因为它对骗子是有用的；按照这种观点，则“公说公有理，婆说婆有理”，因为不同的理论对于不同的人来说都是有用的；按照这种观点，某一理论今天对我们有用，今天它是真理，明天对我们无用甚至有害，明天它就是谬误。“有用即真理”实际上是否定了真理的客观性，个人主体上认为有用的就是真理，这样，主体就凌驾于客体之上，主观决定了客观，一切以主观是否有用为标准，那就是“主观真理”而非“客观真理”。凡事以个人主体是否有用为标准，社会就没有了客观的尺度，没有了公平正义，“势利眼”“冷漠症”就会粉墨登场，社会就会陷入“各自为政”“人人都说了算”、莫衷一是、纷争四起的混乱局面。此类事，现实中还不少。比如说，你现在在位时有权有影响有使用价值，有的人就会卑躬屈膝，极尽奉承之能事，捧你吹你甚至给你想要的一切；一旦你退位无权无势，有的人就会来个一百八十度转向，弃之如敝履，对你另眼相看，冷漠相待，甚至会为了投靠新的有用对象而揭你的老底，对你说三道四。有的人为了规避购房相关政策的约束，逃避违法犯罪的法律制裁，会采用假离婚的方式，分割家庭财产。其中就有弄假成真的，最后鸡飞蛋打，赔了夫人又折兵，搞得人财两空。还有的人为了自己的利益，全然不顾社会公德，在网络上编造并传播吸引眼球的低级趣味段子，甚至诋毁民族光辉历史、妖魔化民族英雄。试想，在人人都有话语权、人人都是记者的时代，大家若都为了展示自己“有用”，人人都凭自己好恶随意拍、随意传，甚至随意在网络上编造虚假信息，传播诋毁别人的故事，那就会人人自危，这个社会将永无宁日。善良的人们应该鉴之防之。另一个倾向是“客观尺度的绝对化”，或者说“绝对客观化”。典型的表现就是没有主心骨，随风而动，随风摇摆，没有脊梁，你说咋办就咋办，你说行就行，你说不行就不行，逆来顺受，无所作为。比如说在执行上级指令、政策中，上下一般粗，管你行不行，照样画葫芦，最终将贻误事业。还有的像变色龙般“避役”，遇绿变绿、见黄成黄、逢黑就黑，为生存而迎合外在的客体，随外在世界的表征而变化，见人说人话、见鬼说鬼话，善于伪装，逃避责任，明哲保身。现实生活中，有的人为了自己升迁，上级说行，明知客观条件不具备也要执行；上级布置的指标，明知实际情况达不到也要编造虚假政绩来完成，不顾客观条件，以上级的好恶为好恶，欺上瞒下，报喜不报忧。这类人对同事、对朋友、甚至对亲人，也没几句真话，对人极尽讨好迎合、吹嘘拍马之能事，油嘴滑舌，不管自己能做不能做，胸脯常拍得砰砰响，并夸口“有事找我”，但一旦真的遇到困难和问题，早已溜之大吉，跑到九霄云外，寻无踪影了。这类人看起来好像事事处处以客观为尺度，实际上是“精致的利己主义者”，丧失了做人的尊严，没有了人之为人所应具备的基本准则，没有了人格底线。人们应警惕、不肖，甚至敢于反对这类人，不让这类人有繁殖的土壤。为此，自己首先要不做这类人，做一个尊重客观事实、讲真话、干实事、表里如一、主观与客观相统一的“真人”。

圣人、贤人、真人是古人追求的理想人格。对凡夫俗子来说，达到“圣人、贤人”的境界遥不可及。古人所说的“真人”，对于当今社会、对于凡夫俗子，更有现实的借鉴意义。

我们来学习《庄子·大宗师》有关“真人”的言说：

> 且有真人而后有真知。何谓真人？古之真人，不逆寡，不雄成，不谟士。若然者，过而弗悔，当而不自得也；若然者，登高不栗，入水不濡，入火不热。是知之能登假于道者也若此。
>
> 古之真人，其寝不梦，其觉无忧，其食不甘，其息深深。真人之息以踵，众人之息以喉。屈服者，其嗌言若哇。其耆欲深者，其天机浅。
>
> 古之真人，不知说生，不知恶死；其出不䜣，其入不距；翛然而往，翛然而来而已矣。不忘其所始，不求其所终；受而喜之，忘而复之，是之谓不以心损道，不以人助天。是之谓真人。
>
> 若然者，其心忘，其容寂，其颡頯；凄然似秋，暖然似春，喜怒通四时，与物有宜而莫知其极。
>
> 故圣人之用兵也，亡国而不失人心；利泽施乎万世，不为爱人。故乐通物，非圣人也；有亲，非仁也；天时，非贤也；利害不通，非君子也；行名失己，非士也；亡身不真，非役人也。若狐不偕、务光、伯夷、叔齐、箕子、胥余、纪他、申徒狄，是役人之役，适人之适，而不自适其适者也。

> 古之真人，其状义而不朋，若不足而不承；与乎其觚而不坚也，张乎其虚而不华也；邴乎其似喜也！崔乎其不得已也！滀乎进我色也，与乎止我德也；厉乎其似世也！謷乎其未可制也；连乎其似好闭也，悗乎其忘言也。以刑为体，以礼为翼，以知为时，以德为循。以刑为体者，绰乎其杀也；以礼为翼者，所以行于世也；以知为时者，不得已于事也；以德为循者，言其与有足者至于丘也，而人真以为勤行者也。故其好之也一，其弗好之也一。其一也一，其不一也一。其一与天为徒，其不一与人为徒。天与人不相胜也，是之谓真人。[①]

“且有真人而后有真知”，这是庄子对“真人”的强调。先有“真人”，而后才有“真知”；先做“真人”，而后求“真知”；做了“真人”，必须去求“真知”。“真人”求“真知”，就是要去探索研究客观世界的本质及规律，提出符合客观规律的真知灼见；同时要维护“真知”，以真诚之心去捍卫真理的真实性及其实践价值，最终达到主观世界与客观世界的统一，达到知与行的合一。实际上“真人”与“真知”是相统一的。

庄子认为，“真人”应有四个层面的境界：

一是“不逆寡，不雄成，不谟士”。真人，“登高不栗”，居高处登高位也不畏惧，亦不贪求，不觉得自己了不起，不用心机，不强为，不恃强凌弱，不违背规律，一切顺道而行。真人，“入水不濡，入火不热”，不惧水凉火热，同时也看破炎

---

① 陈鼓应：《庄子今注今译》上册，商务印书馆 2007 年版，第 199—200 页。

凉，保持平常心，保持自己的本真状态，随遇而安。真人，既要尊重自己主观世界，做对的不喜，做错了也不悔，不亏待自己，保持自然的心态；又要尊重客观世界，坦然面对自己无法掌控的客观事物，外在的世界该怎样就怎样，得到的，来之不推让，得不到的，由之不争执，与己无缘者，随之不挽留，相信“老天自有安排”“存在就是合理”。



二是“其寝不梦，其觉无忧，其食不甘，其息深深”。真人，不朝思暮想，不无病呻吟，不自寻烦恼，睡觉一眠到晓不会做梦，醒来心怀太阳不会忧愁，吃东西不挑肥拣瘦不求厚滋味，呼吸深沉不气虚。“饥来吃饭困来眠”，该睡觉倒头便睡，管它是地为床还是木为床，想吃饭放开肚皮吃，管它是粗饭还是佳肴。居山用山货，临海品海味，有鱼吃鱼，有肉吃肉，有酒喝酒，吃五谷杂粮等之自然物，吸天地山川之自然气，顺阴阳、按四时食人间烟火，享饮食男女俗人平凡之生活，随缘自然安处，做自己就好。

三是“不知说生，不知恶死”。真人，把生死当作正常的轮回，生死一体，视如昼夜，不因生而高兴，不为死而害怕，“翛然而往，翛然而来”，潇洒地来，潇洒地去，来去自如，不刻意追求，不以自己的主观意愿来损害“生死一如”的自然之道。“不忘其所始，不求其所终”，不忘自己的来历，不求最终的结局。“生之前无始，死之后无终”，人的生死无始无终，“天地与我并生，万物与我合一”，既可与天地万物并生为一，那又何必在乎短暂的生死呢！因此，“凄然似秋，暖然似春，喜怒通四时，与物有宜而莫知其极”，就像秋天一样凄凉孤傲，像春天一样亲和温暖，喜怒哀乐与四季相通，与外在物质与世界相适应而其乐无穷，就像法国思想家蒙田所说“死说不定在什么时候等候我们，让我们到处等候它吧”的乐生。生死如一物的阴阳两面，人生如一碗，正放为生，覆之为死，碗正放若不盛物就失去碗之为碗的意义，碗倾覆若能保护他物也是碗之永恒，人畏惧死，更畏惧没有意义的生。

四是“其状义而不朋”。真人，有情意，有正义，有义举，率性公道，仗义执言。保持自己情绪的尺度，与人交往不怀私心杂念，不讲私利私情，不结朋党。按自己的真性情做人，不仰人鼻息，不攀附权贵，不委屈自己，不成为任人拿捏的“面团”。自由、自在、自然行事，不会主动去邀朋结友，去人群中找共同语言，搞花拳绣腿去博得人家欢心，孤鹤闲云，形似“不朋”孤独，实则“状义”与道相交、与道对话。古人说：“所谓‘真人’者，性合于道也。”[①] 大道至简，简就有了“防火墙”，简就能随时清空悬疣附赘，给自己的内存留下更多的空间，不负繁杂桎重。枕山川被星辰，清濯缨浊濯足，行动自由，身心愉悦，醒顺时，醉顺势，逍遥走天下。

无论真人有多高境界，简单地说，即他就是他，把他当他，值得尊重；我就是我，把我当我，率真生活。本来就是普通一人，自当俗人一个，常善万物，常与凡人通行，“天与人不相胜也”。因此真人往往不露相，来去自由，融入天地之间，如行云流水。陶行知先生说：“千教万教教人求真，千学万学学做真人。”在纷繁复杂追求个性的当今时代，我们应该学学真人，放下身段顺道而行，化繁就简，本真生活，做自己

---

① 刘安：《淮南子》，顾迁译注，中华书局2009年版，第115页。

就好。因为人生短暂，就像一首诗所说的那样："一天很短，短得来不及拥抱清晨，就已经手握黄昏。一年很短，短得来不及细品初春殷红窦绿，就要打点素裹秋霜。一生很短，短得来不及享用美好年华，就已经身处迟暮。"①

### （三）制度规范

"制度"一般是指在特定社会范围内统一的、调节人与人之间社会关系的一系列习惯、道德、法律（包括宪法和各种具体法规）、戒律、规章（包括政府制定的条例）等的总和，它由社会认可的非正式约束、国家规定的正式约束和实施机制三个部分构成。《辞海》中"制度"一词主要意思是：要求成员共同遵守的、按一定程序办事的规程；在一定历史条件下形成的政治、经济、文化等各方面体系。可见，制度有三个内涵：一是在人们从事实践活动中形成的；二是人们共同遵守的；三是政治、经济、文化等各方面的规则体系。汉语中"制"有节制、限制的意思，"度"有尺度、标准的意思。这两个字结合起来，表明制度是节制人们行为的尺度。人们在实践活动中，既要处理好主体与主体的关系，即人与人的关系；又要处理好主体与客体的关系，即人与事物的关系；还要处理好客体与客体的关系，即事物与事物的关系。这就需要有一个人们共同遵守的中介尺度即制度尺度，既规范着人们做事的行为，又规范着人们做人的行为。由此形成的政治、经济、文化等方面的制度规范，其核心是规范主流人性的，让人们在尊重

① 出自俄罗斯的一首小诗《短》，具体作者已无从考证。

自然规律与社会共同规则中取得自己所需，实现自己的目的和价值，享受自由、有序、幸福的生活。人们遵循制度规范，一能维护客观世界之美，二能构建社会和谐之美，三能实现自我价值之美。美人之美，美美与共，这就是制度规范的核心要义。这就是马克思所说的“人也依照美的规律来构造”①。马克思所说的“美的规律”，就是制度规范，就是主体尺度与客体尺度、价值尺度与真理尺度、合目的性与合规律性相统一的中介尺度。所谓合规律性，就是人类一切实践活动都要遵循客观规律，按规律办事。人类的任何活动要取得成功，首先要符合事物发展的客观规律，否则就会受到客观规律的惩罚。实际上，考察的是实践活动的工具、手段和方法是否合理的问题。这就是“客观性原则”，是客体尺度。但是，人的活动还要符合自身的目的，具体地说，合目的性就是指满足不同群体的需要，主要关注的是人们活动的动机和目的是否正当、是否合理的问题。这就是“主体性原则”，是价值尺度。这两个方面统一于实践活动之中。人们在实践活动中形成了制度规范，在遵循制度规范中进行有序有效的实践活动，每个人有序有效的实践活动构建了和谐社会，在和谐社会中每个人得到自由全面的发展，这就是“人也依照美的规律来构造”的路径。

1. 制度规范之美在于具有“人性之美”

制度规范是社会成员共同遵守的规则，是规范主流人性的，是体现绝大部分人的意志的，保证每个人生活在安全、舒适和自由的环境之中。非正式约束是人们无意识自发形成的，

---

① 马克思：《1844 年经济学哲学手稿（节选）》，《马克思恩格斯选集》第一卷，人民出版社 2012 年版，第 57 页。

能比较充分地尊重人性。正式约束是由社会组织或国家制定的，一般能尊重、反映主流人性，但随着社会的发展、人的进步，当一项制度让不少人甚至多数人“生病”的时候，就要及时考量制度规范的废、改、立，以便让大多数人真、善、美地生活，开心地工作。当然，只有绝大部分社会成员都维护制度、服从制度、执行制度，社会才有真、善、美。制度是属人性的，不是死的，不是压抑人的工具，不能机械地执行。扎篱笆不是为了阻挡行人，而是为了形成制约，引导人走正路。制度的惩戒，只是针对少数跨越篱笆的人。扎篱笆的目的不是希望人去碰触篱笆、跨越篱笆，抓住跨篱笆的人将其置于死地，而是希望人远离篱笆或触及篱笆后及时知返。我们从“陈寔遗盗”中可以得到相关启发。

据《后汉书·陈寔传》记载，“寔在乡闾，平心率物。其有争讼，辄求判正，晓譬曲直，退无怨者。至乃叹曰：‘宁为刑罚所加，不为陈君所短。’时岁荒民俭，有盗夜入其室，止于梁上。寔阴见，乃起自整拂，呼命子孙，正色训之曰：‘夫人不可不自勉。不善之人未必本恶，习以性成，遂至于此。梁上君子者是矣！’盗大惊，自投于地，稽颡归罪。寔徐譬之曰：‘视君状貌，不似恶人，宜深克己反善。然此当由贫困。’令遗绢二匹。自是一县无复盗窃。”①

上述记载意思是说：汉桓帝时，陈寔任太丘长。他理政有方，秉公办事，心地宽厚，善于以德感人，深受人们的尊敬与爱戴。陈寔在家乡能以平心待人接物，要是有争讼，他总是公

① （宋）范晔：《后汉书》，（唐）李贤注，中华书局 1999 年版，第 1395—1397 页。

正判断，向当事人剖析利害曲直，事后没有人埋怨他。以至有人慨叹说：“宁可去坐牢受刑，也不在陈老面前丢脸。”当时灾荒，百姓生活艰苦，有小偷夜入陈宅，停在屋梁上伺机下手。陈寔暗地发现了，就起床收拾一下，把子孙们都叫进来严肃地训话：“人不可以不自勉自强。不善的人未必本来就恶，习惯形成个性，就这么一步步滑下去了。梁上君子就是这么个人啊！”小偷大惊，立刻自投下地，磕头请罪。陈寔一句一句地训导他：“看你这面貌，不像是恶人，应深刻地反省自己，回到善道上来。不过你这样可能是由于太穷困了。”陈寔没有将小偷投放大牢，而是送给小偷两匹绢，促进小偷“深克己反善”，换来“自是一县无复盗窃”的良好社会环境。

制度规范之美应该是悬而不用，以人为本地用，而不是机械地用、无情地用，更不能乱用、滥用。比如，一伙年轻的好朋友聚会，大家尽兴地大口吃肉、大碗喝酒，喝到一定程度就有可能率性而为，有的讲话声调高，大呼小叫；有的煽情动作大，甚至“群魔乱舞”；有的口吐真言，毫无顾忌地表达自己的喜好，这样就有可能会引起言语冲突或肢体冲撞，若由此造成身体伤害，可能就会报警请相关机关介入处置。如果进行人文的调停，伤害者与被伤害者还能消除误会，达成谅解继续成为好朋友；如果对伤害者进行法律惩戒，那么伤害者与被伤害者继续成为朋友的可能性就极小，甚至会成为冤家对头，更有甚者可能让伤害者走向社会的反面。这是人们不愿意看到的，也不是制度的本意。

遵循制度规范的原则就是维护社会的公平正义，保障社会有序运转，让社会成员行正道、得正利。愚以为，在不违背实质正义原则的前提下，可以采取更人性化的程序正义来执行制度规范，维护制度规范的权威。比如，对涉案人员进行调查取证时，能否采用更人性化的方式，如调查其家属时，有的家属不想让所在单位的同事知道，能否不通过组织渠道约谈？有的家属有生活上的不便和困难，如带小孩、照顾老人，能否在方便他们生活的情况下进行取证？有的人是在被迫、无奈的情况下违规违法，能否选择谨慎追责？等等。实际上一个人违规、违法，社会、组织是有责任的，人们不能以看客的心态幸灾乐祸，更不能以落井下石的心态来对待，不是将违规违法者惩戒得越重越好，甚至将违法违规之人置于死地而后快，这不是有健康心态的人应该具有的态度。广为流传的郑板桥对待小偷的故事或许能给我们一些启发，他在不危害自身的前提下给小偷以警醒，给小偷以改邪从良的机会。郑板桥为官清正廉洁，辞官回家后，身边有一条黄狗作伴，闲暇时种植兰花。传说，有个雨夜，一个小偷溜进了郑板桥的屋子准备行窃。郑板桥发现后装作熟睡的样子，等小偷翻找了半天东西后，郑板桥才开口："细雨蒙蒙夜沉沉，梁上君子进上门。"小偷一听大吃一惊，明白自己被发现了。郑板桥紧接着又吟了一句："腹内藏诗上千卷，床头金银无半文！"小偷明白了这是个清贫的读书人家，还是溜之大吉吧。刚要转身，又传来一句："出门休惊黄毛犬"，小偷赶忙沿墙壁踮起脚尖轻轻走；正要翻越围墙时，又听得一声"越墙莫伤兰花盆"，小偷一看墙上果然有一盆兰花，于是小心避开，这时又传来一句："天寒不及披衣送，君子雨夜赶豪门！"小偷听了甚觉惭愧，飞也似的逃走了。这个故事诠释了古人推崇的“不善者，吾亦善之”[①] 的理念。国外也有善待“不善者”的故事。据传，美国有位贫困的母亲为了自己饥饿难忍的孩子在超市里偷窃面包，法官判决她有罪。法官同时还宣布：令一个母亲饥寒交迫，不得不靠偷窃来养活孩子的社会同样有罪，在座的诸位都有罪，判罚每人一美元给那位偷窃的母亲。这种执法的理念值得借鉴。制度是无情的、冰冷的，但人是有情的，心是温暖的。人执行制度，不应让制度寒气逼人，而应让制度更具温情。只有以敬畏之心遵循制度，以善良之心执行制度，以仁爱之举救助违规违法者，这样制度才更能让人信服，更能唤醒迷途之人，因而更具权威。每个人都温情地、仁慈地对待制度，人与人之间将更加友善，整个社会将更具人情味。这就是制度规范调整主体与主体之间的人性之美。

2. 制度规范之美在于按规律来构建

我们从《庄子·应帝王》中的“浑沌之死”的寓言中或许能得到启发。

> 南海之帝为倏，北海之帝为忽，中央之帝为浑沌。倏与忽时相与遇于浑沌之地，浑沌待之甚善。倏与忽谋报浑沌之德，曰：“人皆有七窍，以视听食息，此独无有，尝试凿之。”日凿一窍，七日而浑沌死。[②]

“浑沌”为“中央之帝”，“中央”是一个整体，是一个能包容万物、承载万物的整体，是浑浑沌沌的原始之态、自然之

---

① （魏）王弼注：《老子道德经注》，楼宇烈校释，中华书局 2011 年版，第 134 页。

② 陈鼓应：《庄子今注今译》上册，商务印书馆 2007 年版，第 265 页。

态，他不需要刻意地雕琢、人为地划分，不需要“倏与忽”报其德，为其开窍、凿洞，否则，“中央”就会分裂。再说，若“北海之帝”“南海之帝”可“日凿一窍”，知府与知县也来日挖一洞，乡绅老大都来日挖一坑，大家都感其德、报其恩，都来你一锄、我一铲，那么，“中央”就会千疮百孔，“浑沌”这个帝王也就被折腾死了，就起不了帝王之用了。



说制度规范，就不能不说文化。《易经》中说“观乎人文，以化成天下”，可见文化之大。文化是凝结在物质之中又游离于物质之外的，是能够被传承的国家或民族的历史、地理、风土人情、传统习俗、生活方式、文学艺术、行为规范、思维方式、价值观念等，是人类之间进行交流时普遍认可的一种能够传承的意识形态。广义的文化指人类在社会历史发展过程中所创造的物质财富和精神财富的总和。狭义的文化是指人们普遍的社会习惯，如衣食住行、风俗习惯、生活方式、行为规范等。文化是产生制度的土壤，制度是文化的沉淀，是文化的一个枝干，制度与文化是部分与整体的关系。

社会的制度规范由非正式约束、国家规定的正式约束和实施机制三个部分构成。非正式约束是人们在长期实践中无意识形成的，具有长久的生命力，并构成世代相传的文化的一部分，包括价值信念、伦理规范、道德观念、风俗习惯及意识形态等因素。正式约束又称正式制度，是指政府、国家或统治者等按照一定的目的和程序有意识创造的一系列政治、经济规则及契约等法律法规，以及由这些规则构成的社会等级结构，包括从宪法到普通法，再到明细的规则和个别契约等，它们共同构成人们行为的激励和约束。实施机制是为了确保上述规则得以执行的相关制度安排，它是三个环节中的关键一环。这三部分构成社会制度规范的整体。文化“观乎人文，以化成天下”，是一个整体、一个系统，对人的影响最深、最广，对每个人每天的生活起居都具有潜移默化的作用，处于教化人、引导人、激励人最基础的地位。人在长期实践中无意识形成的非正式规则，如道德、伦理、观念、风俗习惯等，仅仅是文化的一部分，是人们在实践中约定俗成的。而正式规则是在非正式规则基础上构建的，从一般性的社会规范上升到国家层面的制度规范，所调整的是特定的法律关系，真正与其近距离接触的只是少部分人，直接接触产生作用的就更少，有的正式规则不少人可能一辈子都不会遇到，比如《中华人民共和国文物保护法》等。此外，非正式规则、正式规则的实施机制，也受文化的影响和制约，因为制度规范的实施必须由人来进行，而人生活在文化之中，离不开文化的滋养。文化、非正式规则在日常生活实践中影响、激励着人们，它们对一般的、普遍的群体都发挥作用。而正式规则更多的是通过惩戒少数违规违法者来发挥作用，直接制约的是特定的法律关系、典型的群体。从制度规范的受众、影响力层面来说，文化、非正式规则、正式规则构成一个金字塔，文化处于底层，非正式规则处于中间层，正式规则处在顶层。因此，制度规范的构建次序，应该先培育思想文化基础，再构建道德规范等非正式规则，最后建立法律制度等正式规则。没有文化这个根基，没有文化这个整体，构建制度规范就无从谈起。一个民族，一个国家，它的文化是系统的，是整体的，不能强行割裂。制度规范的构建，必须以不破坏文化为原则，顺时顺道而行，不能像“忽与倏”

那样，非要在“浑沌”这个文化整体上挖出制度这个“窍”。你立一个规矩，他搞一个规范，最后的结果是弄巧成拙，不仅破坏了文化，也使制度因没有文化的根基、缺乏文化的氛围而难以执行，从而以失败告终。文化如水，滋养万物；制度规范似渠，水到渠成。制度规范的建立应立足于文化，并以文化为依归。

古人重视文化与制度规范的关系。老子说：“以正治国，以奇用兵，以无事取天下。吾何以知其然哉？以此。天下多忌讳，而民弥贫；民多利器，国家滋昏；人多伎巧，奇物滋起；法令滋彰，盗贼多有。故圣人云，我无为而民自化，我好静而民自正，我无事而民自富，我无欲而民自朴。”[①] 这里，“法令滋彰，盗贼多有”，就是说制度规范制定得越多、越细、越全、越森严，社会上的盗贼、违规违法的事就会越多、越杂、越层出不穷、越难以管束，就像俗话说的“道高一尺，魔高一丈”。这在政治历史上有很多经验。例如，汉高祖刘邦入关，法律只有三条，即有名的“约法三章”：“与父老约，法三章耳：杀人者死，伤人及盗抵罪。余悉除去秦法。诸吏人皆案堵如故。”[②] 杀人者要处死，伤人者要抵罪，盗窃者也要判罪，废除了秦朝的严刑峻法，仅如此简单的三条法令，就让官员和老百姓的生活正常运行，从而使汉朝立了根基，赢得了天下。后来，汉朝的法网织得很密，法令越多，社会也就越乱。古人用法的经验告诫我们一个深刻的道理——“非不能也，

① （魏）王弼注：《老子道德经注》，楼宇烈校释，中华书局 2011 年版，第 154 页。

② （西汉）司马迁：《史记》，中华书局 1999 年版，第 256 页。

是不为也”。如果对法律缺少精神上的认同与敬畏，规则之网织得再密，人们也会在经纬之间找到留白地带，这是一种无可变更的历史法则。现实社会不也是如此吗？比如，在贸易上有WTO规则，有反垄断、反倾销、反不正当竞争等法律规范，但是，目前各国在货币、利率、税收等方面的出尔反尔行为不也是层出不穷吗？国内商业中的虚假宣传行为、压价销售行为、商业贿赂行为等，也是永不停息的。又比如，有了《中华人民共和国婚姻法》，但现在社会破坏正常婚姻、家庭关系的问题却并没有减少。人的思想是无极限的，制度规范无法涉及人们生活实践的所有领域、所有方面，想用制度规范来解决人类生活的所有问题几乎是不可能的。再说，人心不正，再好的制度也有空隙可钻。只有从人心上根治，才能铲除不良问题产生的土壤。治心病之根本良方，唯有思想文化。因此，老子主张“以正治国”，以清正、无为的思想文化来治理国家，以“我无为”“我好静”“我无事”“我无欲”的思想文化来滋润老百姓的心田，引领老百姓自然转化、自然公正、自然富裕、自然朴实。我们还应该看到，社会良好风气的形成，关键在于“我”。汉高祖刘邦的“约法三章”，就是从“我”做起，以赢得民心。“我”作为处在上位的管理者，要做到顺道而为、清静自然、不好惹事、没有过多的欲求。再行不言之教，成为思想道德之楷模，以“我”的实际行动促进人们从“自”开始，做好“自化”“自正”“自富”“自朴”。每个“我”都位优先礼，以身作则，以上率下，就会唤醒、增强老百姓的文化自觉、道德自觉、制度自觉，社会风气也就会不断向好，老百姓就能够自由、自在地生活。中央八项规定出台后，反响之好，贯彻之深入，得到广大人民群众的拥护，就在于中共中央政治局从“我”做起。

3. 制度规范之美在于真理尺度与价值尺度相统一

人性如水，水多变，虽然每一滴水成分一样，但是水在不同的时间空间会呈现出不同的形态。治人如治水，水若不能“循道而流”，就会肆意泛滥，毁坏一切，人类也会失去生命的依托；人性若没有社会制度的规范，世界将如洪水般无常无序。然而，要把无拘无束的水引入河道，并不是一件易事，如大禹的父亲鲧花了九年时间治水，却没有成功。大禹治水之所以能成功，不仅在于他治水十三年“三过家门而不入”的奉献精神，更重要的是他采用了疏导的方法，让水顺道而流，滋养百姓。

《史记卷二·夏本纪》中有这样一段，记录了大禹治水的过程：

> 禹乃遂与益、后稷奉帝命，命诸侯百姓兴人徒以傅土，行山表木，定高山大川。禹伤先人父鲧功之不成受诛，乃劳身焦思，居外十三年，过家门不敢入。薄衣食，致孝于鬼神。卑宫室，致费于沟淢。陆行乘车，水行乘船，泥行乘橇，山行乘檋。左准绳，右规矩，载四时，以开九州，通九道，陂九泽，度九山。令益予众庶稻，可种卑湿。命后稷予众庶难得之食。食少，调有余相给，以均诸侯。禹乃行相地宜所有以贡，及山川之便利。①

大禹治水不但规范了水的行动，也为约束人的“制度规

① （西汉）司马迁：《史记》，中华书局 1999 年版，第 38 页。

范”提供了灵思。

首先，要尊重客观规律，掌握真理尺度。大禹“行山表木，定高山大川”“左准绳，右规矩，载四时”“度九山”，掌握了山川大地的形貌，也就掌握了水汇聚与疏散的路径，就有了治水的客观尺度，也就明白了哪里可开渠，哪里能挖沟，哪里可筑堤，哪里可建坝，哪里可汇入江河，哪里能归入大海。俗话说，家家有本难念的经。每个家庭情况各异，张家有长，李家有短。家庭是社会的细胞，每家的情况各异，更不用说一个社区、一个群体、一个社会、一个国家，行为习惯、文化观念的差异，物质生活条件的优劣，情况更复杂，价值更多元。因此，构建社会制度规范，必须了解掌握世情、社情、人情，这样才会明白哪里要用文化来引导，哪里要用非正式规则来疏通，哪里要用正式规则来治理，因地制宜，因情施策，从而民心归顺，社会得到大治，国家和谐稳定。

其次，要“循道而行”，遵循价值尺度。“禹乃决江疏河，通之四渎，致之于海；大小相引，高下相受，百川顺流，各归其所。”① 大禹“开九州，通九道，陂九泽”，顺水势，畅水流，尽水用；“百川顺流，各归其所”“於是禹乃兴九招之乐，致异物，凤凰来翔”，社会实现了大和谐。每个人的价值取向、生活目的与意义不是完全一样的。和谐是制度规范的核心价值。既要尊重每个人的尊严，尽最大可能满足每个人的需求，让每个人自由发展；又要让社会各成员自由全面地发展，实现社会整体的和谐有序发展，这是制度规范的核心要义。因

---

① 姜爱林编译：《新语通俗读本》，新华出版社 2015 年版，第 12 页。

此，个人与社会实现和谐，必须以核心价值观来权衡、来统一。水静了就平之，人心思静，就应该注重公平正义。水流动了就疏之，人心思变，就要及时地引导、开渠，不要成堰湖、酿洪祸。水浊了就澄之，人思想混乱，就要及时疏解稳定。管涌就制之，可能给社会这个“大坝”造成危害的人和事，一露头，就要坚决彻底地予以制止、惩戒。这样，激浊扬清，惩恶扬善，“百川顺流，各归其所”，让每一个社会成员都有属于自己的一片森林，整个社会就会呈现“凤凰来翔”的景象。



最后，要变害为利，共治共享。大禹在治水的同时，“令益予众庶稻，可种卑湿。命后稷予众庶难得之食。食少，调有余相给，以均诸侯”。他让益给民众，分发稻种，引导百姓生产，使低洼潮湿的土地变成稻田；他又让后稷赈济吃粮艰难的民众，主动救民于苦难。粮食匮乏时，他采取调富济贫的帮扶措施，就让一些地区把余粮调济给缺粮地区，使各诸侯国都能有粮食吃，变水害为水利。人是社会的人，社会是共同的社会，社会需要共治共享。

一方面，每个人都不违背制度规范，都不违背社会主流民意，都不危害社会。大家都奉制度规范如圭臬，敬畏它，不敢侵犯它、危害它，即使有时有不良的想法、不良的动机，也不敢付诸行动；即使做不到道德高尚，也不敢对社会有恶言恶行，不敢给社会造成危害。当然，为了维护制度规范，有时也会受伤害，但不能以暴制暴。比如，在体育竞技比赛中常有误判情况发生，如果通过合法的途径申诉，权益仍得不到维护，这时候你也不能采取极端行为去伤害裁判，只能遵从制度的规定，接受裁判的判罚。在生活工作中也有被误解、误判、误罚的情况，有时候无法申诉也无处申诉，即使你的利益受损，自尊受伤害，内心受委屈，也只能靠自己足够强大的正能量去消融。因为制度规范不可能十全十美，执行机制也不可能完美无缺，实施制度的人也会受主客观条件的限制，因此制度规范不尽如人意也就在所难免。

另一方面，社会的制度规范是“常善救人而无弃人”。救那些失足的人、迷途知返的人、干过坏事的“恶人”，特别要救那些应该得到宽容而不需惩处的人，从而让失足者濯足上岸，让迷途者归队，让“恶人”从良，让被惩治的对象获得新生走上正路。当然，这并非易事。“制无美恶，期于适时；变无迟速，要在当可。”[①] 制度规范是死的，但是它是由活人制定的，是由活人来执行的，客观世界是变化发展的，因此活人不可以机械地使用制度，把死的制度用死，而应该合理妥善地使用制度，能够也应该让死的制度活起来，活起来的目的在于救人，在于尽可能多地增加社会和谐因素。要把制度用活而能救人，关键在于如何把真理尺度与价值尺度统一起来，让人的价值高于物的价值，让共同的价值高于个人的价值，同时又充分尊重物的价值、尊重个人的价值。这里就需要人的智慧。我们来看两个故事。

故事一，无证救人案。这是 1935 年发生在美国纽约州的一个故事。古特和两位同样来自德国的朋友没有固定职业，靠做临时工维持生活。他们合租了纽约州一间阴暗破旧的房间，房东是一个身材肥胖的爱尔兰人莫菲。莫菲是个鳏夫，独自养

---

① 严复：《严复论学集》，商务印书馆 2019 年版，第 260 页。

育5个孩子，吉米是最小的一个。有一天，吉米突然病了。因为还没有通过美国的医生执照考试，古特虽然是柏林有名的儿科医生，却不能替吉米治病。白天，莫菲请来一个医生——一个老态龙钟、瘦骨嶙峋的意大利人，给吉米看病、开药。午夜一过，吉米的体温不断升高，气息渐如游丝般微弱。古特催促莫菲再去叫大夫。过了一会儿，莫菲却独自回来了。“医生不愿意来。”莫菲喃喃说道，无助而愤怒的眼泪在眼眶里打转，“上次看病的费用我还没有付清，他坚持要先看到钱才肯来……”此时，低矮的房间里挤满了邻居：臃肿的意大利妇人、白胡子的犹太人和波兰的传教士，大家窃窃私语并忙着凑钱，最后却失望地摇头叹息。莫菲怔怔地望着垂死呻吟的孩子，猛然转过身对古特吼道：“好歹你也是个医生，看在上帝的分儿上，不要眼睁睁看着我的孩子死掉！”在场所有人的目光都集中到古特身上。古特脸色惨白，此刻心情十分矛盾。再过几个月，他就可以参加美国国家医生执照考试，开始崭新的生活。站在制度和法律这边，他可以看到灿烂的未来；站在道德的一边，他将违反制度和法律，可能会被捕并丧失居留权。现在夹在中间的，却是一个身患重病的小孩，在发烧和痛楚中瑟缩着。强烈的同情心和责任感促使古特终于做出了决定。他为吉米的小生命奋战了十天十夜，几乎未曾合眼，面容变得憔悴。吉米总算度过了危险期，捡回了一条命。不过，真正的故事才刚刚开始。吉米下床的那一天，警察逮捕了古特，是那个意大利裔的老医生告的密。这在街坊邻居中引起了骚动，一张张历经沧桑的面孔因愤怒而涨红。第二天，这批人当中没有任何一个人去上班，大伙儿全都赶往纽约市立法院，把法庭挤得水泄不通。古特被传讯时，这些人蜂拥而上，法官惊讶地望着这群奇怪而沉默的男男女女、老老少少。“有罪还是无罪?”法官问道。在古特还没来得及开口前，一百多个邻居街坊齐声喊道：“无罪!”“肃静!”法官呵斥道，指着站在古特背后的莫菲说：“你说说看。”莫菲开始叙述。法官专心听着，并环视着一张张老迈的脸孔。莫菲在庭审结束时说：“我们已经凑足了钱，如果他因为自己所做的一切——为拯救一个小孩的生命，而被判罚金的话，我们已经筹集好68美元了。”法官面带微笑地站起来，举起木槌敲向桌面，庄严宣判：“古特先生，您违反了法律和制度，原因是为了遵循另一个更高的法律和制度——道德。因此我判您——无罪!”

故事二，医德高尚献血案。2005年6月，某市某区人民医院妇产科的一名产妇阮某在剖腹产手术中大出血，由于血库供血不足将面临生命危险。在寻找献血者无果且电话征得区卫生局领导同意的情况下，妇产科医生卢新华本着救死扶伤的原则为产妇无偿献血，令产妇母婴转危为安。事后上级主管部门却根据《中华人民共和国献血法》中的规定，认为此举属违法采供血，要求医院进行整改且不得表扬卢新华医生，并对医院处以6万元的经济罚款。该案例处理结果出来后，不少市民认为这个处罚不近人情，产妇阮某的家属更是对此情绪激动：“医院和医生采血救病人不是为了谋私利，而是为了救死扶伤，如果这样的举动得不到表扬却要受处罚的话，我们很怀疑这种处罚的合理与合情!”

上述两个故事，都是医生救死扶伤，但处理结果不一样，显然产生的社会效果就大不相同。故事一的法官不是就制度论制度、就制度执行制度，他既遵循制度尺度，维护制度的尊严，古特无证行医，判决古特违法；同时，他尊重人的生命，尊重吉米的生命急需抢救的客观需要，尊重人的主体价值，尊重人们对救死扶伤的崇高人性光辉的赞许，判处古特无罪，把制度尺度统一在真理尺度和价值尺度之中。因此，法官是微笑地作出判决，而莫非等人们也一定是微笑的，古特也应该是笑着接受判决的，这才是制度规范之美，才是美的规律。而故事二处理的结果就是把制度执行死了，上级主管部门将《中华人民共和国献血法》中适用于一般临床采供血的规定，机械地套用在紧急情况下救死扶伤采供血的特殊案例，显然是不合适的。试想，如果没有卢新华医生紧急献血，血站无血可供，难道要眼睁睁地看着产妇死去？有哪个“王法”可以允许这样的恶果出现呢？该主管厅不仅把救人这个最大的客观需要否定了，还把人们的道德良心给敲碎了，令家属愤愤不平，令医生无语，令医院无助，令社会大惑不解。像这样处理，到底是为了人，为了弘扬良好的社会风尚，为了社会的和谐安宁，还是为制度而制度？这样的处理结果，使好人得不到公正的待遇，也可能会使可救之人因得不到救助而死亡。这样，还有谁敢见义勇为？谁敢救死扶伤？培根有一句名言：“一次不公正的裁判，其恶果甚至超过十次犯罪。”一个人生病，拯救者若不断地被“生病”，医者仁心被当作病来整治，那整个社会就可能跟着生“大病”，也就会生出诸如老人摔倒无人帮扶的“怪胎”。对此，每一个有良知的人都应该拷问自己的灵魂，遇到类似的情况，在遵循制度规范之中是否可以把真理尺度与价值尺度统一起来，是否可借鉴大禹的智慧，在“龙门山”

开一个口子，让像古特、卢新华这样的“鲤鱼”能跳得过制度规范这个“龙门”，既能使咆哮的河水失去往日的凶恶，驯服平缓地向东流去，又能使鲤鱼变成龙在空中飞舞，弘扬新风正气，实现社会大和谐。这样，“美哉禹功，明德远矣。”[1] 可再现光辉，否则，可能会导致“夏日消溶，江河横溢，人或为鱼鳖”[2] 的后果。

---

① （春秋）左丘明：《左传》，蒋冀骋标点，岳麓书社 1988 年版，第 12 页。

② 毛泽东：《念奴娇·昆仑》，吴正裕主编《毛泽东诗词全编鉴赏 增订本》，人民文学出版社 2018 年版，第 128 页。

# 第五章　人与人的平衡



人是现实的人，人每天的生产生活实践离不开人这个主体，因此必须处理好人与人的关系。马克思主义认为，在人发展的三大形态中，第一形态，人的主体性主要是群体的主体性，主体性较弱；第二形态，人与人的关系建立在交换价值基础上，而且交换范围更广泛，主体性地位更加凸显出来；第三形态，人终于摆脱了“人的依赖”和“物的依赖”，随着生产力的发展，人类交往的扩大，人的主体性实现了全面的发展。无论在哪种形态，无论人的主体性是强还是弱，人与人的关系，实际上就是主体与主体的关系；人与人的平衡，实际上就是调节主体与主体关系的平衡。当今中国社会，正处在人的发展的第二形态，人与人的关系，是从熟人的宗法关系出发，建立在交换价值的基础上，更多地表现为陌生的交往关系，在交往中实现人的主体性的全面发展。

# 一、“家”的序位和友道精神

## （一）“家”的序位

中国传统政治文化，很重要的部分是“家国同构”。家国同构即家庭、家族（家族、宗族）与国家在组织结构方面有共同性，均以血亲——宗法关系来统领，存在着严格的家长制。家国同构是宗法社会的显著特征，家族是家庭的扩大，国家则是家族的扩大和延伸。在家国同构的格局下，家是小国，国是大家。在家庭、家族内，家长地位至尊，权力至大；在国内，君王地位至尊，权力至大。由于古代中国经济基础一直是小农经济占主导地位，所以与这种生产方式相联系的家族制度数千年来一直深深根植于中国社会结构之中，家族结构扩大至国家结构，家与国的系统组织和权力配置都是严格的家长制。家庭观念在中国传统文化中有着重要的地位。家庭—家族—国家，这种家国同构的社会政治模式是儒家文化赖以存在的社会渊源，古人“修身、齐家、治国、平天下”的个人理想，反映了“家”与“国”之间的同质联系。尽管当今社会发生了翻天覆地的变化，但家国同构这种文化传统根深蒂固，仍然影响着人们的现实生活。

国有千万家。马克思主义认为，家是国家调控体系内的基本单元，是社会的细胞，其本质是一种社会关系。无论世界怎么变化，人都必须有家。人一出生，就要与家人近距离接触，与家人生活在一起，人与人的关系，从家开始。人的一生，除了外出工作谋生，一般情况下与家人在一起的时间最长。处理好人与人的关系，必须从处理好家庭关系开始。“欲治其国者，先齐其家”，要想治理好国家，就要先把家庭经营好、家庭关系处理好。

处理好家庭关系，必须遵循“家”的序位。愚以为，“家”的序位，在纵向上是“敬畏严慈”，就是对上不忘根，尊敬父祖辈，常怀感恩、敬畏之心，尽孝尽责；对后辈严加教育，精心呵护，常怀慈爱之心；横向上是“老吾老，以及人之老；幼吾幼，以及人之幼”[①]，就是说要像尊重自己家的老人一样尊重别人家的老人，像爱护自己的孩子一样爱护别人家的孩子。纵向有多长，横向有多宽，家就有多大。家大业就大。人们必须有这样的胸怀和气度，心有多大，家也就有多大。

《说文解字》中说：“家，居也。从宀，豭省声。”[②]“家”字，甲骨文字形，上面是“宀”，下面是“豕”，“宀为屋也”，“豕为猪也”，两字合写为“家”字。“家”必须有房屋。我们的祖先是在树上“架木为巢”的，后来他们转到地上盖木房子为屋。那时人们多在屋子里驯养猪等家畜，所以房子里有猪就成了人家的标志。养猪的地方就有家，有家就有猪，无猪不成家。古人造字将猪与家紧密相连，是否因为猪能增加财富，猪多仔多福，猪体胖可掬、平和友善，不得而知。但我想，猪能吃能睡、悠然自如的生活状态，应该是人的理想生活模式。人回到家，同居一屋、同吃一锅饭，就应该是不论

① （战国）孟轲：《孟子》，万丽华、蓝旭译注，中华书局 2017 年版，第 147 页。
② （汉）许慎：《说文解字》，中华书局 2013 年版，第 147 页。

钱财，你的我的都在一家、一屋之内，不分不算的和谐态；就应该是不计尊卑，男女父子相亲相敬吃饭睡觉的生活态；就应该是放松自如，心性自然，自由自在无须妆饰打扮的原生态；就应该是相互珍惜，相互关照，相互守护，不离不弃的安全态，这样的家才是我们停靠的港湾。我们现代常说的科学家、数学家、专家、作家、书法家，实际上这里的“家”，就是说某些人在某个方面的学问或技能已经达到运用自如、身心自由的层面。家，就是要自如自由，是我们人生的驿站，是我们生活的乐园，也是我们避风的港湾。如果像《红楼梦》中的贾府那样充满钩心斗角，如王熙凤之流谄上欺下、精于盘算、攫权窃财，连对她第一忠实的心腹丫环平儿，仍不免要怀疑和防范，最终落得个“机关算尽太聪明，反误了卿卿性命”的下场，“贾府”就成了“假府”，哪里还像个家。当然，现实社会中此类情况也是存在的。为了强调所谓的个体独立性、个人的价值，家庭开支锱铢必较，夫妻相互隐藏财产，兄弟姐妹为分财产大打出手，家人反目成仇，甚至动用法律处理家庭事务，以冰冷的法律作为镇宅之神器，震慑着家庭成员，这样的家还有温情、亲情吗？这样的家庭少一些，社会和谐就会多一些。

我们倡导齐家，就是从家族着眼，每个家庭成员从自身的德行修起，大家相敬如宾，相互欣赏、相互关照、相互鼓励、相互促进，使族人和睦相处，让每一位家庭成员有作为、对社会有贡献，使家业兴旺发达，并把良好家风一代代传承下去。虽然现实生活中各家有各家的问题和难言之处，但只要遵循“家”的序位，按序位来行事，就能做到齐家。需要注意的是，我们所说的齐家，并非“家天下”，并不是把“家”当私有财产，或者搞泛家族势力，搞家奴式的人身依附，以家长制的方式把某个单位某个团体某个组织据为己有，搞封建式的世代相袭。这不符合时代的要求。“家天下”需要亲属关系来维系，亲属是基于婚姻、血缘和法律规制而形成的社会关系。我国法律所规定的亲属关系包括夫妻、父母、子女、兄弟姊妹、祖父母和外祖父母、孙子女和外孙子女、儿媳和公婆、女婿和岳父母，以及其他三代以内的旁系血亲，如伯伯、叔叔、姑母、舅、阿姨、侄子女、甥子女、堂兄弟姊妹、表兄弟姊妹等；还有拟制血亲，如继父母与受其抚养教育的继子女、养父母与养子女；以及姻亲，即除配偶外以婚姻关系为中介而产生的亲属，包括血亲的配偶、配偶的血亲、配偶的血亲的配偶。在现代中国社会的核心家庭中，家庭成员一般只包括自己的配偶和子女，而自己的父母、兄弟姊妹则属于重要社会关系，是联系亲密的近亲属。其他的亲属则属于较远的姻亲和旁系血亲关系。现代社会，核心家庭成为主要的家庭类型，而家庭网络和亲属关系则趋于松散。一些西方学者甚至提出“独立的核心家庭”之说，认为工业化带来个人主义和平等主义的价值观念，将导致家庭和亲属关系走向瓦解。再加上我国实行了几十年的独生子女政策，许多家庭的旁系血亲已不复存在。据统计，随着我国家庭规模和结构的变化，大家庭趋于瓦解，2010年我国家庭户均人数已降至3.1人，核心家庭占60%以上，已成为我国家庭类型的主体。可见，亲属关系的数量将减少，“家天下”也就没有了社会基础。

现代社会，人们应当倡导和践行“天下为家”。人们只有以天下为家，才能成就更大的事业，增加更多的幸福指数。当代中国社会，人们家庭成员少，亲属少，邻里也少，且人口流动性大，家庭成员分居在不同地方，“游子”现象普遍存在。因价值观念、生活理念、生活方式的差异，以及社会风气等各种因素的影响，邻里间多患有“横眉冷对症”或者说“冷漠症”，生活在同一社区、同一座楼、同一楼道近在咫尺的邻居，对很多人而言也是“最熟悉的陌生人”，鸡犬之声相闻，却老死不相往来，社会成了陌生人的社会。在当今全球化大背景下，一方面需要人们大联合大协作成为一个有机的整体，另一方面人们的交往范围、生活空间却越来越狭小，人的自由全面发展与“蜗居”生活的矛盾日益显著，社会发展需要我们与陌生人交往，但个体却更愿意“独居”、独守一处。人人需要家，人人爱家，但传统意义上的“家”的规模在当代社会变得越来越小。人需要有更大的“家”来安顿自己、发展自身。因此，重构“天下为家”的“家”观念，是解决上述问题的现实需要。家就在脚下，四海皆可为家，人们奔走四方，在哪里落脚，哪里就是家。就如一颗种子，落在哪里，哪里的土地就是家园，于此吸收营养水分，生根发芽、开花结果。俗话说：“千金买宅，万金买邻。”家庭结构小，有时还天各一方，更显得“远亲不如近邻”。每居一处，皆以之为家，以邻为亲，工作的单位，生活的小区，交往的社群，就是我的家；单位的同事，小区的居民，社群中的成员，就是我的邻居，就是我的亲属。按“家”的序位，常怀仁爱之心，推己及人，尊亲睦邻，四海之内皆亲属，共同描绘《孟子·滕文公上》所说“乡田同井，出入相友，守望相助，疾病相扶持，则百姓亲睦”[①] 的幸福蓝图。

“家”的序位，也就是“爱”的序位。爱的序位，关键要有爱的情怀和思维，正如池莉《爱是终身的事》诗中所说“用爱的食材喂养爱，用天堂的材质构建天堂”。有爱才有家。按“爱”的序位构建的家，在你孤独和痛苦时，它可以给你亲情的温暖和精神的抚慰；在你困难时，它可以使一家人同舟共济，共渡难关。有爱的家真好。无论是竹篱茅舍，还是高屋华堂，总让远方的游子归心似箭，风雨兼程，历尽千帆后，仍然念念不忘回家的路。人的一生不能没有家，有家真好，有大家更好。

### （二）友道精神

《辞海》中“友”字除朋友、交好之义，还有帮助的意思，如“出入相友”。“友”字，甲骨文字形，像朝着一个方向的两只手，表示以手相助。《礼记》说“同门曰朋，同志曰友”，同一师门弟子即现在说的同学叫朋，志趣相投、志同道合的叫友。友道，就是朋友交往的准则。东汉孔融的《论盛孝章书》说：“公诚能驰一介之使，加咫尺之书，则孝章可致，友道可弘矣。”[②]

古人注重弘扬友道精神。战国时期，伟大诗人屈原在他的一篇名为《少司命》的诗歌中说：“悲莫悲兮生别离，乐莫乐兮新相知。”[③] 悲伤中最大的悲伤莫过于朋友之间生生的离别，

---

① 杨伯峻：《孟子译注》，中华书局 1996 年版，第 119 页。

② 曹道衡编选《汉魏六朝文精选 名选新刊》，商务印书馆 2018 年版，第 57 页。

③ （战国）屈原：《楚辞》，林家骊译注，中华书局 2009 年版，第 155 页。

快乐中最大的快乐莫过于新认识一个好朋友，屈原把新结交一个好朋友作为人生中最大的快乐。在《周易·系辞》中，亦有这样一句名言："二人同心，其利断金。同心之言，其臭如兰。"[①] 意思是说，两人要是同心协力，力量足以折断金属；同心同德的人之间说的话，其味就像兰花一样芬芳。武侠小说中常有"义结金兰""金兰之交"的说法就是从这里来的。《论语》开篇就有"有朋自远方来，不亦乐乎"，有朋友往来是一件快乐的事。古人重视交朋友，而且十分注重交友之道。中国传统的诚笃真挚、言而有信、劝善规过、亲疏有度、礼节不疏的友道精神值得弘扬。

1. 诚笃真挚

人们常说以诚相待，交友之道贵在真诚。交朋友必须是诚心的、正意的，交知心的朋友。非如此，宁可不交。如果说各怀心思，甚至各怀鬼胎，那只能是泛泛之交，终将各奔东西，有的甚至还会反目成仇。司马迁《史记·邹阳列传》指出，朋友有两种："有白头如新，有倾盖如故。""白头如新"就是交往几十年，连头发都白了，但见面的时候还是不知道他心里想什么，还跟新见面一样。不真诚，交往时间再长，那也是浪费时间和精力，又有什么意义呢？交朋友应当是"倾盖如故"，两人初次相逢，便一见如故，一聊倾心，才几分钟就成为很好的朋友。人，只有真诚才能够倾心相交，才能无话不说，才能成就友谊。中国古代非常重视"诚"。荀子说："君子养心莫善于诚。"[②] 养心，即修养自己的心性。修养自己的

① （商）姬昌：《周易》，张燕婴译注，中华书局 2012 年版，第 364 页。

② 楼宇烈：《荀子新注》，中华书局 2018 年版，第 40 页。

心性，最好的方法莫过于真诚。在《大学》中儒家有一个著名的人学台阶，是说一个人一生要想成就伟业，要经过“格物、致知、诚意、正心、修身、齐家、治国、平天下”这八级阶梯。“诚意”“正心”是其中重要的两层阶梯，没有“诚意”“正心”，人难以令人信任、心服，更谈何“治国”“平天下”？人都向往有真正的知心朋友，但在现实生活中真正的知心朋友却是很难得到的，就像李白感叹的“知音不易得，抚剑增感慨”①，明代通俗小说家冯梦龙也说“相识满天下，知心能几人”②。现实中不难见到，得势的门前车水马龙，失势的则门可罗雀。反观每个人自身，一生真正的知音能有几个呢？世故易变，人情难测，真是“千里难寻一知音”。因此，在这熙熙攘攘的世界，大可不必像小丑一样到处跑龙套，粉墨登场凑热闹，穿针引线张罗关系网。即使你在台面上表演得再出色再成功，待锣鼓停歇、浓妆卸罢，终究只是一场戏，该做什么还得去做什么，不会有多少人再为你鼓掌喝彩，不会有多少人追随你、陪伴你、抚慰你。实际上，人一生也不需要过多的朋友，在你得意的时候能为你鼓掌喝彩，失意的时候能为你加油鼓劲，遇事举棋不定的时候能为你参谋献策，身临险境的时候能为你遮风挡雨，如此好友，哪怕仅有一个，也足矣！如果到老时能有几个时常聚首品品茶、喝喝酒，推心置腹地畅聊世间百态、人生冷暖的好友，这将是人生的一大幸事。朋友，应当诚意、正心地交，而不能趋利而交，否则，后患无穷。

---

① （唐）李白：《赠从弟宣州长史昭》，《李太白全集》，（清）王琦注，中华书局 2011 年版，第 529 页。

② （明）冯梦龙：《警世通言》，岳麓书社 2013 年版，第 5 页。

2. 言而有信

人无信不立。交朋友必须以信立足，以信行事。孔子说：“与朋友交，言而有信。”① “老者安之，朋友信之，少者怀之。”② 孔子把“信”作为“仁”的重要表现之一，要求“敬事而信”“谨而信”，“信”是交友的道德规范之一。曾子曰：“吾日三省吾身——为人谋而不忠乎？与朋友交而不信乎？传不习乎？”③ 曾参把“与朋友交而不信”作为自己时时反省的重要内容之一，时时提醒自己要有信于朋友，对待朋友以“信”为准绳，并以此作为做人处事的道德标准来要求自己。“信”成为古代着重提倡的道德规范之一，因此，古人十分重视“言善信”“一诺千金”的信用原则，践行“一言既出，驷马难追”的行为准则。

“一诺千金”来源于《史记·季布栾布列传》。

> 季布者，楚人也。为气任侠，有名于楚。项籍使将兵，数窘汉王。及项羽灭，高祖购求布千金。敢有舍匿，罪及三族。季布匿濮阳周氏。周氏曰：“汉购将军急，迹且至臣家，将军能听臣，臣敢献计；即不能，愿先自刭。”季布许之。乃髡钳季布，衣褐衣，置广柳车中，并与其家僮数十人，之鲁朱家所卖之。朱家心知是季布，乃买而置之田。诫其子曰：“田事听此奴，必与同食。”朱家乃乘轺车之洛阳，见汝阴侯滕公。滕公留朱家饮数日。因谓滕公曰：“季布何大罪，而上求之急也？”滕公曰：

① 杨伯峻：《论语译注》，中华书局2009年版，第5页。
② 杨伯峻：《论语译注》，中华书局2009年版，第51页。
③ 杨伯峻：《论语译注》，中华书局2009年版，第3页。

"布数为项羽窘上，上怨之，故必欲得之。"朱家曰："君视季布何如人也？"曰："贤者也。"朱家曰："臣各为其主用，季布为项籍用，职耳。项氏臣可尽诛邪？今上始得天下，独以己之私怨求一人，何示天下之不广也！且以季布之贤而汉求之急如此，此不北走胡即南走越耳。夫忌壮士以资敌国，此伍子胥所以鞭荆平王之墓也。君何不从容为上言邪？"汝阴侯滕公心知朱家大侠，意季布匿其所，乃许曰："诺。"待间，果言如朱家指。上乃赦季布。当是时，诸公皆多季布能摧刚为柔，朱家亦以此闻名当世。季布召见，谢，上拜为郎中。

…………

楚人曹丘生，辩士，数招权顾金钱。事贵人赵同等，与窦长君善。季布闻之，寄书谏窦长君曰："吾闻曹丘生非长者，勿与通。"及曹丘生归，欲得书请季布。窦长君曰："季将军不说足下，足下无往。"固请书，遂行。使人先发书，季布果大怒，待曹丘。曹丘至，即揖季布曰："楚人谚曰'得黄金百（斤），不如得季布一诺'，足下何以得此声于梁楚间哉？且仆楚人，足下亦楚人也。仆游扬足下之名于天下，顾不重邪？何足下距仆之深也！"季布乃大说，引入，留数月，为上客，厚送之。季布名所以益闻者，曹丘扬之也。[1]

季布屡败汉高祖刘邦。项羽灭亡后，刘邦发布巨额悬赏抓捕季布的通缉令："购求布千金。敢有舍匿，罪及三族。"在

① （西汉）司马迁：《史记》，中华书局1999年版，第2017—2111页。

如此重金诱惑和高压态势下，季布因为侠义心肠、为人讲信用，使得濮阳周氏、朱家、滕公舍弃巨额利益，冒着株连三族的风险为其藏匿、为其说情，终于“上乃赦季布”，还封以“郎中”的官位。在这个故事中，季布九死一生，最终因为讲信用，有侠义之心而免于死难，得到楚人盛赞：“得黄金百斤，不如得季布一诺。”

孔子说：“信则人任焉。”① 讲诚信就能得到别人的任用、信任。一个人讲信用，为人仗义，言出必行，遇到艰险困苦，也就有人肯挺身而出帮助化解苦难。因此，李白诗曰：“三杯吐然诺，五岳倒为轻。”② 男子汉大丈夫的诺言、诚信要重于五岳！如果你能拥有一个言而有信的朋友，你就等于拥有一座永远也采不完的金矿，你就是人间最富有的人。

3. 劝善规过

劝善，意思是勉励为善。规过，意思是规正过失。清代刘开《问说》中有言：“朋友之交，至于劝善规过足矣。”朋友间的交往，应该做到勉励、劝说对方去做好事，纠正对方的过失，使其不干坏事，这样就足够了。劝善规过，是中国传统友道精神的基本思想，是朋友的真正价值所在。有错误相互纠正，彼此向好的方向勉励，这才是真朋友。中国传统的友道精神是理性的、辩证的。《论语·颜渊》里有这么一段：“子贡问友。子曰：‘忠告而善道之，不可则止，毋自辱焉。’”③ 子贡问交友之道，孔子告诉子贡，尽我们的忠心好好劝导他，劝

---

① 杨伯峻：《论语译注》，中华书局 2009 年版，第 181 页。

② （唐）李白：《侠客行》，《李太白全集》，（清）王琦注，中华书局 2011 年版，第 190 页。

③ 杨伯峻：《论语译注》，中华书局 2009 年版，第 130 页。

说无果就不再勉强，适可而止。假如过度劝说，有可能会让自己反受其辱。孔子告诉我们，发现朋友有毛病、缺点，一要真心，发自内心诚挚地劝告；二要友善，从善良的愿望出发加以引导；三要注意方法，适可而止，不可勉强，要有一定的限度，不能用力过猛；四要有原则，以朋友能够接受、自己不自辱为原则。给朋友忠告，是为了朋友好，但不能仅凭自己良好的主观意愿，不看对象不顾情景，否则可能会适得其反，甚至自取其辱。我对此深有感触。我喜欢与人真诚交换意见，爱提意见和建议，不讳人说我好为人师。内心希望人家好，但心相通才好沟通，才会有效果。否则，多说无益。

但话说回来，无论别人怎么样，自己必须以忠待友，同时，在人生中我们也需要有自己的诤友，对你的为人处世敢于“品头论足”，对你的不足、缺点敢于“亮剑直刺”。如果身边有这样的朋友，你的人生将会减少许多失误，少走许多弯路。孔子曰：“昔者，天子有争臣七人，虽无道，不失其天下；诸侯有争臣五人，虽无道，不失其国；大夫有争臣三人，虽无道，不失其家；士有争友，则身不离于令名；父有争子，则身不陷于不义。”[1] 孔子的意思是说，从前，天子身边有七个直言相谏的诤臣，因此，纵使天子是个无道昏君，他也不会失去其天下；诸侯有直言谏争的诤臣五人，即便自己是个无道君主，也不会失去他的诸侯国地盘；卿大夫也有三位直言劝谏的臣属，即使他是个无道之臣，也不会失去自己的家园。普通的读书人有直言劝诤的朋友，自己的美好名声就不会丧失；父亲

① 胡平生，陈美兰译注：《礼记 孝经》，中华书局 2007 年版，第 267 页。

有敢于直言力争的儿子，就不会陷身于不义之中。一个人如果有可以劝诫他的诤友，他的一生就不会身败名裂。一个人在人生得意发达的时候最容易犯过失，这个时候如果有诤友，他一定会在你得意忘形时尽他的本分来劝告你。“士有争友”，不仅会让你“身不离于令名”，还会引领你事业走向成功。当然，这里的“友”，不仅限于普通的朋友，也可以以家人为友，以师为友，以领导为友，这样就处处有诤友。诤友之言哪怕逆耳，其必定是善意的，都将让你受益无穷。

几年前，我赴异地任职之前，一位尊敬的首长找我长谈，点出了我的不足和短板，为我今后的工作指明了方向。尽管我后来换了几个岗位，搬了几次办公室，但无论时空如何变化，我始终将那次与首长的谈话整理稿放在自己办公桌的中央抽屉里，时不时翻阅，重温领导的教诲。特别是遇到困惑的时候，细细品味领导的嘱咐，就又有了新的力量、新的办法、新的方向。哲人亚里士多德说：“吾爱吾师，吾尤爱真理。”一个导师给我物质上的关心、待遇上的优厚、职位上的提升，我当然是喜欢、高兴的。但是，这些有形的东西受时间、空间的限制，对个人的帮助是有限的，随着时间的推移也容易被消耗掉。只有导师教给我探索真理的思维和方法，引领我在艰难曲折的人生道路中不断修正错误、追求真理，这精神的力量是无限的，只要领会透并践行之，我就能够跨过一道道坎，越过一个个沟，达到人生胜利的彼岸，我将受益一辈子。也因此，导师给我有形的东西，我感恩；导师授我以“渔”，给我无形的东西，我更加感恩，而且感恩一辈子。导师似舵手，引领方向；真理像灯塔，永生追随。

中国人交朋友重视“忠告而善道之”，外国也如是。英国的培根在《论友谊》中关于“朋友的忠告”是这样阐述的：

正如友谊的第一种效用是能颐养和支配感情一样，友谊的第二种效用是能颐养和支配理智。因为友谊不但能使人走出狂风暴雨式的感情世界而步入风和日丽的春天，而且还能使人摆脱胡思乱想而进入理性的思考。这也不难被理解为仅仅是由于接受了朋友忠告的缘故。其实，在得到那种忠告以前，任何心里有许多想法的人，当他与另一个人交谈时，他的才智和理解力就会变得清朗而又细致；他就能更加容易地调动自己的思想，并使之更加井然有序；他就能看到当把这些思想变成言语时它们是什么模样；最后，他变得比从前的他更加聪明，因为一小时的谈话比一天的沉思更能给人以智慧。这一切都是毫无疑问的。地米斯托克利对波斯王说得好。他说：“言语犹如一块展开的花毯，其图案现露于外；而思想则犹如卷起来的花毯。”友谊的第二种效用，即启发理智，也不只局限于能给人以忠告的那种朋友（他们当然是最好的朋友）；一个人即使没有那种朋友，也能通过与他人交谈而增加自己的知识，把自己的思想暴露出来，像在石头上磨刀那样磨砺自己的才智，而石头本身却是不能切割的。总之，一个人与其让自己的思想窒息衰灭，倒不如向一座雕像或一幅图画倾诉自己的想法更好些。

为了全面地阐述友谊的这第二种效用，现在我们再来谈一谈更公开的、为普通人所能观察到的另外一点，那就是朋友的忠告。赫拉克利特在其晦涩难解的话语之一中说得好：“干燥的光永远是最好的东西。”毫无疑问，一个人从另一个人的忠告中所获得的光明比从他自己的理解力和判断力中所产生的光明更干更纯，因为后一种光明总是浸浴在他的感情和习惯中。因此，朋友提出的忠告与一个人的自我告诫是大不一样的，其差别有如朋友的忠告与奉承者的建议之间的差别一样，因为对一个人最有力的奉承者乃是其本人，而医治这种自我奉承的最好的药方就是朋友的畅所欲言。忠告有两种：一种是关于品行的，另一种是关于事业的。就第一种忠告而言，能使心灵保持健康的最好预防药是朋友的良言劝诫。一个人的严厉自责是一种有时过于猛烈、腐蚀作用过大的药物。阅读道德方面的好书，则有一点单调死板。在别人身上观察自己的缺点，有时与自己的情形不符。但最好的药方（即我认为最有效而且最易服用的药方）即是朋友的劝告。奇怪的是，我们可以看到许多人（特别是那种比较伟大的人）就是因为没有朋友给他们以忠告的缘故而犯了严重的错误，做出极其荒唐的事情，致使他们名声和财产均大受损伤。因为，这些人就像圣雅各说的那种人：他们“有时也照镜子，但过后不久便忘记了自己的容貌”。关于事业方面，一个人如果他愿意的话，就可以认为，两只眼睛并不见得比一只眼睛看到的更多；或者认为，局中人总是比旁观者看得更清；或者认为，一个发怒的人和一个能背诵出二十四个字母的人一样聪明；或者认为，一枝滑膛枪，托在肩上射击和支在一个架子上射击一样，都可以打得很准。他还可以有其他诸如此类的愚蠢而高傲的想法，以为无需他人帮助，光靠自己一个人就行了。但是归根到底，借助于忠告，人们就能使事业朝着正确的方向发展。倘若有人想接受别人的忠告，不过他愿意零星地采纳，即在某件事情上征求一下这个人的意见，在另一件事情上又征求一下那个人的意见，那也不错（也就是说，总比完全不征求别人的意见强）。但是，他这样做的话有两种危险：一是他将得不到忠言，因为除了真诚的朋友之外，很少有人会不屈从于其某些目的而进忠言的。另一种危险是，他所征得的意见将是有害的，不安全的（虽然用意是好的），这种意见既能消灾又能致祸。这就好像你生病去看医生，而这位医生虽然被认为能治愈你的病，但他却不了解你的身体情况，因此他可能把你目前的病治好了，而另一方面却又损害了你的健康。所以，他虽然治好了病，却又杀死了病人。但是，一个完全熟悉你情况的朋友则不然，他在推进你目前的某项事业时会小心注意，不给你在其他方面带来麻烦。因此，最好还是不要依靠零零星星的意见；它们与其说能使人拿定主意，并给人以指导，倒不如说会使人无所适从，并把人引入歧途。①



培根认为，友谊的第二种效用是能启发理智，启发理智借助的“那就是朋友的忠告”，忠告像“干燥的光永远是最好的东西”。“借助于忠告，人们就能使事业朝着正确的方向发展”。这里，培根说的“忠告”，基本等同于中国传统倡导的“劝善规过”。

① （英）F. 培根：培根论说文集，东旭等译，海南出版社 1995 年版，第 114—117 页。

4. 亲疏有度

自然科学告诉我们，大到宇宙天体，小至物质分子、微粒子，任何物质能正常运转，都必须与周边的物质保持合适的间距，才能按一定的轨道运行。物质如是，人的关系亦如此。《论语·里仁》篇中说：“事君数，斯辱矣。朋友数，斯疏矣。”① 意思是说，如果你有事没事总是跟在国君（领导）旁边，虽然表示亲近，但离自己招致羞辱就不远了；你有事没事总是跟在朋友旁边，虽然看起来亲密，但离疏远也就不远了。因此，无论对领导，还是对朋友，都要保持一定的距离，都不要亲密无间，即便是亲人，也要掌握好亲疏的分寸。无论是朋友，还是亲人，都不可能合二为一成为一个人，你不可能是他，他也不可能是你，因此，必须以平等、理性的态度来对待，尊重他们的选择，尊重他们的喜好，给彼此留一点空间，留一点余地。合得越紧，分得也越快，稍微保持一点距离，得到的反而是更深厚的友谊。“友如画竹终须淡，文似看山不喜平”。交朋友就要像画竹一样淡而不断，写文章就要像看山一样奇峰拔起，曲折跌宕。庄子说：“君子之交淡若水，小人之交甘若醴。君子淡以亲，小人甘以绝。”② 这里的“淡若水”不是如水之淡而无味，而是如水之淡泉涌不断细水长流。“小人之交甘若醴”，小人之交像美酒一样甘甜，却不是计长久，而是享一时之快得一时之利。所以君子“淡以亲”，君子之淡，淡之以真情实意，淡之以清流水深；小人“甘以绝”，小人之甘，却甘之以利，甘去则苦至，利断则情绝。三国时蜀相

① 杨伯峻：《论语译注》，中华书局 2000 年版，第 41 页。

② 陈鼓应：《庄子今注今译》下册，中华书局 2017 年版，第 594 页。

诸葛亮在《交论》说："势利之交，难以经远。士之相知，温不增华，寒不改叶，能四时而不衰，历夷险而益固。"[①] 这是说以权势和利益相交，是难以长久的。君子相交，应该是"温不增华，寒不改叶"，温暖的春天来了，纵使繁花似锦，也不凑热闹多开花；寒冬来临，经历了风霜困苦，仍如劲松不落叶，傲雪常青，历经考验，友谊将更加牢固。

朋友之间亲疏有度，关键在于要有平等和理性的心态。平等了，就会善待朋友，也善待自己；理性了，对朋友就不会有过多的要求，过高的期望。比如说，树高叶茂时，众鸟投林栖息，是否来者不拒？风吹雨打时，百鸟飞离，是否值得挽留哀叹？在人生低谷失意的时候，最好是尊重朋友的选择，不强求朋友为你做什么，听随君便，想留下就留下，想离去就离去。能留下与你共度艰难时光的才是值得你珍惜的挚友；离你而去的，即使以后回来了也只能投之以"淡"。这样，你朋友的内存将是高质量的、纯粹的，已过滤了不纯的材料。

史上流传着一个"君子之交淡如水"的佳话。唐贞观年间，薛仁贵尚未得志之前，与妻子住在一个破窑洞中，衣食无着落，多靠王茂生夫妇日常接济。后来，薛仁贵参军，在跟随唐太宗李世民御驾东征时，因其平辽战功显赫，被尊封为"平辽王"。一登龙门，身价百倍，前来王府送礼祝贺的文武大臣络绎不绝，可都被薛仁贵婉言谢绝了。他唯一收下的是普通老百姓王茂生送来的"美酒两坛"。一打开酒坛，负责启封的家丁大惑不解，因为坛中装的不是美酒而是清水！薛仁贵命

---

① 马黎丽、诸伟奇：《诸葛亮全集》，安徽文艺出版社 2012 年版，第 123 页。

令家丁取来大碗，当众饮下三大碗王茂生送来的清水。在场的人不解其意，薛仁贵说："我过去落难时，全靠王兄夫妇经常资助，没有他们就没有我今天的荣华富贵。如今我美酒不沾，厚礼不收，却偏偏要收下王兄送来的清水，因为我知道王兄贫寒，送清水也是王兄的一番美意，这就叫君子之交淡如水。"此后，薛仁贵与王茂生一家关系甚密。当你困难的时候走近你，雪中送炭给你温暖；当你富贵时不攀附你，像王茂生这样不趋利而交的朋友，才是真朋友，值得一生珍惜珍藏。薛仁贵成就功名后对百官络绎不绝的贺礼一概予以拒绝，却偏偏收下落魄时有恩于己的王茂生的两坛清水，并当众豪饮三碗，是对这份情谊的珍视。成功时不需要人抬轿攀附，不让投机钻营者围着转，却不忘旧情，交几个穷朋友老朋友，像薛仁贵这样不忘本色、不忘旧恩的好汉，才是真英雄。

此外，我们还应理性平等地对待朋友，先贤曾国藩给我们留了范例。曾国藩有一位幕友叫王湘绮，是湖南的才子，也是近代有名的大儒。有一次，曾国藩率领的湘军正和洪秀全的起义军作战，刚开始露出败相的时候，王湘绮就要请假回家。曾国藩知道他身为读书人胆子小，害怕这仗败了就不能归家了，也想让他回去，不过因为忙，没有立即批复他的申请。有一天晚上，曾国藩有事去找王湘绮，看见他正坐在房里看书，于是静静地站在他身后近半个时辰，王湘绮都没发现，曾国藩就悄悄地退出去了。第二天早上，曾国藩送了很多钱给王湘绮，又诚恳地安慰一番，让他立刻回家。有人问曾国藩为什么如此快速地让王湘绮回去，曾国藩说："王先生去志已坚，无法挽留了，朋友之道，不能勉强。尤其打仗的时候，胜败自己都没有把握，如何能保住别人?”再问何以知道王湘绮去志已坚，曾国藩说：“那天晚上去王湘绮那里，他正在看书，国藩就站在他身后他都未察觉，而且近半个时辰里王湘绮都没有翻过书，可见他不是在看书，而是在想心事，也就是想回家，所以还是让他回去的好。”

亲过密则生仇，爱过度则生恨。再好的朋友再好的关系，都应根据时间条件的变化做出调整，该亲的时候亲，该疏的时候疏，该离开的时候坚决离开。无论是在空间上，还是在时间上，都应该掌握分寸尺度。只有这样，才会防止朋友变成冤家、成为仇人，也能更好地保全自己。春秋末年的范蠡，深得越王勾践信任，曾献策助越王勾践复国，成功后即离越王而去，归隐商道。世人誉之：“忠以为国，智以保身；商以致富，成名天下。”而一样帮助越王勾践复国的文种，未听范蠡建言离开越王，终被越王所杀。两人功同而命运大异。随着时间空间的推移，朋友的思想、情感，以及人生的目标需求都在变化。以前志同道合，不等于永远志趣相投；有的可共患难，有的不可共享乐；有的常怀感恩记住朋友所做的点点滴滴；有的一旦自认为富贵高于朋友就对朋友不屑一顾，一脚踢开，可谓“蜚鸟尽，良弓藏；狡兔死，走狗烹”[1]。也因此，在人生路上会不断有新朋友出现、旧朋友离开，而能伴随着走完一生的老朋友也就极为难得。朋友聚散，纯属常理常态，不必为聚而甚喜，为散而大忧，有缘就聚，无缘就散，不必怨天尤人，一切让时间这个大师来分拣，大浪淘沙过后，留下的才是真朋

① （西汉）司马迁：《史记》，中华书局 1999 年版，第 1426 页。

友、好朋友，且行且珍惜。

5. 礼节不疏

中国素有“礼仪之邦”的美誉，中国人历来注重礼节。礼节是人和人交往的礼仪规矩。礼节往往从向他人表示敬意的仪式上表现出来，像点头致敬、鞠躬、握手等均属于礼节的各种形式。礼节是不妨碍他人的美德，也是自己行万事的通行证，应当通达践履。我国周朝就设有“九宾之礼”，这是我国古代最隆重的礼节，原是周朝天子专门用来接待天下诸侯的重典。周朝有八百个诸侯国，周天子按其亲疏，分别赐给各诸侯不同的爵位，爵位分公、侯、伯、子、男五等，各诸侯国内的官职又分为三等：卿、大夫、士，诸侯国国君则自称为“孤”。这公、侯、伯、子、男、孤、卿、大夫、士合起来称为“九仪”或“九宾”。周天子朝会“九宾”时所用的礼节，就叫“九宾之礼”。“九宾之礼”是极为隆重的：先是从殿内向外依次排列九位礼仪官员，迎接宾客时则高声呼唤，上下相传，声势威严。现在国家元首访问，放礼炮、检阅仪仗队，这是国家交往中举行的国礼。国与国邦交往需要礼节，人与人交往同样需要礼节，朋友之间的礼节不可少，正像俗话所说“人熟礼不熟”。

人的社会性需要讲“礼”。马克思主义认为，社会属性是人的本质属性，是指符合人类整体运行发展要求的基本特性，主要包括利他性、服从性、依赖性，以及更高级的自觉性等。古人说，人生而有欲，则不能无求；求而无度量分界，则不能不争；争则乱，故制礼仪以分之。也就是说，人有欲有求有争，必须制定礼仪加以区分限制。因此，人在社会中要讲礼。

首先，要明“礼”。《辞海》中对“礼”的解释是，“指中国古代的等级制度，以及与之相适应的道德规范和社会规范。”① 其一方面说的是政治上的等级制度，如封建社会上下尊卑君臣的“名位”；另一方面说的是伦理道德，包括孝慈恭顺敬和仁义等，通俗地说即良心、善心。如荀子所说：“水火有气而无生，草木有生而无知，禽兽有知而无义，人有气、有生、有知亦且有义，故最为天下贵也。”② 义即宜也，就是指在适当的时间、适当的地点做适合的事，即公平合适性。义也指人的道德规范，古人也称为“礼”。其次，要知道无“礼”无以立。古人说，“天地者，生之始也；礼义者，治之始也。”③ “故礼义也者，人之大端也。”④ “凡人之所以为人者，礼义也。”⑤《礼记·曲礼》：“夫礼者，所以定亲疏，决嫌疑，别同异，明是非也。”⑥ 孔子说：“非礼勿视，非礼勿听，非礼勿言，非礼勿动。”⑦ 古人于此多有论述。再次，要懂得“礼”无处不在，影响着社会生活的各个领域。正如古人所说：“道德仁义，非礼不成。教训正俗，非礼不备。分争辩讼，非礼不决。君臣、上下、父子、兄弟，非礼不定。宦学事师，非礼不亲。班朝治军、莅官行法，非礼威严不行。祷祠祭祀，供给鬼神，非礼不



---

① 辞海编辑委员会编：《辞海》，上海辞书出版社 1989 年版，第 4134 页。

② 楼宇烈：《荀子新注》，中华书局 2018 年版，第 156 页。

③ 楼宇烈：《荀子新注》，中华书局 2018 年版，第 156 页。

④ （西汉）戴圣：《礼记》，（元）陈澔注，金晓东校点，上海古籍出版社 2016 年版，第 708 页。

⑤ （西汉）戴圣：《礼记》，（元）陈澔注，金晓东校点，上海古籍出版社 2016 年版，第 1615 页。

⑥ （西汉）戴圣：《礼记》，（元）陈澔注，金晓东校点，上海古籍出版社 2016 年版，第 12 页。

⑦ 杨伯峻：《论语译注》，中华书局 2009 年版，第 121 页。

诚不庄。”[①] 社会处处有礼，人得处处讲礼、遵礼、守礼。

人立于社会需要有“节”。古人说“礼不逾节”。“礼”不能够违背“节”，“节”比“礼”更高一个层面。人失“礼”尚可原谅、可补救，而败“节”那就是大事，可能穷其一生都将无法挽救、无法改变。这里讲的节，主要指节度、气节、名节。如古人所说“好廉自克曰节”[②]，“士大夫莫不敬节死制者矣”[③]。节度，就是有节制，有约束，遵守社会共同的规范。如朋友聚餐，见到好吃的菜肴，你不能整盘端到自己面前独自占有享用，尽管没有明文规定说这样做不行，但自己必须有节制，控制自己的欲望。朋友小聚，更多的是为了叙叙旧，交流思想，有一个好的氛围，大家皆开心。如果你不照顾好大家的情绪，自己当“食霸”，只顾自己享用一番，没有节制自己，那你在朋友中估计不可能有好形象、好名声。气节，中华优秀传统文化最讲气节，如“三军可夺帅也，匹夫不可夺志也”[④]“人生自古谁无死，留取丹心照汗青”[⑤] 等，这些就是气节。习近平总书记指出：“我认为，高尚的气节是每一个领导者所应有的品质。没有气节，就没有了脊梁骨。”[⑥] 有了脊梁骨，才能成为大丈夫。方志敏烈士面对敌人的屠刀说：“你们只能砍下我的头颅，绝不会动摇我们的信仰！为了大多数人的利

---

① （西汉）戴圣：《礼记》，（元）陈澔注，金晓东校点，上海古籍出版社 2016 年版，第 14 页。

② 朱右曾：《逸周书集训校释》，商务印书馆 1940 年版，第 99 页。

③ 楼宇烈：《荀子新注》，中华书局 2018 年版，第 228 页。

④ 杨伯峻：《论语译注》，中华书局 2009 年版，第 93 页。

⑤ 夏延章主编：《文天祥诗文赏析集》，巴蜀书社 1994 年版，第 121 页。

⑥ 习近平：《摆脱贫困》，福建人民出版社 2019 年版，第 45 页。

益，可以牺牲自己的一切利益乃至生命。”革命先烈瞿秋白面对各种手段的利诱劝降，都严词拒绝，他对劝降者说：“人爱自己的历史，比鸟爱自己的翅膀更厉害，请勿撕破我的历史。”临刑前，他神色不变，坦然走向刑场，沿途唱《国际歌》与《红军歌》。到刑场后盘足而坐，回头微笑着对刽子手说“此地甚好”，高呼“中国共产党万岁”“共产主义万岁”等口号，饮弹洒血，从容就义。敌人可以消灭一个革命者的肉体，但是正如鲁迅先生指出的那样：“瞿秋白的革命精神和为党为人民的崇高品格是杀不掉的，是永生的！”联系现实，一些腐败分子人模而熊样，对群众威风凛凛，以上欺下；对敢于提不同意见的同志无所不用其极，为所欲为，甚至在公开场合信誓旦旦地说可以与不同意见者“单挑”“决斗”。一旦被组织审查，就像泄了气的皮球，瘫软在地，洋相百出，什么丑事、难为情的事、乱七八糟的事，都吐得一干二净，甚至杜撰事实诬陷他人。有了气节，才能有名节。名节，通俗地说，就是人过留名，雁过留声，政声人去后，民意闲谈中。镜不蒙尘可照人，人不染污可树威。像人民的好书记谷文昌那样，把人民当朋友，为群众尽心力谋利益，不是图轰轰烈烈的“显绩”，而是默默无闻地奉献，带领干部群众通过十几年的努力，在东山岛建成了一道惠及子孙的防护林，在老百姓心中树立了一座不朽的丰碑。也因此，老百姓才会先敬“谷公”，再敬祖宗。这是对“名节”最好的诠释。

礼节需要坚持尊重、遵守、适度、自律的原则。尊重，就是在交往中以相互尊重为前提，尊重对方，不伤害对方的利益，同时保持自尊；遵守就是遵守社会公德，守时守信；适度就是不卑不亢，有分寸；自律就是在尊重对方之前，检查自己的行为是否符合礼仪规范要求。

我们来看一下老子是怎么把握礼节的原则和尺度的。据《史记》记载，孔子问礼于老子，老子答曰：“君子得其时则驾，不得其时则蓬累而行。吾闻之，良贾深藏若虚，君子盛德，容貌若愚。去子之骄气与多欲，态色与淫志，是皆无益于子之身。”① 孔子辞别时，老子送之曰：“聪明深察而近于死者，好议人者也。博辩广大危其身者，发人之恶者也。为人子者毋以有己，为人臣者毋以有己。”② 老子告诉我们，讲礼节必须遵守朋友之间的规矩和秘密，友善对待朋友，不“好议人”、不“发人之恶”，就不会惹祸招难；必须摆正自己的位置，找准定位，不能没大没小，没有上下之别；必须遵循自然之道，顺道而行，“得其时则驾”，“不得其时则蓬累而行”；要谦虚自律，“去子之骄气与多欲”，即便有才有德，也必须做到“深藏若虚”“容貌若愚”，不摆谱，不炫耀自己，这样就有益于自己的身心。

值得注意的是，再好的朋友，都不是自己本身，朋友交往之礼节都不能疏忽。无数事实证明，友情加深在礼节，友情减薄也在礼节，适度的礼节是友情的催化剂，也是友谊的黏合剂。不注重朋友之间的礼节，即使是“金兰之交”，最后也将曲终人散，甚至走向反面。据《后汉书·樊宏列传》记载，樊宏系光武帝刘秀之舅。樊宏“每当朝会，辄迎期先到，俯伏待事，时至乃起。帝闻之，常敕驺骑临朝乃告，勿令豫到。

---

① （汉）司马迁：《史记》，韩兆琦译，中华书局 2008 年版，第 1318 页。

② （汉）司马迁：《史记》，韩兆琦译，中华书局 2008 年版，第 1068 页。

宏所上便宜及言得失，辄手自书写，毁削草本。”① 尽管樊宏是刘秀的长辈，但作为臣子的他始终敬畏皇帝刘秀，刘秀也因此更加敬重他。樊宏病逝，刘秀“谥为恭侯，赠以印绶，车驾亲送葬”。樊宏之举，乃不疏礼节的典范，但在现实生活中，也有很多反面的例子。如 2016 年韩国总统朴槿惠执政危机闹得沸沸扬扬，其中一个重要原因就是“闺密”干政。闺，指内部、内室，也指内门、小门。“闺密”，无论如何“密”，但它仅限于内部的，它只能私下以很小的通道在很小的范围内进行构建。无“闺”也无“密”，无“密”也无所谓“闺”。如果“密”走出了“闺”的区域，如崔顺实私情介入公权干政，公权姓公，终有一天将“密”公之于众，“密”也将不复存在，“闺”就自行垮塌，必将自食恶果；如果“密”结成朋党，成了为私利而互相勾结、排斥异己的利益集团，“密”膨胀过大，“闺”也装不下，结果要么是内部分化另起炉灶，要么是“闺”扩充变形成了社会的另类，将不被社会公德所容。最后“闺”被清除，朋友亦将自食恶果，如朴槿惠、崔顺实之“闺”导致她们遭受牢狱之灾而各自天涯。又比如，明朝宦官魏忠贤在熹宗朱由校在位期间，极受宠信，被称为“九千九百岁”，结党营私，排除异己，专断国政，以致人们“只知有忠贤，而不知有皇上”。思宗朱由检继位后，打击惩治阉党，治魏忠贤十大罪，命逮捕法办，魏自缢而亡，其余党亦被肃清。

任何稳定的物质都必须有合理的排列组合，稳定的结构秩

① （宋）范晔：《后汉书》，（唐）李贤注，中华书局 2012 年版，第 1121 页。

序。朋友间的礼节，就如物质的结构秩序。成为好朋友，必须遵循一套朋友共同认可且符合社会规范的礼节，遵礼而交，如车沿道而行，直至长远。

## 二、分清做事的三个层次

人的本质是社会性的实践。人们常说做人做事。能否做好人这个主体，取决于人这个主体改造客观世界实践的成效如何。做人，有多种表现形式，但主要表现在做事上。做事，是做人的外在表现形式，能反映出做人，在一定意义上也决定做人的成败。一个人什么事都不会做，或者说做不了什么事，成事不足，败事有余，不可能是一个成功的人、一个活得有意义的人。事能做好，人也就能做清楚；事做不好，也就难以做人或者说做不好人。因此说，做人，必须懂得做事，做成事、做好事。我们接到一个任务，碰到一个问题，是看着办还是想着办？是随意做，做到哪里算哪里，还是精心做，想好了谋划好了再做？是凭眼睛、凭手脚、凭感觉做，还是用心用智慧来做？是麻木蒙头干，还是探因知果干？做法不同，结果自然就不同。我们听过三个工人切砖的故事。三个工人在砌一堵墙。有人过来问："你们在干什么？"第一个人没好气地回答："没有看见吗？砌墙。"第二个人抬头笑了笑，说："我们在盖一幢高楼。"第三个人边干边哼着歌曲，他的笑容很灿烂："我们正在建设一个新城市。"10 年后，第一个人还在工地上砌墙；第二个人坐在办公室中画图纸，他成了工程师；第三个人呢，成为市政府议员。做事，不仅仅是为了做而做，为了完成任务而完成任务，不是满足现状应付地做，而应该有思考、有计划、有层次地做，全身心地投入用智慧去做，只有这样，才能高质量、高效率地完成任务。同时，自身也在做事中逐步提升境界，走入胜景。用心用智慧做事，最为典型也是愚最为推崇的范例，就是中央政治局原常委、全国政协原主席李瑞环。他家境贫寒，只断断续续上了 6 年学，却凭着吃苦耐劳、勤奋好学、勇于钻研的精神，从一个普通的木匠一步步成长为党和国家的领导干部。这样的榜样值得人们学习、敬重。



我们做事，就是要去劳动创造。劳动是人类在自然界和社会中有意识地从事的创造性的过程。马克思认为，现实的人要想生存，就必须进行现实的劳动。现实的劳动既是人满足生存的手段，又是人塑造自我的手段。人在自身的劳动中，在外化、异化的过程中不断扬弃自身，再重塑自身，实现人向更高层次自我的飞跃，从而使人自身不断发展和进步。人与动物最本质的区别在于人能够有创造性地劳动，而动物只能按照自己的尺度被动地进行生产。创造性的劳动才能塑造自由全面的人。因此，我们做任何事情，必须是头脑与双手共同参与的创造性劳动，必须坚持做事的三个层次。

### （一）问因果

问因果就是遇事必探究其原因，预测其结果，分析因果关系，明白为什么要做，这是做事情的第一要务。

古语云“种瓜得瓜，种豆得豆”，是说凡物有起因，必有结果。马克思主义经典哲学认为：任何事物都不是孤立存在的，世界上的一切事物都处于普遍联系之中。事物的联系不仅是普遍的，而且是无限多样的，有内部和外部联系，有主要和次要联系，有主观和客观联系等。不同的联系对事物发展起着不同的作用。在纷繁复杂多样的联系之中，因果联系则是人们极为常见的一种联系，是自然界多种现象之间普遍的和基本的一种联系。原因与结果，是唯物辩证法的范畴，是客观事物普遍联系和相互作用的形式之一。原因，指引起一定事物的另一事物；结果，是由原因的作用而产生的事物。任何事物都有它产生的原因，任何原因都必然引起一定的结果。由原因和结果构成的联系就是因果关系。

原因和结果是一种既对立又统一的矛盾关系，二者既相互区别又相互联系。

1. 二者是对立的

这主要表现为：（1）二者含义不同，各自的界定有严格的划分。（2）它们出现的时间顺序不同，原因总在前，结果总在后。俗话说“无风不起浪”，刮风引起浪涛滚滚，刮风在前，起浪在后，风浪之间存在一种因果联系。比如说，春播秋收，有播种，才有收获，播种在前，收获在后。又比如说，“虚心使人进步、骄傲使人落后”，“虚心、骄傲”是原因，在前；“进步、落后”是结果，在后。“谦受益、满招损”亦如此。（3）二者的地位不同，原因和结果是引起和被引起的关系，原因总是处于主动地位，结果总是处于被动地位。原因导致和决定结果，是事物产生和发展的固有规律。因此，唯物辩证法的观点更加注重原因的重要性、主导性、决定性。事物的现象和结果是任何人都能看得到的，但为什么会出现这种现象、这个结果？要真正弄清楚这个问题，做到“知其所以然”，只有追根寻源，从客观事实和规律中，寻找事物产生和发展的原因及变化的根据。既要翔实的调查，还要严谨的思考和推理，才能明白为什么会出现这个结果，究竟是什么原因导致了这个结果，才能懂得如何趋利避害，争取好的结果，避免坏的结果。

2. 二者又是统一的

这主要表现为：（1）原因和结果相互依存，有因必有果，有果必有因。如人们常说的“善有善报，恶有恶报”，积德从善，就有福报；损德为恶，就有灾祸；善恶相依，福祸相连。也如荡秋千，向前用力越大，往后就回荡得越高；向后使力大，往前也就回荡得高，反复如是。有用力大小之因，必有荡的高低之果；有荡的高低之果，必有用力大小之因。（2）二者在一定条件下可以相互转化。这又包括三种情况：①在一种关系中是原因，在另一种关系中却是结果，如在“工业废物→环境污染→身体健康”的关系中，环境污染，在前一关系中是结果，在下一条件关系中则变成了原因。再如在“学习成绩差→高考落选→文凭学位低”的关系中，高考落选，在前一关系中是结果，在下一个条件关系中就变成了原因。②在同一关系之中，两种现象互为因果。如生产和消费，只有产出满足人们需求的商品，才能被消费；也只有消费掉产出的商品，才能实现企业的扩大再生产。③一个结果往往由多种原因共同决定，一个原因也会产生多方面的结果。比如说房价高，既有市场供求等原因，又有政策、金融资本等原因。再比如说，银行调整存贷款利率，就会在市场供求、价格、生产消费等多方面产生结果。

辩证地分析事物的因果关系，承认因果联系的客观性，分析存在和发展的不同原因及其产生的不同结果，可以增强人们活动的自觉性、预见性和调控性。原因决定结果，分析原因是正确认识事物的基础，也是解决问题和难题的关键。遇事情，做决策，解难题，既要找客观事物外部的原因，更要查找内部的原因，查找自身的思想、方法等内因，凡事都要先问个为什么，不仅应知其然，还应知其所以然，真正弄清楚哪个是事物产生的根本原因、哪个是主要原因、哪个是次要原因，哪个是直接原因、哪个是间接原因，哪些是起主导作用的原因、哪些是起不到多大作用的原因。内因和外因对一事物的产生和发展分别起了多大作用，有多少好作用、多少坏作用，是怎样起作用的。弄清楚因果关系的作用，这才是解决矛盾和问题的唯一正确的途径或出路。决不能一知半解，处于云里雾里、半梦半醒之间。不能正确地认识事物和事物产生发展的因果关系，就会被事物的结果所迷惑而不知所措，成为必然的奴隶，盲目地做一些对抗结果的蠢事。工作中遇到不好的结果或者坏的结果，必须找到原因，并努力改变原因，通过改变原因，从而改变结果，而不是愚蠢徒劳地对抗无法改变的坏结果，头痛医头，脚痛医脚。但在现实中，有的人想到哪里做到哪里直接要结果；有的直接定题目，出文件、出制度、出举措，而不作调查、不进行原因分析；有的出了问题不想从原因入手并改变之，而是只想就结果论结果，麻木地改变结果。此类忽视因果关系的现象仍大量存在。许多人在工作中出了问题，习惯于不停地翻工，不断重复地改结果，比如楼盖歪了就想着推倒重来，而不习惯一出问题就找原因、找症结，因此走了许多弯路，费了许多不必要的人力物力。一些人在个人职业发展方面也是重结果，尊崇“有奶就是娘”，一旦个人发展上有挫折，往往是不分青红皂白地怨天尤人。比如说，有的人在单位不受重视，一时没有被提拔重用，不是认真查找原因总结经验，而是去找领导又吵又闹，发牢骚讲怪话。这种做法根本就无济于事，不但起不了作用，还影响形象。人的成长进步有方方面面的因素，有主观原因，也有客观原因，往往是主观原因起决定作用。因此，个人进步不顺畅或受影响，应先找主观原因，检视自身存在的问题和缺点，并认真地改进，之后再查找外界的客观原因和问题。对待客观的原因和问题，要抱着平常心积极地应对，做到“尽人事而听天命”。

总之，由于任何事物都处于因果联系的链条之中，原因决定结果，这就要求人们要正确把握事物之间的因果联系，经常总结成功的经验，吸取失败的教训，探因求果、知果查因，找出症结所在，避免犯同类性质的错误。

古人说“凡事预则立，不预则废”。凡事都要早谋划，弄清楚事物产生发展的前因后果，找到符合事物发展规律的途径和方法，向预想预设的方向推进，从而到达理想的目的地，取得预期的结果。这是唯物主义世界观的思维，是最实用的道理。

## （二）明本末

明本末就是要善于抓主要矛盾和矛盾的主要方面，抓住事物的要害，突出做什么，这是战略问题。

“本”字，《辞海》中的解释有草木的根、事物的根源或根基、重要的、中心的等意思，如，“溯本穷源”“君子务本，本立而道生”。这里讲的“本”，与“末”相对。“末”字，《说文解字》注曰：“末，木上曰末。”①《辞海》中解释的意思有树梢、终了、末业、碎屑、不是根本的、不重要的事情、微不足道的等意思，如“刀锥之末”“舍本逐末”“本末倒置”。“本末”一词，主要指树木的根和梢，比喻事物的根源和结局。《礼记·大学》：“物有本末，事有终始。”引申为主次、先后。

“本”与“末”是中国古代哲学的一对范畴。中国历史上对农工商诸经济做了划分，民以食为天，认为农业重要，定为“本”；工商业为次，定为“末”。东汉末王符主张：“夫富民者，以农桑为本，以游业为末；百工者，以致用为本，以巧饰为末；商贾者，以通货为本，以鬻奇者为末。”② 尽管中国不同的历史时期对经济有不同的认识和划分，但都把“本”“末”作为一对范畴，某业为重，某业为轻。如强国富民，“以农桑为本”，为重；“以游业为末”，为轻。在某行某业中亦有轻重之别，如在商贸业，“以通货为本，以鬻奇者为末”，应以交换流通搞活市场为本，以囤聚奇货异物贩卖奢侈品为末。这里已不再把“本末”概念用作农工商的代称，而是看作一对哲学范畴。在强国富民的各种矛盾中，“以农桑为本，以游业为末”，这里“以农桑为本”，“本”是主要矛盾；“以游业为末”，“末”是次要矛盾。在商贸业的矛盾的各个方面，

① （汉）许慎：《说文解字》，中华书局2013年版，第114页。

② （汉）王符：《潜夫论》，张觉、尤婷婷、杨晶校注，岳麓书社2021年版，第15页。

"以通货为本，以鬻奇者为末"，这里"以通货为本"，即"本"是矛盾的主要方面，"以鬻奇者为末"，即"末"是矛盾的次要方面。

唯物辩证法认为，在事物或过程的多种矛盾中，各种矛盾的地位和作用是不平衡的。在事物发展的任何阶段，必有而且只有一种矛盾居于支配的地位，起着规定或影响其他矛盾的作用。这种矛盾就是主要矛盾。其他矛盾处于被支配地位，则是非主要矛盾，属于次要矛盾。在古代中国农耕社会，主要依靠农业来发展经济，"农桑"在强国富民诸矛盾中居于支配地位，属于主要矛盾；"游业"等处以被支配地位，属于次要矛盾。由于事物的矛盾体系中各种矛盾的力量会发生消长变化，有些矛盾激化了，有些矛盾缓和了，有些矛盾解决了，又有新的矛盾产生了，原来的主要矛盾下降为非主要矛盾，非主要矛盾上升为主要矛盾，从而使事物的发展过程呈现出阶段性。比如，人在校读书求学阶段，应以求知为主，求知处于支配地位，属于主要矛盾；勤工俭学等其他方面的需求属于次要矛盾。步入社会参加工作，工作成了主要任务，就应该以工作为重，解决工作中的问题成了主要矛盾。当然需要在工作中坚持学习，学习也是为了解决工作中的问题，为了更好地工作，但相对而言，学习就降居次要的地位。在事物矛盾体系中，非主要矛盾虽然受主要矛盾的支配和规定，但它并不是消极被动的因素，也可以影响和制约着主要矛盾。人在工作中，读书学习不是主要任务，求知不是主要矛盾，但却影响着工作的质量和效率，技术高本领大，工作成效就好，反之，工作成效就差。主要矛盾和次要矛盾是相互依赖、相互影响，并在一定条件下互相转换。不论是主要矛盾还是次要矛盾，每一矛盾中的两个方面的力量又是不平衡的。其中必有一方处于支配地位，起着主导作用，而另一方则处于被支配地位。前者是矛盾的主要方面，后者是矛盾的次要方面。事物的性质是由主要矛盾的主要方面决定的。矛盾的主要方面与次要方面既互相排斥，又相互依赖，并在一定条件下相互转换。

主要矛盾和非主要矛盾相互关系的原理具有重大的方法论意义。它告诉人们在观察和处理任何事物或过程的诸种矛盾时，必须善于以主要精力从多种矛盾中找出和抓住主要矛盾，明确主要的任务，从而把握工作的中心环节。当矛盾的主次地位发生了变化，事物的发展进入新的阶段时，要善于找出新的主要矛盾，及时转移工作的重点。此外，还要把事物或过程的主要矛盾和非主要矛盾作为一个有机的体系予以统筹兼顾，发挥它们之间相互促进、相互制约的作用，以推动事物的发展。这些都是进行一切实践活动的重要方法。古之圣人就善于抓主要矛盾。《论语》中有这么一则对话：子贡问政。

> 子曰："足食，足兵，民信之矣。"子贡曰："必不得已而去，于斯三者何先？"曰："去兵。"子贡曰："必不得已而去，于斯二者何先？"曰："去食。自古皆有死，民无信不立。"①

在礼崩乐坏的春秋时代，孔子认为治理国家，应以抓民心建设为主要矛盾，让统治者依靠老百姓、信任老百姓，老百姓信任统治者，这比粮食的富足、武器军备的先进更加重要。

---

① 杨伯峻：《论语译注》，中华书局2009年版，第124页。

“民信之”是主要矛盾，“足食”“足兵”是次要矛盾。

集中力量找主要矛盾，解决主要矛盾，抓重点，抓典型，这个道理明白易懂，真要做到却十分不易。社会生活千头万绪、错综复杂，人们往往被一些日常事务牵着鼻子走，被动应付，辛苦忙碌而收效甚微，工作局面难有大的突破。一方面原因，是乱花渐欲迷人眼，人们难以分清主、次要矛盾，看不清问题中什么是主要的、起决定性作用的因素，什么是次要的、处于服从地位的因素；什么是短期起作用的因素，什么是长远起作用的因素。另一方面原因，是“三天打鱼、两天晒网”，没有集中力量解决主要矛盾。人们虽能分得清主、次矛盾，但在实际工作中没有集中精力抓，或者抓而不紧，没有持之以恒朝着既定的目标前行。比如说，在人生漫长的过程中，生存是人的主要矛盾。马克思指出：“我们首先应当确定一切人类生存的第一个前提，也就是一切历史的第一个前提，这个前提是：人们为了能够‘创造历史’，必须能够生活。但是为了生活，首先就需要吃喝住穿以及其他一些东西。因此第一个历史活动就是生产满足这些需要的资料，即生产物质生活本身。”① 马克思告诉我们，一切人类生存的第一个前提，必须能够生活。马斯洛把人的需求分成生理需求、安全需求、爱和归属感、尊重和自我实现五类。在人的一切需求中，首要的是人的生理需求，是人能够生存必须满足的需要。我国儒家的“民以食为天”，道家的“遵道贵生”，都把人的生存作为“天下贵”。包括现在人们常说的“生命”是“1”，其他一切都是

① 马克思，恩格斯：《德意志意识形态》，《马克思恩格斯选集》第一卷，人民出版社 2012 年版，第 158 页。

"0"，没有了生命，人的一切都是"0"。无论世事如何变化，无论生在何处长在何地，无论为谁忙碌为谁辛劳，生命的存在意义都不变。我在故我能，有生命，才可以创造生命之外的一切。尽管人们都知道生命的重要，生存是人生过程的主要矛盾，但是，为了获得名利、金钱、财货，肆意地违背人的生活规律，消耗健康、消耗生命，甚至付出生命的代价，在现实社会中还是大有人在。人们常常有健康问题，但总是好了伤疤忘了痛，病治好了又忘乎所以了。生存、生命，应该是每个人都要终生重视的，并要终生为之努力的人生根本课题、中心课题，在生活中应该摒弃肆意伤害生命的一切举动。生命只有一次，生存最为重要，愿世人清醒，关爱生命，关爱你我。

当然，现实社会是复杂多变的，人们有时知道面临的主要矛盾和问题，但是受条件的限制，一时也解决不了。这种情况也是时常有的。对此，必须以实事求是的态度，科学地予以面对。第一，紧盯解决主要问题、主要矛盾的目标不变，意志决心不变，要有不达目的不罢休的意志品质。第二，退而求其次，先选择自己能做的事、能解决的问题，尽自己最大努力去做。比如说，立功、立德做不了，可以先从立言开始。又比如说，一个人走到生命的尽头时，没有机会再为社会做贡献了，但可以选择捐献自己的所有，如捐赠遗体器官。第三，应有利于人，至少不伤害人。解决问题矛盾，是需要付出代价的。因此，在受条件限制解决主要矛盾困难重重的时候，每一步行动都要多方面评估，防止得不偿失。无论解决什么问题矛盾，都是为了人们更好地生活，不是为了解决而解决。解决矛盾和困难，必须是科学地考量和统筹，从整体利益上把握是否可行，争取以最小的代价取得最大的效果，最好是既利人又利己，切不可做“赔了夫人又折兵”的蠢事。比如，为了自己升官发财而踩踏作践别人，为了上项目搞建设而不顾人们的利益，为了发展速度而不以人为本，等等，这些都是不可取的。

总之，在处理复杂问题时，首先要集中力量解决主要矛盾，也就是常说的抓重点。同时，次要矛盾也不可忽视，必须做到统筹兼顾，恰当地处理次要矛盾，做到“两点论”和“重点论”的统一。所谓两点论，就是在认识复杂事物的发展过程时，既要看到主要矛盾，又要看到次要矛盾；在认识某一种矛盾时，既要看到矛盾的主要方面，又要看到矛盾的次要方面。所谓重点论，就是在认识复杂事物的发展过程时，要着重把握它的主要矛盾；在认识某一种矛盾时，要着重把握矛盾的主要方面。比如说，根据上级安排，今天任务就是参加兄弟单位关于人与人关系的工作业务交流，那么今天的主要工作、主要矛盾就是参加工作业务交流，其他的事情如吃饭、乘车、礼节等，都是次要的、都是次要矛盾；在参加工作业务交流中，人与人的关系是今天工作交流的主要方面，属于今天要解决的矛盾的主要方面，其他交流像单位基本情况、人员介绍等，是次要方面，属于今天要解决的矛盾的次要方面；今天的工作重点就是参加工作交流，突出人与人关系的交流。明白了这些，交流才会更加有成效。因此，看问题，办事情，做决策，要坚持矛盾分析法，注意具体问题具体分析，既要全面统筹，又要善于抓住重点和主流，“学会弹钢琴”，做到“本宜重，末亦不可轻”。

### （三）知道技

知道技就是要掌握规律性和技术性的问题，解决怎么做，这是战役问题。

“道”字的最初意义是道路，后来引申为做事的途径、方法、本源、本体、规律、原理、境界、终极真理和原则，等等。这里讲的“道”，主要指法则、规律、终极真理。如《韩非子·解老》：“道者，万物之所然也，万理之所稽也。”[①] 把“道”理解为万物产生、变化的总规律。《周易大传·系辞上》说“一阴一阳之谓道”，这个“道”又是指基本规律。《春秋左传》中说“天道远，人道迩，非所及也”，“天道”即天之道，特指与天象有关的自然规律。“技”，是指劳动实践中的技能与巧练，主要意思是法技、技艺、本领、手艺、技能。“道”属于事物的本质和规律，对“技”的实践具有指导意义。“技”具有实践意义，受“道”主导，但“技”娴熟了可通“道”。“道”的修炼往往依托于“技”的修炼理论，如《庄子·养生主》中所说：“道也，进乎技矣。”即“道”是从“技”上进一步总结升华出来的，超过“技”。庄子以“庖丁解牛”为例，对此作了生动的诠释。

> 庖丁为文惠君解牛，手之所触，肩之所倚，足之所履，膝之所踦，砉然响然，奏刀騞然，莫不中音。合于《桑林》之舞，乃中《经首》之会。文惠君曰：“嘻，善哉！技盖至此乎？”

---

① （战国）韩非子：《韩非子》，岳麓书社 2015 年版，第 54 页。

庖丁释刀对曰："臣之所好者，道也，进乎技矣。始臣之解牛之时，所见无非牛者。三年之后，未尝见全牛也。方今之时，臣以神遇而不以目视，官知止而神欲行。依乎天理，批大郤，导大窾，因其固然，技经肯綮之未尝，而况大軱乎！良庖岁更刀，割也；族庖月更刀，折也。今臣之刀十九年矣，所解数千牛矣，而刀刃若新发于硎。彼节者有间，而刀刃者无厚；以无厚入有间，恢恢乎其于游刃必有余地矣，是以十九年而刀刃若新发于硎。虽然，每至于族，吾见其难为，怵然为戒，视为止，行为迟。动刀甚微，謋然已解，如土委地。提刀而立，为之四顾，为之踌躇满志，善刀而藏之。"

文惠君曰："善哉，吾闻庖丁之言，得养生焉。"①

庖丁给文惠王宰牛。手所接触的地方，肩膀所倚靠的地方，脚所踩的地方，膝盖所顶的地方，哗哗作响，进刀时豁豁地，没有不合音律的。合乎《桑林》舞乐的节拍，又循着《经首》乐曲的旋律。文惠王看着说："嘻，好啊！你解牛的技术怎么会高超到这种程度啊？"

庖丁放下刀回答说："臣之所好者，道也，进乎技矣。"庖丁所追求的，是解牛规律，已经超过一般的技术层面了。庖丁向文惠王讲述他从"技"进到"道"的三个阶段：第一阶段，刚开始解牛时，"所见无非牛者"，看到的牛是牛，是有血有肉有筋有骨的整体的牛；第二阶段，三年之后，"未尝见全牛也"，他看到的不是全牛，而是牛内在的肢骨结构；第三

① 陈鼓应：《庄子今注今译》上册，商务印书馆 2007 年版，第 116—117 页。

个阶段，他“以神遇而不以目视，官知止而神欲行”，他不再用眼睛看牛，不需要感官直接感知，而是脑中有了一幅牛的解剖图，非常清楚牛的胫骨、架构、缝隙厚薄，熟练掌握了解牛的规律，“以无厚入有间，恢恢乎其于游刃必有余地矣”，因此不需要硬砍断骨头，不需要强行割断筋肉，只用很薄的刀刃插入有空隙的骨节，做到游刃有余。也因此，“今臣之刀十九年矣，所解数千牛矣，而刀刃若新发于硎。”庖丁一把刀用了十九年，宰了数千头牛，刀刃还像刚从磨刀石上磨出来的一样，而不像那些只懂得一般宰牛技艺的师傅一个月或一年就要换刀。庖丁解牛的第一阶段、第二阶段，均属于“技”的层面，“技”是基础，是解决吃住穿等生活问题的谋生手段，像一般的宰牛师傅也只能解决谋生问题。经过了第一阶段、第二阶段修炼之后，以“技”见“道”，掌握了解牛的规律性，“以神遇”达到了“道”的高度，故游刃有余，工作如陶醉在舞蹈和音乐之中，悠然自得，达到身心的自由愉悦，“为之踌躇满志”。

以“技”通“道”，以“道”统“技”，解牛如此，为人处世也如此，生活亦如此。“所见无非牛者”，见山是山，见水是水，对人处事首先要观察其相貌言行，看事物的表象，未经过理性加工的，如人们常常说的“第一印象”“第一感觉”，见到的是原样原貌，尝到的是原汁原味。我们生活，衣食住行，柴米油盐酱醋茶，日复一日，生活就是如此的简单真切，抬头看天，月亮还是那个月亮，星星还是那颗星星。“未尝见全牛也”，见山不是山，见水不是水，通过听其言察其行，透过事物表象看清事物本质，了解事物的机理和结构要素等内在的品质和规律。这就如人在 X 光的透射下，就能看清人体器官之间的联系及运行规律，人在机器面前就不是原来意义的人了。我们回观自己，年复一年，柴米油盐酱醋茶，还是那个柴米油盐酱醋茶，但现在享用的感觉可能就不同从前的感觉，这不是柴米油盐酱醋茶本身有什么不同，而是自己的生活品质不同了，追求的人生意义变化了，今天的你已不是昨天的你，你对柴米油盐酱醋茶的理解感悟就因此不同了。正如马克思说："饥饿总是饥饿。但是用刀叉吃熟肉来解除的饥饿不同于用手、指甲和牙齿啃生肉来解除的饥饿。"[①] 对于用手、指甲和牙齿吃生肉解除饥饿的人来说，任何能充饥的自然物都是食物，所谓饥不择食，只要能充饥饱腹就行，只注重事物的体和量。而对于用刀叉吃食物解除饥饿的人来说，不仅注重食物的体和量，还更加重视食物是否满足自身需要的色香味以及营养成分，所看到的就不仅仅是食物本身，还有内在的品质属性。"以神遇"牛，见山还是山，见水还是水，从掌握事物的本质规律来正确地对待事物，实事求是地处理事物，因地制宜地发展事物，如中医看病人"以神遇"，"望而知之谓之神，闻而知之谓之圣，问而知之谓之工，切脉而知之谓之巧"，通过望闻问切这四诊方法和掌握疾病症状与人体机体脏腑之间的内在本质的联系，"视其外应，以知其内脏，则知所病矣"，看的还是人，但能知晓其五脏六腑及其疾病，从而做出辩证论治。一个人真正明白了生活的本质和意义，乐于道，安于贫，一箪食，一瓢饮，在陋巷，人不堪其忧，己亦不改其乐，真正还原

---

① 马克思：《〈政治经济学批判〉导言》，《马克思恩格斯选集》第二卷，人民出版社 2012 年版，第 692 页。

到了以人为本。比如一个人得了一场大病之后，大难不死的大彻大悟：以人为本！看世界万物都是美的，吃任何东西都是香的，珍惜还能看到这世界的时光，珍惜还能享用这世界万物的机会，善待他人，善待自己。

“朝闻道，夕死可矣。”① “道”是古人追求的最高境界。人们在现实生活中需要力求得“道”，学会以“道”驭之，以“道”正之，是谓“圆方之门户”。力求得“道”，像庖丁解牛“以神遇”，达到精神上的自由和愉悦。以“道”驭之，就是以道而行、因道而变，以阴阳御其事，以达到神通。像《鬼谷子》中所记载那样：“捭阖之道，以阴阳试之。故与阳言者，依崇高。与阴言者，依卑小。以下求小，以高求大。由此言之，无所不出，无所不入，无所不可。可以说人，可以说家，可以说国，可以说天下。为小无内，为大无外。益损、去就、倍反，皆以阴阳御其事。”② 意思是说，关于开放和封闭的规律都要从阴阳两方面来试验。因此，给从阳的方面来游说的人，按崇高的原则引导对方；而给从阴的方面来游说的人，按卑下的原则引导对方。用卑下来求索微小，以崇高来求索博大。由此看来，没有什么不能出去，没有什么不能进来，没有什么是办不成的。用这个道理可以游说人，可以游说家，可以游说国，可以游说天下。要做小事，要进入无限微妙的境界；要做大事，要进入无限广大的境界。所有的损害和补益、离去和接近、背叛和归附等等行为，都是在阴、阳的变化中运行的。以“道”正之，就是对人务求真心诚意，无须繁文缛节，

---

① 杨伯峻：《论语译注》，中华书局 2009 年版，第 36 页。

② 陈蒲清：《鬼谷子详解》，岳麓书社 2005 年版，第 7 页。

以正道打通心灵，一举一动便能心领神会，高山流水听到知音如俞伯牙、钟子期，千斤之重能共同担当如桃园结义刘备、关羽、张飞三兄弟，彼此心投意合，深相结托而忘形，以致神交。

## 三、人的平衡法则



### （一）类存在平衡法则

现实的人是个体与类（具有某种相同性质的实体的集合体，如人们常说“物以类聚”）的统一。类是个体存在的现实前提，个体是类的具体存在形式。自然的存在、自由的存在、社会的存在、劳动的存在、历史的存在，是人之为人的现实前提，是个体的类本质、类前提。马克思认为，现实的人是自然人，是自然存在物。人本身是自然的产物，是自然界的一部分，既要依靠自然而生存，又要立足自然而发展，但又不同于自然，这就是人的自然维度。比如说，人源于自然，具有趋乐避苦、七情六欲等自然属性，但人又不能依自然属性而任性，凭自己的欲望为所欲为、自不量力。现实的人是自由人。马克思曾说过：“一个种的整体特性、种的类特性就在于生命活动的性质，而自由的有意识的活动恰恰就是人的类特性。”①自由是人类所固有的东西，人类产生以来，自由就成了一个永恒的追求，它渗透人类生活的各个方面，是人性最为渴望的东

① 马克思：《1844 年经济学哲学手稿（节选）》，《马克思恩格斯选集》第一卷，人民出版社 2012 年版，第 56 页。

西。从来没有人反对自己的自由，最多也只是反对别人的自由。卢梭说：“人是生而自由的，但却无往不在枷锁之中。”人的自由是相对的，处在普遍的“联系”之中，有“联系”就难免会受到“限制”——有朋友了就要遵循朋友之道，成家了就有家的约束，人的自由维度就是如此。人可以放开自己想象的翅膀，在思想的天空尽情地翱翔，但不能想到什么就做什么，想去哪里就去哪里，想到什么就说什么，不能天马行空、口无遮拦。现实的人是社会人，是社会存在物。亚里士多德说：“人类生来就有合群的性情。”人是特殊的社会动物，人之为人的根本是因为人是社会存在，社会性是人类特有的本质，也是人类最主要、最根本的属性，人的存在具有社会维度。比如说，有家、有父母才有人，人一出生就在社会大家庭中；不管是融入社会还是逃避社会，人都要依靠社会的资源而生存，任何人都不可能处在真空之中与世隔绝，孤家寡人地独自生存。人是劳动人。人是一种从事劳动的、从事感性活动的存在物，劳动是人改造自然界的活动以及人的自我对象化、自我实现活动的统一。人的第一个历史活动就是生产满足衣、食、住等所需资料的活动，人为了生存，必须永不终止地劳动，人在自身的现实劳动中改变自然、社会和人自身。没有人能离开劳动而生存。劳动创造人，人之为人是在劳动中实现，在劳动中完成的，必须“劳其筋骨”。劳动是人的存在方式，劳动是人自身的实现，劳动是人的现实存在维度。现实的人是历史的人。现实的人是有前提的，每一代人都是在前人劳动的基础上而存在，以前人的劳动为条件进行劳动的，任何人的劳动都不是从抽象的自身开始的。人在历史中劳动，在历史中生存发展，人类活动的这种不断继承和创新则形成了整个人类社会的历史，因此也说“一切历史都是当代史”。人创造着历史，历史发展着人。历史是人的历史，人是历史的人，历史是人的现实存在维度。比如说，每个人必须在父母的历史条件下诞生，自己天然地成了历史中的人物，而父母也有父母的历史，每个人生存发展都要靠自己去创造，自己书写自己的历史。

人类自产生以来，始终是以这五个维度的辩证统一为基本状态存在着的。也就是说，每一个个体的人都必须具备并维持人的自然存在，都必须能够产生自由的人的意志，都必须在一定的社会环境中生存和生活，都必须通过一定的劳动实现自身，都一定是在历史条件和环境下成长和发展的。现实的人通过这五个维度构建自身，同时这五个维度又是实现人存在的五个必要的现实条件，离开了其中任意维度，人都是片面的人，都不可能成为现实的人。人的五个维度，如人的五个手指，缜密谋事必须一个指头一个指头地屈指盘算，权衡利弊得失；稳妥做事拿捏东西，必须五指协调，孰轻孰重、曲直分合相适宜，不能只练“一指禅”或“二指禅”，而应该是五指齐全，练好“五指禅”。比如说，人们购买住房，首先要考虑适合人体需要的居住自然条件如阳光、空气、楼层、朝向等，还要考虑是否适合社会的交往和生活如交通便利程度、社区配套设施等，还要考虑是否有文化娱乐场所等人文环境，以及住房的历史背景、是否便于工作，等等。这些因素中，还得根据自身需要明白哪些是重点考虑的、哪些可不大讲究、哪些可以兼顾，五个维度搭配合理、协调平衡，才是自己要选购的满意住房。

再比如说，对一个人的正确评价，既要考虑人本能的自然性，又要考虑其应该承担的社会责任的社会性，考虑其劳动创造贡献的大小，考虑其历史以及在一定的历史背景下的行为，还要考虑其主体意志的真实表达。只有这样才能客观全面地做出评价，也只有这样，才能正确地看待个人的功过得失。现实中，有些人做出了一些成绩，却因为没有被重视、没有被重用，心理失衡而走向反面，根本的原因就在于只看到自己的聪明才智及劳动创造，但没有充分体会到单位同事以及社会各方的助力，没有回头看看自己走过的路、自己的初心，没有珍惜衣食父母对自己的养育。人只有在自然维度、自由维度、社会维度、劳动维度、历史维度上都得到充分而平衡的发展，才能摆脱不自由、受限制的状态，获得自由而全面发展的可能。因此，我们为人处世、对人对己，无论在任何情况下，都要尽可能考虑这五个维度并兼顾它们之间的协调统一，不能只顾单向度或只在乎某几个侧面向度，这才是我们正确的思维。

### （二）实践结构平衡法则

实践是人能动地改造自然和社会的对象化活动。实践活动就是一个以主体、中介和客体为基本框架的动态的发展系统，通过目的、手段和结果的反馈调控而自我运动、自我发展的活动过程。学界关于实践结构有不同的见解，有的主张“主体—客体”两极结构，有的主张“主体—客体—主体”交往结构，有的主张“主体—工具—客体”三维结构，有的主张“主体—手段—条件—客体”四维结构。“中介”“工具”也好，“手段”“条件”也罢，它们都是主客体共同作用的结果，都是现实的人根据客观实际生成的能动、有意识的产物。无论哪种主张，实践都是主客体相互作用、主体改造客体的物质活动，因此，主体和客体是实践结构的两个基本要素。

1. 主体和客体作为人的实践结构的实体性要素，它始终是属人的，不可分割地、辩证统一于人类历史的始终

（1）人是主体性的客体。

人依赖自然而生存，且其本身也是自然的一部分，但人不纯粹是物，人总是自由的、有意识的、能动的存在，进行自由的、有意识的、能动的实践活动。马克思曾说过，最蹩脚的建筑师也比最灵巧的蜜蜂高明。因为蜜蜂筑蜂房只是一种自然本能，人则不同，人在建房子之前就有意识、有目的、有计划，并以此进行建设活动，去改造现实客观世界以满足自己的需要。



（2）人是客体性的主体。

人必须依赖于外在自然才能实现和维持自身的肉体存在。外在自然为人的意识的存在和发展提供物质的承载。马克思曾说过："没有自然界，没有感性的外部世界，工人什么也不能创造。"[①] 没有外在世界，人也无处存身，实践也没有对象，也就不可能有创造。

（3）主客体互为前提，互相依存。

主体与客体两者之间的关系是具体的、历史的，二者统一于现实的人的实践活动之中。主体是人组成的，只能是属人范畴。客体既可能是物，也可能是人。马克思在《德意志意识形态》中指出："人们生产自己的生活资料，同时间接地生产

① 马克思：《1844 年经济学哲学手稿（节选）》，《马克思恩格斯选集》第一卷，人民出版社 2012 年版，第 52 页。

着自己的物质生活本身。”① 人能够通过能动的实践活动生产自己所需的生活资料，还能够通过实践活动塑造人自身。现实的人不仅是实践活动的主体，还是实践活动的客体，是主体和客体的统一。看到人的主体性不能否定人的客体性，同时看到人的客体性也不能把人看作单纯的物，要看到人是能动的、自由的、有意识的主体性的存在。

（4）主体、客体的地位可以相互转化。

实践的主体、客体是具体的、历史的。在此为主体，在彼可能就成了客体，反之亦然。比如说，我是公交车驾驶员，当我在工作时间驾驶公交车为公众服务时，我为主，公众即为客；当我下班乘坐公交车回家时，我又成了客。再比如，每个人都是从当“学生”开始，而后当了“先生”，“先生”再学习时又成了“学生”，学成后又成了“先生”，如此循环往复，主体地位与客体地位随着时间的迁移在不断变化。我们在日常生活中经常见到“反客为主”或“反主为客”的情况。

2. 个人在具体的实践活动中，会有不同的角色定位，需要予以正确对待

（1）主体中的主体地位。

当你在人群中属于领导者、处于主导地位的时候，在尊重人们的主体地位及首创精神的基础上，必须做行动的“自我”，勇当“狮子”，带好“羊群”，引领实践方向，开辟实践道路。当然，当好“自我”，还要正确对待非主导地位的人们，维护人们的权益，尊重人们的劳动，做到好贤而能任、能

---

① 马克思，恩格斯：《德意志意识形态》，《马克思恩格斯选集》第一卷，人民出版社 2012 年版，第 147 页。

任而能信、能信而能终、能终而能赏，不能只是把为之奋斗的人们当工具，当作玩具来把玩，派得上用场时甜言蜜语，用过之后弃之如敝履。

（2）主体中的客体地位。

当你在人群中被领导、被服务的时候，必须知道自己在人们心目中的斤两分量，当好“客我”，顺应召唤，听从指挥，埋头苦干做好属于自己的分内事。当然，客体地位不是墙头草，随风而飘，应该做与客体地位相适应的事，坚决完成工作任务，尽客体地位的职责积极建言献策，但不能反客为主，想怎么干就怎么干。人生过程中有许多偶然事件，一夜之间主客体发生转变，这是对人生的极大考验。当处在主体中的客体地位突然转变为主体地位时，比如说因需要或变故突然被提拔委任为一个单位的主要领导，成为一家之长，或者突然间超越了许多人的主体地位时，诸如自己的工作更重要了、地位显眼了、排名靠前了，等等，这时候，一切都要慎之又慎，想清楚了再做，低调行事，多请教、多干活，嘴甜脚快手勤，有新举措新想法也必须在广泛听取意见后再做决定，确保首战百分之百成功，尽可能做到每战必成、每战必胜，以逐步增强自己的威信，巩固自己的地位。不可初来乍到就要“三板斧”，随意烧起“三把火”，否则，斧头落、人受伤，火烧起、威信失。还有，当原来属于客体地位的突然超过主体地位的时，比如说，原来是你的属下突然成为你的领导，原来在你后面的突然跑到你前面，原来你是主导，现在变为从属，这时候，不管什么原因，无论是合情还是不合情，存在就是合理。要看到他人之长，顺位而为，收起自己的架势，迅速转变角色，讲适合自己位置的话，做适合自己位置的事，切不可摆功显位、倚老卖老、“当仁不让”。世界上没有一条河流完全是直的，拐个弯，才能畅其流；有出口，才能奔腾万里不溃堤。在此场景下，要学会转弯找出口。如果有不舒服、不痛快的情绪，赶紧找一个输出口，如找一件适合自己做的事，使劲干、努力做，干自己喜欢干的事，或许“东方不亮西方亮”，还能成就一番事业。

（3）客体中的主体地位。

在大千世界之中，人是渺小的，就如人类面前的一只蚂蚁。而蚂蚁虽小，却也要尽自己的努力图生存，遇风雨挪穴搬巢，而不是无所作为、坐以待毙。人在许多时候会遭遇无奈的境况，要学会在无奈中蓄势、在无奈中奋争，最后摆脱无奈进入逍遥。人们遭遇台风、地震等自然灾害，首先必须正确地面对，为了更好地生存必须与天斗、与地斗，积极进行生产实践活动，从而获得美好幸福的生活。

（4）客体中的客体地位。

人属于世界，世界却并不完全属于人。面对宇宙，面对浩浩荡荡的历史潮流，作为个人必须识时务，只能顺时顺势而动，不能天不怕地不怕地想“独霸天下”，也不要不切实际地白费心力、蚍蜉撼树，否则将粉身碎骨、身败名裂。人们在正确对待自己角色定位的同时，还必须注重思辨的实践与生活的实践的平衡。人们在现实生活中必须有思考、有想法，但不能是空想家，只会空谈，不想做也不会做，说起来头头是道，做起来一团糟，成了语言的巨人，行动的矮子。现实生活中的人们应该是实干家，既要针对现实的问题作出思考，提出解决的办法，又要付出实际的行动，解决实际的问题，创造美好的生活。

人们知道，结构决定事物性质。现实的人只有遵循科学的实践结构，才会有成功的人生。成功与实践结构究竟有怎样的关联，有专家提出了成功的实践结构公式，即：成功=20%的位置+20%的方向+50%的修为+10%的机遇。且不说该公式是否准确客观，至少，对成功的实践结构给予量化是有现实意义的。位置，指人的客观环境，但人有可能也有条件做出自己的选择，自己要与谁在一起、在哪里，有的时候是可以自己做主的。方向，指人的追求目标，要追随谁、为了谁、朝哪个方位行进，是由人的价值取向决定的。修为，指人的能力素养以及努力程度。机遇，指时机和运气，这虽是客观因素，但也有主观层面的影响，不是常说“机遇总是给有准备的人”吗？个人有的时候可以把握，也可以抢抓机遇。从成功的结构公式来看，主体的主观因素还是占大比例、占大成的，因此要成功，个人自身必须努力。要明白这世界没有救世主，关键还得靠自己。当然，也不要忽视或小看小比例，小比例有时能决定成败。现实中，有些人自己很拼命，很用心工作，但劳而无功，没有得到应有的回报，有的自暴自弃，有的抱怨社会，这都不是正确的态度。在人生的实践过程中，当自身用心工作、拼命奋斗而没有获得理想的效果的时候，应当反思自身之外的其他因素，比如，站的位置，是同好人在一起还是同坏人在一起，是共同进取还是同流合污？你站的立场、朝的方向、走的路线，这些对成功都至关重要。路线错误、迷失方向、跟错人、站错队、选错时，个人的一切努力都是白费，最终都离不开失败的命运。因此，像蚁穴可崩堤，只要一事不慎，哪怕是细微之处，都有可能造成失败。成功，必须各种要素齐聚，各方力量齐全，甚至是完美无缺。

3. 人们要达到主体、客体实践结构的平衡，必须重视“时”与“位”

一切事物均依赖时位而形成，因时位而变化，世界上没有一成不变的东西。中国传统文化中很注重“时”与“位”。“时”，指时间的变化，它包括时间、时效、时机、时序、环境和条件等。《易经》六十四卦表示六十四“时”，每卦六爻的变化情状，均体现事物在特定的“时”中的变化和发展规律。“得时者昌，失时者亡。”① “君子藏器于身，待时而动。”② “终日乾乾，与时偕行。”③ 意思是说，君子终日勤勉奋发，至晚夕则安闲休息，虽处危厉之境，亦无灾咎，是因为能与时间、时运、时势共同前进。“与时偕行”即现在所说的“与时俱进”。“位”，指位置，是空间的变化。《易经》有六十四卦，每一卦有六爻，所以全部加起来是三百八十四爻，每一爻都是一个位置，所代表的是人生的三百八十四个位置。时与位进行排列组合，则人生的位置何止千万种。《丰卦·彖辞》说：“天地盈虚，与时消息。”④ 意为客观世界阴阳盈虚变化是随着时间的变化而变化的。“度于天地而顺于时动”，每个人在现实生活中都必须审时度势，根据时间和客观环境的变化而变化，做到与时俱进。一方面要发现时机、捕捉时机、不失时机，乘时以越、因机而动、抢占先机，在合适的位置尽早做合

---

① 黄建军译注：《列子译注》，商务印书馆 2015 年版，第 218 页。

② 黄寿祺，张善文：《周易译注》，上海古籍出版社 2007 年版，第 408 页。

③ 黄寿祺，张善文：《周易译注》，上海古籍出版社 2007 年版，第 11 页。

④ 黄寿祺，张善文：《周易译注》，上海古籍出版社 2007 年版，第 408 页。

适的事，简单地说，就是早发现问题，早动手。另一方面要利用时间，提高时效、理顺时序、等待时机，在许可的时间内做好该做的事，简单地说，就是以最快速度解决问题，不能贻误战机，不能久拖不决。合时宜者强，不合时宜者则败。

“好花插在牛粪上”，好东西不得其“位”，用错了地方，即便花再香，也难避其臭，人才再好再优秀，也难以发挥其作用。人生路上，每个人都需要找准自己的“位”，特别需要选好自己的“类”。不可迁就其“位”，不插牛粪，也不可以插羊粪鸡粪鸭粪，不可不辨其“类”，大可不必把谁都请到自己的生命中来，该清空的要坚决予以清空，否则，哪怕就一粒老鼠屎混在其中，也可能坏了自己的事，败了自己的味。“好雨知时节”“久旱逢甘霖”，在合适的时节，在久旱之时下的雨，那是如“甘霖”的好雨；“春种一粒粟，秋收万颗子”，合时播种，哪怕就一粒种子，也能收获满满，可以尽情享用，幸福无比。而不合时宜的绵绵阴雨，下得越多，越令人厌恶，还可能会变成洪水猛兽，贻害无穷。



在人生路上，每个人如何面对自己主体的时位变化，这是一个大课题。清人周容的《芋老人传》，对做好此课题会有所启发。

> 芋老人者，慈水祝渡人也。子佣出，独与妪居渡口。一日，有书生避雨檐下，衣湿袖单，影乃益瘦。老人延入坐，知从郡城就童子试归。老人略知书，与语久，命妪煮芋以进；尽一器，再进，生为之饱，笑曰：“他日不忘老人芋也。”雨止，别去。
>
> 十余年，书生用甲第为相国。偶命厨者进芋，辍箸叹

曰："何向者祝渡老人之芋之香而甘也?"使人访其夫妇，载以来。丞、尉闻之，谓老人与相国有旧，邀见讲钧礼，子不佣矣。

至京，相国慰劳曰："不忘老人芋，今乃烦尔妪一煮芋也。"已而妪煮芋进，相国亦辍箸曰："何向者之香而甘也?"老人前曰："犹是芋也，而向之香且甘者，非调和之有异，时位之移人也。相公昔自郡城走数十里，困于雨，不择食矣。今者堂有炼珍，朝分尚食，张筵列鼎，尚何芋是甘乎？老人犹喜相公之止于芋也。老人老矣，所闻实多：村南有夫妇守贫者，织纺井臼，佐读勤苦，幸获名成，遂宠妾媵，弃其妇，致郁郁死。是芋视乃妇也。城东有甲乙同学者，一砚，一灯，一窗，一榻，晨起不辨衣履。乙先得举，登仕路，闻甲落魄，笑不顾，交以绝。是芋视乃友也。更闻谁氏子，读书时，愿他日得志，廉干如古人某，忠孝如古人某，及为吏，以污贿不饬罢，是芋视乃学也。是犹可言也。老人邻有西塾，闻其师为弟子说前代事，有将、相，有卿、尹，有刺史、守、令，或绾黄纡紫，或揽辔褰帷，一旦事变中起，衅孽外乘，辄屈膝叩首迎款，惟恐或后，竟以宗庙、社稷、身名、君宠，无不同于芋薦。然则世之以今日而忘其昔日者，岂独一箸间哉!"

老人语未毕，相国遽惊谢曰："老人知道者!"厚资而遣之。于是芋老人之名大著。①

相国吃了芋老人妻子煮的芋头后，不解地说："为什么再

① 周容：《芋老人传》，郁贤皓主编《中国古代文学作品选》，高等教育出版社 2003 年版，第 127—128 页。

没有以前那么香、那么甜呢?”芋头还是芋头，烹调也还是芋老人妻子的那个烹调方法，当然，时隔十多年，时过境迁，芋头在不同时间不同地点也会有所变化，老人的烹调方法也不可能与十多年前一模一样，但主要是时势地位改变人的口味啊!村南夫芋视乃妇，城东乙芋视乃友，谁氏子芋视乃学，凡此等等，都是因为时间地位的变化，对待同一件事物的态度有所不同。这也是人之常情。特别是从贫困中走过来的人们，在好时境吃某样东西，总觉得没有以前吃的那么可口香甜，那么有滋有味，舌尖上总是留着从前的美好记忆。这并非以前的东西比现在好多少，而是时代变了，物产丰富了，生活条件好了，可选择的多了，取用的心态变了，嘴也就刁了。并非芋变，亦非烹调变，而是时位移而心变。以变化了的心境去衡量同一事物，前后感觉自然不可能相同。

时位之移人。随着时间的推移，地位的变化，一个人的许多方面也会发生变化，这是客观事实。但关键要正确把握“移”的对象、内容，这是一个非常重要的问题。一个人成功了，富且贵了，不忘旧情旧义，有一群同甘共苦过的朋友，苟富贵勿相忘，这是继续前进的基础。地位变了，能不改愚公移山之志，沿着自己既定的目标前进，善始善终，这样才能取得更大的成功。万般烦恼皆因心动。心一动，世间万物跟着生起，纷纷扰扰，难以安身立命。随着职务变动，地位上升，权力增大，头上桂冠增多，听到的恭维声、赞扬声变多了，批评却少了。于是有的人便“官升脾气长”，“钱多派头大”，轻则刚愎自用，奉行权大钱多即真理，重则居功自傲，不可一世，盛气凌人，强弱通吃，最终都将跌入深渊。因此，人不能因为眼前的好时境而忘掉了过去，忘记了初心。

### （三）福缘共存平衡法则

“福”字，有幸福、福气、福运、护佑、福泽之义，古称富贵寿考等齐备为福。如家富即有福。福，佑也。安利之谓福。全寿富贵之谓福。“缘”字，有原因、命运、顺着、起因等义，如人们常说的有福缘、机缘、因缘、缘起、缘分、人缘、血缘等。

1. 福缘，就是“福”与“缘”共生

一是“缘”生“福”。缘为幸福、福气、福运的缘起、机缘，无“缘”则无“福”，缘是因，福是果。因为一切事物必须具备种种因缘条件而后生起，宇宙人生的种种现象皆在关系中存在，亦因关系的演变而分离或消失。佛家说：“此有则彼有，此无则彼无，此生则彼生，此灭则彼灭。”因此，就需要广结善缘，如“居善地，心善渊，与善仁，言善信，正善治，事善能，动善时”[①]，不断积德以增福寿。二是“福”产“缘”。人人都有先天之“福”，也就是人们常说的命运。先天之“福”多，命运好，如生在“帝王家”，因缘际会就多，结缘就多，一般情况下“福”多“缘”也会多，可能会做到福佑天下，凝聚大众人心。先天之“福”少，像生在“寒门”，一般情况下“缘”也会少，生命中没有福气、没有福运，缘分、因缘也就少了，无“福”也就无“缘”，就可能出现“门前冷落鞍马稀”的境遇。三是“福”“缘”是变化的、相互依

① （魏）王弼注：《老子道德经注》，楼宇烈校释，中华书局 2011 年版，第 22 页。

存的。世上没有定终生之“缘”，也没有享不尽之“福”。现在“福”少，不等于将来“福”也少，修“缘”多了，能聚“福”增“福”。君不见古今中外多少寒门子弟，经过不懈的奋斗，最后“鲤鱼跃龙门”，实现了幸福人生。现在“福”多，不等于将来“福”就多，不修众“缘”，只懂得索取，危害众生，先天之“福”就会消耗殆尽，最后无“福”可享。现实社会中不是有许多人，前半生享福太过，消耗资源太多，养尊处优，后半生却穷困潦倒、孤苦伶仃！不是有不少达官显贵，今朝有酒今朝醉，穷奢极欲、歌舞升平、花天酒地，而不乐善好施、不忧民所忧乐民所乐、不积功德，最后走向深渊，被人们所不齿！



2. 福缘，就是“福”与“缘”共增

古人说：“百世修来同船渡，千世修来共枕眠。”人们在一起，无论是“同船渡”的缘分，还是“共枕眠”的幸福，都是“修”来的，“福”与“缘”必须共同来修，共同增进。无论是一对夫妻、一个家庭，还是一个单位、一个团体，哪怕是临时聚首，都必须共同修缘增福，推进整体利益有序增长，不能为了自己的痛快幸福而妨碍别人，更不能损害别人的自由幸福，否则最后大家都得不到幸福。比如说，在现在城市普遍拥挤的交通条件下行车，不能为了自己方便而不遵守交通规则随便“加塞”，一旦造成拥堵谁都行进不了，大家都被卡在路上，损害了整体利益。再比如说，发生踩踏事件，基本上是因为人们只顾自己而无序争跑，不顾整体秩序而相互推拉冲撞，最后大家都难以逃脱，造成更大的伤亡。人们无论在一艘船上、一部车上、一条路上，还是在一个家庭、一个组织、一个单位里，都成为了生命的共同体，损益共担，休戚与共。共同体好了，大家都好；别人好了，自己也才会好。只为自己好，自私自利，而不想大家一起好、共同好，最后自己也难逃其责，自己也好不了。“覆巢之下，焉有完卵”，整体遭殃，个体亦难以保全。现实中许多团体、企业、组织的垮掉，很大的原因就是，你说这个不好，我说那个不好，大家不断地进行否定；你贪吃一口，我贪吃一口，大家不断地进行蚕食，没有人去为整体负责，为整体奉献，最后整体利益受损，大家都遭殃。个人从整体中哪怕多吃了一两口、多占了一些小利，整体垮了，个人也难以享福。《红楼梦》中描绘的贾府就是例证：穷奢极侈，物缘尽了。一个对贾府来说很平常的螃蟹宴，便要花费二十多两银子。刘姥姥叹道：“这一顿的钱够我们庄稼人过一年了。”为迎接元春省亲，贾府大兴土木，“堆山凿池，起楼竖阁”，建成了“天上人间诸景备”的大观园，其奢华靡费程度之惊人，连过惯皇家生活的元春也不禁为之摇头叹息。林黛玉说：“我虽不管事，心里每常闲了，替你们一算计，出的多进的少，如今若不省俭，必致后手不接。”① 入不敷出难以支撑起庞大图享乐的贾府。钩心斗角，人缘散了。家族内部人与人之间明争暗斗，相互盘算，王熙凤玩弄权术就是其中的典型代表，以致贾府败絮其中。正如探春所说：“可知这样大族人家，若从外头杀来，一时是杀不死的，这是古人曾说的‘百足之虫，死而不僵’，必须先从家里自杀自灭起来，才能一败涂地！”② 家族成员在社会上作恶多端，连王熙凤都可以

① （清）曹雪芹：《红楼梦》，人民文学出版社 2005 年版，第 857 页。

② （清）曹雪芹：《红楼梦》，人民文学出版社 2005 年版，第 1030 页。

随意操纵官府，制造冤案。冷子兴评价贾府时就说：“如今人口日多，事务日盛，主仆上下都是安富尊荣，运筹谋画的竟无一个。那日用排场，又不能将就省俭。如今外面的架子虽未甚倒，内囊却也尽上来了。——这也是小事，更有一件大事：谁知这样钟鸣鼎食的人家儿，如今养的儿孙竟一代不如一代了!”[1] 宁、荣二公建立了贾府的基业，他们的下一代尚可以守成。但到了第三代，已经退化为昏聩无能的一辈：贾敬妄求长生，服丹致命；贾赦作威作福，沉湎酒色；唯贾政风声清肃，却庸碌古板，不通庶务。至于第四代，贾珍、贾琏、贾环，以及第五代贾蓉等，则堕落为一群聚赌嫖娼、淫欲放纵到了乱伦地步的“畜生”。即便是权贵之家，一旦充塞奢靡颓废、离心离德、钩心斗角，你挖墙脚，我挖墙基，物质日损，人心日散，像贾府这样的大厦也必将垮塌。大厦倾覆了，“树倒猢狲散”，大厦之内的人们都是“一把辛酸泪”，“看破的，遁入空门。痴迷的，枉送了性命。好一似食尽鸟投林，落了片白茫茫大地真干净!”

3. 福缘，就是“福”与“缘”共享

“福”是什么，《尚书》上记载：“五福：一曰寿，二曰贵，三曰康宁，四曰攸好德，五曰考终命。”寿是命不夭折而且福寿绵长；贵是钱财富足而且地位尊贵；康宁是身体健康而且心灵安宁；好德是生性仁善而且宽厚宁静；善终是心里没有挂碍和烦恼，安详而且自在地离开人世。五福合起来才能构成幸福美满的人生，一分开，可就不美好了。比方说，有的人虽

① （清）曹雪芹：《红楼梦》，人民文学出版社 2005 年版，第 26—27 页。

然长寿却没有福气，有的人长命百岁却贫贱度日，有的人富贵但健康情况不佳，有的人为贫贱而烦恼，有的人虽然富贵但十分操心，等等。人生境遇各不相同，不胜枚举，只有五福俱全才是十全十美的。古称富贵寿考等齐备为福。“既已得志于天下，而安乐寿考，终其天年，簪缨世禄，传之子孙，世世不替，与天地相终始，岂非世所谓吉祥善事者与？”① 既有财有势有地位，又得康宁享高寿，且“世世不替，与天地相终始”，这样千秋万代的“吉祥善事”才是“福”。按照马克思的说法，“福”应该是人的“自由全面发展”。马克思在《共产党宣言》中说：“代替那存在着阶级和阶级对立的资产阶级旧社会的，将是这样一个联合体，在那里，每个人的自由发展是一切人的自由发展的条件。”② “每个人的自由发展是一切人的自由发展的条件”有几层含义：一是人的主体的个性、自由和独立性在最大限度上不受阻碍，追求自由发展，实现“一切人”的自由发展，必须使每个人都得到自由发展；二是每个人的全面发展，包括人的劳动活动、劳动能力、社会关系、自由个性等全面发展；三是每个人的自由发展只有通过“自由人的联合体”来实现，“一切人”都得到自由全面发展，个人也就得到自由全面发展，联合体是个人发展的形式和条件，也是每个人自由交往的结果。“自由人的联合体”中的人，处在马克思所说的关于人与人之间关系发展的“三形态”中的第三种形态，即“自由个性阶段”。人的交往得到普遍发

① （明）冯梦龙：《东周列国志》，岳麓书社 2018 年版，第 792 页。

② 马克思，恩格斯：《共产党宣言》，《马克思恩格斯选集》第一卷，人民出版社 2012 年版，第 422 页。

展，人不仅摆脱了对人的依赖关系，而且摆脱了人对物的依赖关系，人们之间的交往建立在普遍扩大的自由交往的基础之上，交往是实现人自由全面发展的必经之路。“缘”是“福”的原因和根本，“福”是“缘”的结果和表现。人的交往是在结缘，人实现了自由交往，就是布施行善、广修善缘、广积福德，从而形成“自由人的联合体”，实现人的自由全面发展，这是马克思最崇高的社会理想，也是人之最大的“福”。

马克思、恩格斯曾说：“只有在共同体中，个人才能获得全面发展其才能的手段，也就是说，只有在共同体中才可能有个人自由。”[①] 也可以说，只有在“自由人的联合体”中，每个人才能获得自由全面发展的条件，一切人才能共享福缘。而“自由人的联合体”的形成，需要每个自由人同心、同德、同行。

首先，自由的人能结缘形成联合体，必须具有共同的价值取向。在现实生活中，每个人都有自己的目的，且不同时期的目的也可能不同，每个人都有自己的尊严和发展需要，但追求的最终目的是以人为本，即人的价值得到充分肯定、尊严得到充分尊重、权益得到充分维护、发展得到充分保障，按照人全面自由发展的共同价值原则来生活、来行进。这就像马克思所说，未来社会将是“一个更高级的、以每一个个人的全面而自由的发展为基本原则的社会形式”[②]。“每个人的全面而自由”就是一切人的基本价值原则，是一切人的“福”。一切人

① 马克思，恩格斯：《德意志意识形态》，《马克思恩格斯选集》第一卷，人民出版社 2012 年版，第 199 页。

② 马克思：《〈资本论〉第一卷（节选）》，《马克思恩格斯选集》第二卷，人民出版社 2012 年版，第 267 页。

有了这个“福”的基本价值原则，才有可能形成“自由人的联合体”。

其次，自由的人能结缘形成联合体，必须遵守良好的秩序。世界上任何东西能成物、成事，其内部的每一分子都必须遵循一定的秩序、按一定的组织结构排列，而不是无边际、无规矩的自由散漫。春秋时期管仲就说“国有四维”“一曰礼，二曰义，三曰廉，四曰耻。”[①] “四维不张，国乃灭亡”[②]，没有“礼义廉耻”这个准绳，国将不国，甚至会走向灭亡。只有每个人遵循“礼义廉耻”，人才会和，事才会兴，国才会安。有准绳、有秩序，才能形成好的氛围、合成最大的力。这在自然科学中也能得到印证。比如说，力的平行四边形定则，两个力合成时，以表示这两个力的线段为邻边作平行四边形，这两个邻边之间的对角线就代表合力的大小和方向。两个共点力的合力不仅与两个力的大小有关，还与两个力的夹角有关，当两个力的大小一定时，其合力的大小将随着两个力夹角的改变在两个力之和与两个力之差的范围内变化。两个力夹角越小，合力就越大，夹角为零时，两个力朝同一方向，合力最大，为两个力之和；两个力间的夹角越大，其合力越小，夹角为一百八十度时，两个力朝相反方向，合力最小，为两个力之差。多个力的合力，由其中两力的合力，再按此规则与其他力合成形成合力。可见，无论单个力有多大，只要不往同一方向而处于无序状态，都会相互抵消，相反方向的力越大，合力就会越小，甚至成为负数。因此，个人在一定的“合力场”中，

---

① 耿振东：《管子译注》，上海三联书店 2018 年版，第 4 页。

② 耿振东：《管子译注》，上海三联书店 2018 年版，第 2 页。

必须受到相互的制约。我们来自五湖四海，每个人的家庭背景、生活方式、现实需求、人生愿景等不尽相同，有的主张往左，有的主张往右，有的主张改革，有的主张守旧，但是，为了共同的事业，为了共同的目标，为了共同的幸福，只有朝着起决定性或主导性作用的力的正方向前进，才能到达最终的目的地。如同乐队需要指挥一样，依照共同的乐章，指挥个人的力量形成集体的协作力，才能合奏出美妙的乐曲。只有大家依序协作，才能结成最大的“缘”，得到最大的“福”。人的全面自由发展，人之“福”，只有维持良好的秩序才有可靠的保障，自由发展才有广阔的空间。人不合群、不合序，不按团队的宗旨、规矩行事，只能是自讨苦吃。

第三，自由的人能结缘形成联合体，但必须担负应有的责任。每个人都有追求自由、事业成功的权利，但也要承担相应的责任。奥古斯丁在《上帝之城》中阐述了两种生活方式，即“地上之城”和“上帝之城”。“两种爱造就了两座城。爱自己而轻视上帝，造就了地上之城；爱上帝而轻视自己，造就了天上之城。地上之城荣耀自己，天上之城荣耀上帝。”“在地上之城，君主们追求统治万国，就像自己被统治欲所统治一样；在天上之城，人们相互慈爱，统治者用政令爱，在下者用服从爱。”① 最终，“两座城”的成员将面临不同的命运：“上帝之城”的公民是上帝的选民，将进入天国得到永生；而“地上之城”终将灭亡，到了末日其公民将在地狱中承受永罚。从事工商业者常说“顾客是上帝”，从政者常说“百姓是



① （古罗马）奥古斯丁：《上帝之城：驳异教徒》中册，上海三联书店 2008 年版，第 225—226 页。

衣食父母”“人民群众是上帝”。如果只爱自己、只顾自己而轻视“上帝”，工商业者不对顾客负责，从政者不对百姓负责，企业最终将倒闭，掌权者最终将被百姓抛弃。古今中外无数事例证明：人不尽责，就会被“上帝”惩罚，就要为此付出代价。只有每个人各尽其责，“各美其美，美人之美，美美与共”，我为人人，人人为我，最终人人都将实现梦想，享受幸福，天下大同，构建起福缘相平衡的“自由人的联合体”。

### （四）五个基本平衡

俗话说：“大树底下好乘凉。”我们不妨留心观察一下，大树遮挡了疾风骤雨，大树底下的草木似乎免受了不测风云的侵害，安逸了，自在了，但是见不到天日，享受不了充足的阳光雨露，也就长不高、长不大、长不旺。要想有出头之日，只能像藤一样扭曲自己，环环绕绕、弯弯曲曲、琐琐碎碎、拉拉扯扯，攀附着向上。山野之中的草木，尽管没有大树的荫蔽，时常遭受狂风暴雨的侵袭、烈阳的烤晒，但有机会直面风雨，能直接得到大自然的馈赠，获得充足的阳光雨露，自由自在地生长，反而有可能长成参天大树。因此，我们就懂得，好乘凉就难以长大，经历风雨才有出头之日；攀附大树就得委屈自己，挺立旷野之中经受苦难才能享受充分的自由。草木如此，人亦如是。草木百样，人生百态：有的如松，凛然正气；有的如竹，清流名节；有的如草，随遇而安；有的如藤，攀枝附节；有的如花，妩媚动人……但是，无论是哪一种人生，都无时无地不处在各种矛盾之中，能生存、交往、发展，必须寻找一个平衡点，而这个平衡点也会随着时空的变化而变化。人生路漫漫兮，必将上下而求索！

1. 义与利的平衡

“义”是中国古代一种含义极广的道德范畴。所谓“义”，是指道义、正义等超越物质利益的道德价值。“义”谓天下合宜之理，主要意思有公正合宜的道理或举动、合乎正义或公益的情谊等。比如，“君子喻于义”① “不义而富且贵，于我如浮云”②。所谓“利”，是指金钱、财富等物质利益，主要有利益、功利、好处、顺利、锋利等意思。比如，“小人喻于利”“见利思义”“不慕荣利”。

孔子曰：“君子之于天下也，无适也，无莫也，义之与比。”③ 意思是说，君子对于天下的事情，没有规定要怎样干，也没有规定不要怎样干，只要依从道义来行事，怎样干合理、恰当，便怎样干。孔子曰：“君子义以为质，礼以行之。”④ 意思是说，君子能以义作为个人秉性、思想根本、事业目标，以遵守制度化的文明礼仪来追求目标的实现。义，应当是君子或国家的内在秉性，是其立身之本，也是其言行的方向或目标，指示的是个体人生或国家政治的总方向，是一切行事之根本。义，是君子建立起的自己的内心道德标准。人必须有自己的道德律令，“以义为质”。义与利就如同一枚硬币的两面不可分割，凡是涉及义的事情，都会有利的存在，即所谓义中之利；而但凡有关利的问题，也必然含有义的因素。关键是如何正确看待义与利的关系，合理之利便是义，合义之事含有利。我们

① 杨伯峻：《论语译注》，中华书局2009年版，第38页。
② 杨伯峻：《论语译注》，中华书局2009年版，第69页。
③ 杨伯峻：《论语译注》，中华书局2009年版，第36页。
④ 杨伯峻：《论语译注》，中华书局2009年版，第164页。

倡导的“利”，应当是合义之利，是符合道德要求的利，不仅具有经济价值，还具有道德价值。利，是人之生存的基本需求，求利是人性使然，人人都有求利的需要与欲望。人在生活中的吃、穿、住等现实需求，必须有物质的支撑，没有必要的物质利益，人也难以生存。马克思曾说：“‘思想’一旦离开‘利益’，就一定会使自己出丑。”① “思想”不能离开“利益”，行道义不能没有物质基础。义和利是相互联系、相互作用的，正确的义利观应该是统一论。人既要讲利，更要讲义。有意义的人生，应当是义与利相统一的人生。因此，每个人都需要处理好物质与精神的关系。物质和精神，既属于哲学范畴，又属于伦理范畴。从哲学上讲，物质更具有决定性；从伦理角度分析，精神更具有积极意义。一方面，当物质需求得不到满足时，更需要精神的力量给予支撑。人挺过难关，更多的是靠精神。只要有精神追求，物质的难关是容易过的。现实生活中饿死的人并不多，哪怕是吃草根啃树皮，照样能创造出惊天伟业，如红军长征爬雪山过草地。古今中外无数的仁人志士，“必先苦其心志，劳其筋骨，饿其体肤，空乏其身”，凭着自己的信念，不懈地追求，最终实现了自己的人生价值。就如马克思所说：“如果我们选择了最能为人类谋福利而劳动的职业，那么，重担就不能把我们压倒。因为这是为大家而献身，那时我们所感到的就不是可怜的、有限的、自私的乐趣，我们的幸福将属于千百万人，我们的事业将默默地，但是永恒

---

① 马克思，恩格斯：《神圣家族》，《马克思恩格斯全集》第二卷，人民出版社 1982 年版，第 103 页。

发挥作用地存在下去，而面对我们的骨灰，高尚的人们将洒下热泪。”① “选择了最能为人类谋福利”的理想而为之奋斗，“重担就不能把我们压倒”，我们的事业将“永恒发挥作用地存在下去”。刘禹锡的千古名篇《陋室铭》，精辟诠释了物质与精神的关系。

> 山不在高，有仙则名。水不在深，有龙则灵。斯是陋室，惟吾德馨。苔痕上阶绿，草色入帘青。谈笑有鸿儒，往来无白丁。可以调素琴，阅金经。无丝竹之乱耳，无案牍之劳形。南阳诸葛庐，西蜀子云亭。孔子云：何陋之有？



首先，山有仙而名。“山不在高，有仙则名”，意思是，山不一定高大，只要有神仙就会有名望。山是物质的隐喻，仙是精神的隐喻。仙在古代神话中是有特殊能力、可以长生不老的，拥有超越生死的精神力量。“海上有仙山，山在虚无缥缈间”，中国佛教名山浙江普陀山，位于舟山群岛的一个小岛上，海拔仅二百多米，以其神奇、神圣、神秘，素有“海天佛国”“南海圣境”之称，被誉为“第一人间清净地”，成为驰誉中外的旅游名胜。世界有无数山川峰岭，而能让人们经常提起的可能也就那么几个有神仙传说的山岳，如中国的“三山五岳”。可见，仙比山重要，山因仙而享誉。其次，水有龙而灵。“水不在深，有龙则灵”，意思是，水不一定深广，只要有蛟龙，就会灵验。水是物质的象征，龙是中华民族的图

① 马克思：《青年在选择职业时的考虑》，《马克思恩格斯全集》第一卷，人民出版社 1995 年版，第 459—460 页。

腾，是中华民族的精神象征。龙在中华文化中被当作一种神秘、祥瑞的神物，往往被设定为拥有自由与不朽生命的守护者，象征着至高无上的威力。对每一个炎黄子孙来说，龙的形象是一种符号、一种意绪、一种血肉相连的情感。“龙的子孙”“龙的传人”这些称谓，常令中华儿女激动、奋发、自豪。龙比水更具威力，水因龙而灵动活泼。第三，室有德而馨。“斯是陋室，惟吾德馨”，意思是，居处虽然简陋，凭着“我”的德行却能传播芳香。室，指房子、房间。在这里，陋室反映的是作者艰难的物质生活条件，也象征着作者困窘的人生，德暗喻着作者傲视忧愁的气概和坚毅高洁的人格。《陋室铭》告诉人们，一个人只要有精神、有道德、有健康的生活方式和精神追求，无论物质多么贫乏、居处多么恶劣、人生多么曲折，内心就是坦荡的，精神就是高贵的，生活就是愉悦的，向往就是美好的。

另一方面，人满足了基本的物质需求后，就必须有精神追求。古人说：“仓廪实而知礼节。”马斯洛认为人生的需求分为五个层次：生理、安全、归属和爱、尊重和自我实现（发展）。只有生理需要是纯物质的，其他更多是精神层面的需求。这说明，人在基本生活需求得到一定的满足后，就会有更高的精神追求。现实生活中，人们的物质生活不断改善，就需要丰富多彩的精神文化产品，以满足更多的精神文化生活需求，从而提升人的精神境界。崇高的精神生活是人的最高追求，也是永恒的追求。在现实生活中，人一般不会因物质匮乏而消亡，却常常因思想滑坡、精神懈怠而自绝于人。当今世界，饿死的人毕竟较少，而因淫欲而死的人较多。人哪怕饿，只要有精神，就能进行生产创造以满足自身的需要；但人如果沉溺于淫欲，没有精神支柱，就会耽于低级趣味寻求刺激，一旦满足不了，就会走入邪门歪道，产生大弊病。人们常常说，人最大的敌人是自己。这“自己”不是指肉体，而是人的精神，是人的七情六欲，是人的诸多想法。“山贼易破，心贼难除。”“药石医假病，真病无药医。”所谓的“心贼”“真病”，指的就是心病，是精神上的毛病。就像现实中的许多抑郁症患者，只靠吃药是难以治愈的，“心治”就显得更加重要。“心治”，重要的是要处理好以下三对矛盾。

第一，理想与现实的矛盾。每个人都有自己的崇高理想，有自己人生的预期目标和远景，但人生不如意十有八九，就像世界上没有完全笔直的河流一样，人生总是弯弯曲曲，会遭遇艰难险阻而拐弯曲折。如果说理想是一条直线，那现实则是一条曲线。人的一生必将在曲折中前行，在盘旋中实现自己的人生目标，就像人们行车，必须根据道路交通的现实状况不断调整方向，最后才能到达目的地。知此，就不会因一时的不如意而怨天尤人，而应反躬自省，根据实际调整自己的思维方法，“不责于人，而反求诸己”。比如说，人们在现实中常常会遇到本认为理所应当得到的东西，如官位、名利、健康等，但结果却事与愿违。这时候就应保持清醒的头脑，全面地检讨自己，分析造成此结果的原因：是现实原因还是历史原因，是主观原因还是客观原因。属于主观原因的，自己应当积极地改进，不断地修正，往既定的目标前进；属于外界客观原因的，即使被人使绊子、被围追堵截，也不应抱怨不满，因为结果已经造成，发泄不满不仅于事无补，反而令人生厌，甚至会授人以柄。这时候，可能会有好事之人鼓动你发泄情绪、表达不满。面对此情此境，一定要告诉自己冷静、冷静、再冷静，理智处置冷言热语，对待世态炎凉，切不可热血冲头，采取鲁莽行动，横冲直撞，最后只能是头破血流。非自身原因而得不到的，“上帝”“老板”不想给你的，必须坚决舍弃，果敢地放下。“主宰者”叫你下“地狱”，给你挖了坑，你要想爬上来，那很困难。这时候，只能是仰望星空，满怀希望，等待时间来解决，让时间给你开辟一条新路，通向美好的明天。无谓地苦苦挣扎，只能自讨苦吃，最后被人当笑话看，自讨没趣。俗话说，人不能在一棵树上吊死。上帝关闭了一扇门，可能为你开了一扇窗。面对现实的不如意、现实的冷漠无助，最好的办法是找一个输出口，寄托自己的期许，以转移精力、情绪，聚焦自己能做好的事，激励自己奋勇前进，说不定还会成就一番事业，从残酷的现实中修正自己的人生目标，从新开启的门窗中沐浴阳光瞭望大千世界，从无奈中开辟新路救赎自己而寻得逍遥。愚也是因为遇到不如意才开始书写的，以此来平衡现实与理想之间的落差，保持直面现实的健康心态。

第二，远利与近利的矛盾。人要生活，必须有现实的利益，哪怕只是一瓢水、一碗饭、一日三餐所需，吃、住、穿等生理需求的近利，谁也摆脱不了。否则，人就无法生存于世间。因此，人生在世不能一味地只讲奉献，不能不切实际地自我牺牲，必须考虑近期利益，以供人的生存之需。即便自己心甘情愿不得一丝之利，愿意一无所获，但父母配偶子女需要生存、需要养活，社会的运行需要基本的物质保障，不能只讲义不讲利。再说，人本身就是经济人，现实中需要一定的经济利益来调动人的积极性，激发人的创造力。邓小平曾说："如果只讲牺牲精神，不讲物质利益，那就是唯心论。""不讲多劳多得，不重视物质利益，对少数先进分子可以，对广大群众不行；一段时间可以，长期不行。"每个人的付出都是为了有所收获，这是人之常情、事之常理。当然，人不能一味地追求个人利益，不能只顾个人短期利益。中国有句老话："谁笑到最后，谁笑得最好。"笑到最后，不能只图近利，必须谋长远，哪怕现实生活中会艰辛一些，享受少一些，但能笑到最后，而且笑得最好。现实中的贪官污吏、作奸犯科之人，基本上是一门心思牟取个人之利，只图一时之快。当然，我们所说的长远利益，不仅指个人的长远利益，也指其他人包括集体的公共利益及其远期利益。马克思主义认为，人是一切社会关系的总和。马克思在《关于费尔巴哈的提纲》中提出："人的本质不是单个人所固有的抽象物，在其现实性上，它是一切社会关系的总和"①。他在《德意志意识形态》中指出："一个人的发展取决于和他直接或间接进行交往的其他一切人的发展；彼此发生关系的个人的世世代代是互相联系的，后代的肉体的存在是由他们的前代决定的，后代继承着前代积累起来的生产力和交往形式，这就决定了他们这一代的相互关系。总之，我们可以看到，发展不断地进行着，单个人的历史决不能脱离他以前的或同时代的个人的历史，而是由这种历史决定的。"② 我们从上述马克思的话语中可以看出，人的本质在现实性上是社会关



① 马克思：《关于费尔巴哈的提纲》，《马克思恩格斯选集》第一卷，人民出版社 2012 年版，第 135 页。

② 马克思，恩格斯：《德意志意识形态》，《马克思恩格斯全集》第三卷，人民出版社 2022 年版，第 515 页。

系的总和，而不是单个的抽象物，不能是“自作人”，不是在“孤岛”之中自己想怎么干就怎么干；个人的发展取决于社会其他人的发展，个人的发展历史是由他以前或同时代的个人的历史决定的。个人想要在社会中生存，需要同伴和其他人的帮助，不可能自给自足地生活下去。比如说，当前的互联网时代，每个人好像都可以呼风唤雨，无所不知，无所不能，每个人的生活所需好像只要点一点鼠标、敲一敲键盘都能应有尽有。但是，当遇到断电、终端设备损坏等情况，只要一个环节出了问题，就会叫天天不应、叫地地不灵，个人就会失去威力，陷入无助状态。社会越发展，科技越发达，个人就越依赖社会，越依赖其他人。个人在现实社会中图发展、创造历史，必须依靠社会，必须倚仗其他人的利益、其他人的发展、其他人的历史，其他人的利益、其他人的发展也是个人的长远利益所在，个人也必须为之努力、为之奋斗。这就是马克思“选择了最能为人类谋福利而劳动”的意义所在，也是古人所倡导的“义”的内涵。

第三，合义之利与悖义之利的矛盾。每一个人的生存发展，都需要具备一定的物质基础，人生的每一阶段，都需要获取一定的物质利益。因此，古人说，“民以食为天”“富与贵，是人之所欲也”，人们追求物质利益与物质财富是天经地义的事情。但是，古人也说，“君子爱财，取之有道”“利者，义之和也”。人们追求利益和财富必须符合社会道德规范，应该追求合义之利，而不应该违背伦理道德牟取不当的利益，追逐悖义之利。比如说，古人提倡“路不拾遗”，偶然捡到他人丢失的东西，即使没人知道，也必须自觉归还，以避免失主的忧心痛苦。我们都有过遗失物品的经历，自己的东西掉了，哪怕是一串钥匙这样的小物件，都如身上割下一块肉，一想起就揪心疼痛，一段时间饭也吃不香、睡也不安稳；有些东西掉了还会给生活造成很大的麻烦，若是珍贵的东西遗失，精神更是会遭受极大的困扰。在此情景下，是多么渴望有好心人帮忙，让东西失而复得，让生活回归正轨。拾金不昧，捡到失物物归原主，正是解人之困，是大善举。而且，这也是法定的义务。拾到的物品都应该归还，就更不能去盗去抢，巧取豪夺，采取不法手段牟取不义之财、不义之利了。凡合义之利可取，凡悖义之利应舍。人不能以利害义、见利忘义，否则，最终将道德沦丧，人格毁灭。人们生存发展取得的正当利益，应该是“义中之利”、合义之利，不应当是“义外之利”、悖义之利。



总之，天之生人，义利并存，利以养其体，义以养其心，心不得义不能乐，体不得利不得安，义利二者应有机统一，谋生存之利，行发展之义，得义中之利，以义制利，见利思义，顾公利，重道义，讲情义，“正其义不谋其利，明其道不计其功”。特别在社会转型时期，利益诱惑太多，社会为个人的不正当谋利留下了巨大的空间，人们更要坚持“义利相容”的“共赢”原则，在追求利益最大化的同时，做到“理天下之财，不可以无义”。成大业者，义利均须兼顾。

2. 权利与义务的平衡

我们常说，家是共同的家，单位是共同的单位，国家是共同的国家，地球是共同的地球。这就意味着，人们享有权利，就应该承担相应的义务，只有这样，才能构建共同的家园，维护共同的家园，发展共同的家园。因此，权利与义务，与每一个人的生活工作都紧密相关，每个人都必须正确处理。

权利与义务的关系是政治学、社会学、经济学、法学、伦理学等研究的基本问题。关于究竟如何解释权利和义务，权利从何而来，如何能够享有权利，有哪些权利，哪些义务，权利与权利、义务与义务发生冲突后如何解决，不同的权利理论有着不尽相同的回答。自然权利理论（theory of natural rights）是源远流长的经典学说。该理论认为，每个人在作为人的意义上都享有某些权利，这些权利与生俱来、不可转让、不可剥夺。在汉语里，“natural rights”又被译为“天赋权利”“天赋人权”“天然权利”或“天权”。从字面意思来看，便知道这样的权利是不以现实社会里的法律为根据的，它的根据，是所谓的自然法（natural law）。用中国话讲，自然法就是天然的法则或天法。按照自然权利理论，自然权利出自人的本性，是本性的权利。它超越实在法而存在，是不可剥夺、不可让渡的。每个人必须享有一些与生俱来的权利，这些权利，不论现实政治如何需要、国家法律如何规定，都是不可剥夺的。从理论上讲，人们之所以要主张这样一种诉诸天、诉诸本性的模糊的权利，乃是因为现存的政治强力和秩序不能证明自己是正当的，换言之，就是不能“是怎么样，就怎么样”。不论个人如何服从和增进国家利益，不论个人如何依赖社会、如何生来处在社群关系里，在国家强力和社会冲突面前，每个人都应该使用道德权利概念来筑起一道防护墙，护卫自己的尊严和自由；也只有每个人都维护好自己作为人的最基本的尊严和自由，成为合格的、负责的道德主体，国家和社会才会健康发展、和谐安宁。这便是自然权利理论的社会功用，也是个人权利的道德基础，且为人权观念和制度奠定了坚实的根基。

我们的先哲老子重视人的自然权利，极为尊重和珍惜人的生命。《道德经》第二十五章中说：“故道大，天大，地大，王亦大。域中有四大，而王居其一焉。人法地，地法天，天法道，道法自然。”[1] 这就是说，老子把人与道、天、地放在同等的地位，体现了他对人的生命的重视，而且人效法道，按照道的法则自然而然地生存。老子在《道德经》第五章中说：“天地不仁，以万物为刍狗。”[2] 意思是说，天地看万物和丢掉的草狗一样，没有任何偏爱，并没有对人特别好，对其他的万物特别差，让它们依自然化生、自行荣枯。在自然大道眼里，人的生死、兴衰，不过和刍狗的成败一样，并没有特别之处。老子认为，人的生命要比名利、财富重要得多。《道德经》第四十四章：“名与身孰亲？身与货孰多？得与亡孰病？是故甚爱必大费，多藏必厚亡。”[3] 意思是说，名利与生命相比较哪个更亲近？生命与财富相比较哪个更贵重？得到名利与失去生命相比较哪个更有害？过于追名逐利，必定要付出很大的代价；过于聚敛钱财，必定会遭致惨重的损失。老子否定重名利财富而轻生命的现象，告诫人们要从名利和财富的束缚中解脱出来，做一个珍视生命的人。老子从对生命的尊重和热爱出发，对治国者提出了要求，要求治国者不仅要珍爱自己的生



---

① （魏）王弼注：《老子道德经注》，楼宇烈校释，中华书局 2011 年版，第 66 页。

② （魏）王弼注：《老子道德经注》，楼宇烈校释，中华书局 2011 年版，第 15 页。

③ （魏）王弼注：《老子道德经注》，楼宇烈校释，中华书局 2011 年版，第 125 页。

命，还要珍爱人民的生命。《道德经》第十三章：“何谓贵大患若身？吾所以有大患者，为吾有身，及吾无身，吾有何患！故贵以身为天下，若可寄天下；爱以身为天下，若可托天下。”① 意思是说，什么叫作把得到宠爱和受到侮辱这种“大患”看得和自己的生命一样珍贵呢？我之所以有“大患”，是由于我有身体的存在，如果我没有身体，我还有什么祸患呢？所以，只有能够做到像珍爱自身生命一样去珍爱天下人的生命的人，我们才可以把天下的希望寄托给他，把天下的治理托付给他。这就是说，治国者要爱惜自己和天下人的生命，只有这样才能执掌天下。《道德经》第六十章：“非其神不伤人，圣人亦不伤人。”② 这就是说，圣人统治天下是不伤害百姓的。老子在《道德经》第七十四章中告诫统治者要爱惜民众的生命，不可随意杀人。“常有司杀者杀，夫代司杀者杀，是谓代大匠斲。夫代大匠斲者，希有不伤其手矣。”③ 意思是说，常有天道去专管杀人。如果统治者代替天道去杀人，就如同代替木匠用斧头砍削木头一样，代替木匠去砍木头的人，很少有不砍伤手的。这就是说，随意杀人的统治者，最终没有不伤及自身的。

从自然权利出发，每个人都具有生存权，都应该珍爱生命，不仅要珍爱自己的生命，还要珍爱他人的生命。只有关爱自己生命的人，才懂得对他人生命的关爱；也只有关爱他人生

---

① （魏）王弼注：《老子道德经注》，楼宇烈校释，中华书局 2011 年版，第 32 页。

② （魏）王弼注：《老子道德经注》，楼宇烈校释，中华书局 2011 年版，第 162 页。

③ （魏）王弼注：《老子道德经注》，楼宇烈校释，中华书局 2011 年版，第 191 页。

命的人，才能真正关爱自己的生命。比如，仅就一个家庭来说，你不关心、关爱家庭其他成员，其他家庭成员的健康、生命都得不到保障，最后，谁又能照顾你呢？生命只有在相互关爱中才能存在和延续，充分理解和把握自我生命的人，一定会对他人的生命负责；同时，在关爱他人的过程中，自己的人生价值也获得了提升。因此，每个人不能只重视自己的生命而漠视他人的生命。生命不是谁的私有财产，每个人的生命并不仅仅属于自己，它还属于家人、亲人、朋友和社会。任何人都无权剥夺他人的生存权，无权侵害他人的生命。但反观现实，一些人谋财害命、抢劫行凶，一些人把生命当筹码进行暴恐袭击、残杀无辜，一些人自私自利遗弃婴儿、不赡养老人，一些人利用职权鱼肉百姓。这都是不讲人性的，不把人当作人，可悲可恨，令人不齿。“不善者，吾亦善之。”① 即便是对待品行有错行为有罪之人，只要不是十恶不赦罪应当诛，他依然享有人权、享有生存权，只可以限制其自由、剥夺其政治权利，不能无故伤其发肤，更不能肆意打骂危其生命。即便法律剥夺公民权利，也不可能剥夺人权，因为每个人之享有人权是凭据人之作为人的道德资格，而不是公民资格。没有公民资格的人（如无国籍的人）不享有公民权利但享有人权。每个人都有生存的权利，每个人也都必须珍惜自己和他人的生存权利。生命至上，任何人不得也无权亵渎、残害他人的生命，否则就是违背自然法则，违背天理。



从自然权利出发，人人皆有平等自由的权利，每一个人都是自由而又平等的，一个人的自由不能妨碍其他人的自由，一

---

① （魏）王弼注：《老子道德经注》，楼宇烈校释，中华书局 2011 年版，第 134 页。

个人的自由不能凌驾于其他人之上，没有人可以享有特殊的权利。当然，人的自然属性是趋乐避苦、趋利避害的。每个人都想获得更多的利益，享有更多的自由。因此，就会产生特权阶层，去追逐、享受特殊利益。也因此，需要在政治上、经济上予以限制，以道德、社会规范予以约束，使人不能享有特殊的利益，不能随意针对某一客体采取其想采取的行为，不能随意剥夺他人的权利。法治社会更应该如此。可反观现实，一些人富了就穷奢极欲，认为花的是自己的钱财就理所当然；一些人当了一官半职就威风凛凛，目空一切恃强凌弱；更有一些人以自我为中心，把他人当奴婢、当牛马，肆意使唤。这些把自己凌驾于他人之上的人，最终也只能落得可悲的下场。侵占别人的权利、自由多了，就好像吹气球，气球吹得越大，周围的空间就越受挤压，一旦外围的压力敌不过内在的压力，气球就会爆破，吹气球者就得自作自受。在社会中，人人都有获得尊重的需要，人人都需要平等的权利，一旦受到不平等、不公正的待遇，自然就会作出反应，就会有怨气、有怨言，这些怨气、怨言自然就聚集到侵权者、特权者身上。哪里有压迫，哪里就有反抗。众怒难挡，众怨难受。侵权者、特权者将自食其果。

马克思主义认为，人的本质是社会关系的总和。人类为了更好地生存与发展，在人与人之间建立了各种各样的社会关系，而所有社会关系的核心内容都是价值关系或利益关系，即在所有的社会关系中，任何人一方面应该进行一定的价值付出，另一方面又应该得到一定的价值回报。在此意义上，权利，就是人在相应的社会关系中应该得到的价值回报；义务，就是人在相应的社会关系中应该进行的价值付出，在政治、经济、法律和道义上应尽的责任。权利与义务的关系是由社会关系决定的，权利和义务是密切相连、相互依存的，任何权利的实现总是以义务的履行为条件。例如，父母有养育孩子的义务，孩子有受抚养教育的权利；成年子女有赡养父母的义务，父母有安享晚年的权利。人的一生都要经历从小孩到老人的过程，要享有权利都必须为之履行相应的义务，孩童时被父母养育，长大后天经地义地赡养父母，否则违背天伦，也违反法律。一项权利的存在，意味着一种让别人承担和履行相应义务的观念和制度的存在。如果说权利表示的是以“要求”“获取”或“做”为表现形式的“得”，那么，义务所表示的就是相应的以“提供”“让与”或“不做”为表现形式的“予”。但是，权利与义务并不是简单的对应关系。



第一，权利和义务在结构上是相关关系，权利和义务是对立统一的，相互排斥又相互依存，没有无义务的权利，也没有无权利的义务。比如说，经济合同关系双方当事人，在签订协约前，无论哪一方总是想在对方那里得到更多的利益，总是想少承担一些义务，权利义务相互排斥。但是，为了达成协约、履行合同、发展正常的经济关系，任何一方在享有权利的同时必须履行相应的义务，任何一方都不能只享有权利而不承担义务。日常生活中人们购物，总想买到价廉物美的东西，既少付款又能买到好物品，而作为卖方，即便是次品也总想尽可能卖个好价钱。只有当双方认为质价相当，一方愿意卖出，另一方愿意出钱的情况下，才能交易成功。买卖双方的权利义务既相互排斥又相互依存，没有人不付合适的价钱就能得到要买的东西，没有人不得到合意的款项就转让自己的物品。

第二，权利和义务在数量上是等值关系。也就是说，权利和义务的数量在同一个区域内总体上是相等的。首先是社会的权利总和与义务总和是相等的。权利的范围也是义务的界域，同样义务的范围也是权利的界域。在一个国家里，纳税人所缴纳的税收款项，总体上应该等于国家享有的财政收入；国家的财政总收入，基本上等于国家行政运转以及为民生义务所用的支出，否则，财税收支就不平衡，收支差距过大，国家就可能动荡不安，纳税人的权益也难以保证。当然，我们讲权利和义务等值，是指在总体上、在一定的区域内基本等值，并非在所有领域成一一对应的绝对相等。在某些特殊情况下，有的权利人不能享有应有的权利。如政府对土地的合法征用，无论被征用者愿意不愿意，获得的赔偿合理不合理、到位不到位，都必须服从国家利益需要，有的甚至要牺牲自己的利益，为国家多尽义务。面对国家利益，公民需要讲大局，讲忠义，与此同时，政府必须及时地说服动员，尽最大可能给予权利受影响的公民以合理公正的补偿，尽最大努力化解民怨，争取得到更多人的信赖和支持。实际上，每个人都负有仁慈的道德义务，这是人的本性本能，是人的品格和素质的体现。道德义务是人类的自然义务。值得提倡的是，现实社会中有不少人自觉地承担道德义务，比如说扶贫济困、见义勇为、无偿献血、捐资慈善，等等。此类无私付出的道德义务越多，人与人之间的互助友爱越多，社会就越文明和谐。只要人人都奉献出一点爱，幸福之花就会遍地开放，世界将变得无限美好，个人自然也能获得幸福。放长眼光、放宽视野来审视人生，奉献爱自然会收获爱。

第三，权利和义务在价值上是主次关系。权利是主，义务是次，权利决定义务。一般情况下，人都先自觉主张权利，也喜欢得到更多的权利，在得到权利之后，有的是自觉地履行义务，有的是在道德约束、社会规范的制约下履行义务。一般情况下，权利是主动，义务是被动。义务来源于权利、服务于权利、服从于权利。比如说，国家公职人员，在享有工资、交通补贴、通信补贴等权利的同时，必须严格遵守职业操守，勤政廉政，在职责范围内全心全意为人民服务。国家公职人员为民尽责、为民办事是应尽的义务，不能光享有福利待遇不干活。试想，如果公职人员都光享受福利待遇而不干活，不为民尽责尽力、为民服务，那老百姓还会依法纳税吗？老百姓不纳税，公职人员还有工资福利吗？老百姓只有充分享有被服务的权利，才会心甘情愿地依法纳税，才会衷心地拥护政府、支持政府。但在现实社会中，有一些公职人员认为进了公职人员队伍，就可以高枕无忧不劳而获，拿了“铁饭碗”，不干活照样享有工资福利，懒散不作为，出工不出力，整天无所事事游手好闲，“啃”政府、“啃”人民。还有一些人忘了自己已享受国家和人民为其支付的工资待遇，在行权尽责的时候要进行权钱交换，收取额外的报酬，不收钱财不办事、不收钱财不尽义务，以致贪污受贿，走向政府和人民的对立面。实际上，每个人享受了权利，都必须尽到自己的义务。你每个月领了工资福利，要对得起享有的这些权利，无论领的是国家的还是老板的，起码应该尽义务付出劳动做出与之相应的贡献，这样才不亏欠得到的权利，不亏欠他人。否则，人生将背上债务，如寄居蟹占着、背着别人的壳负重而生、负重而行。因此，人们承担的义务只有服从权利、服务权利、竭尽所能超越权利，人与人之间才更加友爱，社会才会充满正能量。

3. 显达与穷困的平衡

一般情况下，人生都是波澜起伏的。每个人基本都是在穷富、逆顺、显隐、苦乐、是非、曲直等波动变化中走完一生，几乎没有人走的是一条笔直的人生道路，不经历风雨、风平浪静地活着。每个人都有穷困和显达的时候，这是人生的常态。当然，每个人穷困和显达的程度不同，既有物质上的也有精神上的。穷困时，有的一贫如洗，食不果腹；有的穷困潦倒，不能自足；有的身处恶劣环境，无法摆脱痛苦；有的遭遇病痛、离别之苦；有的政治上被打压，郁郁不得志；有的只是工作不如意和生活有波折；等等。显达时，有的富甲一方，有的权极一时，有的跻身名门，有的路遇贵人，有的一跃龙门享富贵，有的一鸣惊人成名人，有的儿孙满堂享天伦，等等。贫困和显达之景象，就如人的脸面，千人千相，而且是变化的，就如天之气象，阴晴圆缺反复无常。人生遇到的穷困和显达的变化是难以预判的。人生至关重要的是，以什么态度对待穷困和显达。

孟子曰："穷则独善其身，达则兼善天下。"后人把这句话改为"穷则独善其身，达则兼济天下"。"穷则独善其身"按现在的话是说，在不如意的时候，要对自己负责，唯独能做的就是修养好、保护好自身，在不良的环境中能不受干扰、不受污染地坚持自己的美好品格，一心一意地做好自己的事，走好自己的路。"达则兼善天下"，意思是说在自己处于好景时、得意时不背离道义，要有帮助别人的胸怀和气度，尽自己所能为他人做贡献，使天下人都得到好处。无论穷与达，既要爱自己、爱自己的仁义品行，又要爱他人、恩泽他人、为他人做贡献，这是总的原则要求。

（1）穷时善待自己，提升生命质量。

不能因为穷困，就不善待自己，就悲观失望、怨天尤人、自寻烦恼，甚至寻短见、走极端，糟蹋自己。以人为本，也应该以自己为本，善待自己，善待生命。每个人只有一次生命，生命无限宝贵。虽然说自己难以控制、难以把握生命的长度，不能想活到多少岁就活多少岁，但是，对生命的过程和质量、对生命的厚度和宽度，是可以自己做主的。苦也一天乐也一天，懂得善待自己，懂得掌握自己的命运，这样活着的生命才富有意义。人生不如意之事十有八九，荣辱、得失、悲喜、祸福、贫富、寿夭等都是常见的事，也都是命运，关键是自己怎么看待。人生在世，有苦就有甜，有耕种就有收获，有阴就有阳，有负就有正，总体上一般保持平衡，遵循平衡法则。宇宙万物总体上是均等均衡的，但每一人、每一物、每一个条件不可能是平均的、等值的、绝对相同的，有的在某一方面占的份额可能会多一些，有的在另一方面占的份额可能会少一些，这就是平衡中的不平衡，这就是多样的世界。在一些非常规情况下，在有限的维度区域内，人生错综复杂的各个侧面总是在质上或量上向一个方向倾斜，从而发生极端的不平衡，即走向一个极端，遵循不平衡法则。现实生活也就是如此：绝大多数人是四肢、头脑健全的人，是平衡发展的人，但又是普通的人，过着普通人的正常生活。也有少数人，身体存在着严重缺陷，人生经历极端磨难，但是他们在某些领域取得了非凡的成就。

如音乐天才贝多芬，一生耳聋，热爱生活却终生孤独；画家梵高、音乐家莫扎特都是一生贫病交加，个人生活极其不幸，而且英年早逝。司马迁受宫刑，以其“究天人之际，通古今之变，成一家之言”的史识创作了中国第一部纪传体通史《史记》，被誉为“史家之绝唱，无韵之离骚”。名列“初唐四杰”之首的王勃，因作《滕王阁序》千古留名，家喻户晓，却只活了 27 岁。李商隐一生困顿不得志，“春蚕到死丝方尽，蜡炬成灰泪始干”。但他是晚唐乃至整个唐代，为数不多的刻意追求诗美的诗人。蒲松龄科举屡试不第，一生不得志，始终在贫困的人生坡路上艰难挣扎，却作成了《聊斋志异》，“写鬼写妖高人一筹，刺贪刺虐入骨三分”。此类事例举不胜举，命运给了他们磨难，却也给了他们智慧才识，给了他们苦难摧不垮打不倒的坚韧的意志品质，给了他们热爱生命善待生活的信心和希望。在有限的生命历程和生活维度中，命运似乎对这些人不公平，“苦其心志，劳其筋骨”，让他们受尽劫难，生活的天平倾斜向了极端陷入了低谷，处于不平衡之中。但是，也正是这种磨难让他们更加懂得生命的可贵和生活的美好，使他们的才华和智慧迸发出来，做出一番成就，名留青史。在历史的维度中，他们的生命是有意义的，又是平衡的。命运对人其实是公平的。佛家讲的因果轮回，实际上就是告诉人们对待自己的命运不能只看一时一生一世，要看前世、今生和来世，善恶因果必报，人在因果循环中实现平衡，引导人们善待有限的生命而积德行善。世上有人坐轿，必须有人抬轿，当人遭遇穷困的命运时，不妨把自己看作轿夫。无论坐轿的客人是什么样，来的都是客，都必须积极应对。自己必须做好万全的准备，把客人顺顺当当抬到目的地，让客人满意，才能得到应有的回报，遇到好的客人或许还能得到额外的奖赏。或许会以自己的真诚服务博得客人的赞赏而改变命运，或许能靠勤恳劳动积累一定的资本，自己就也有坐轿的机会。轿夫看似抬的是客人，实际上抬的是他自己，抬的是自己的命运。因此，好轿夫一般不抱怨当轿夫，做好了轿夫一般也就不再是轿夫。

（2）达时善待别人，实现人生价值。

当你有个好境遇时，当你的理想和目标实现之后，当你出人头地的时候，你要“兼善天下”。自己有了好的条件和资本，就要共享自己的成就，去善待、帮助、提高其他人，让这个社会随着你的进步而进步。鹰破壳而出，需要时间和温度；展翅高飞，需要托举和助推；成为雄鹰，离不开周边环境。人的成长也不是只靠个人力量，需要承载很多人的恩惠，因此必须有感恩之心。再说，当你发达的时候，应该有发达时候的胸襟和素养，也就是平常所说的要“德位相配”。愚有个习惯，上下班前后或周末时常跟住宅小区物业的保安闲聊。有一次，一个江西籍的老保安告诉我，他没有其他本事，只能站稳这方天地，守住、管理好这方天地，靠这方天地养活老婆孩子，托起家人的梦想和期盼。他说，住在小区的人们都要经过他守候的地方，跨上一级一级台阶，走向不同的楼层。走好底层，才能更上一层，有底层的托举，最后才能走到高层。每上一个台阶有一个台阶的付出和站位，每上一个楼层有一个楼层的风景和人生，进了家门就有到家的自由和责任。在家的小天地里，可以享受生活，享受天伦之乐，享受充分的自由。但是，不能因自己的自由影响到家人和邻里的自由。并且自由也伴随着责任，从内部来说，需要尊老爱幼，谋生计尽到养家照顾家人的责任，各尽所能做好家务；从外部来说，上楼时要珍惜走过的每一个阶梯，养护好每一级台阶，家住越高，需要养护的台阶就越多，责任也就越大。护好台阶是义不容辞的责任，否则，只要一级阶梯、一个楼层出问题，就有可能下不了楼。如果居家之下的楼层塌了，支撑不了，家也会随之受到损失。老保安说，人生就好像走台阶、上楼层，在底层更多的是照顾自家，柴米油盐过生活；在高层就要尽更大的责任，在生活之外关照更多的人。愚很欣赏保安的人生智慧，并称之为“楼梯哲学”，这是对“达则兼善天下”的鲜活注释。人每迈开腿前进一步，每上一层，都承载着他人的付出和恩惠。前进了必须关顾来路而不能过河拆桥，登高了必须顾及基层而不能自高自大。进步了就忘乎所以，不知道自己是谁了，必然会走向失败为人所不齿。现实中一些高官忘了为人民服务的初心而大搞腐败，一些明星不珍惜人民给予的荣誉而糟蹋群众的信任，最后只能被人民群众抛弃，成为社会的反面。因此，每个人都应该常常望望回头路，常常想想托举自己的台阶，带着感恩和责任，尽其所能护好来时路，养好登台阶，为小家，顾大家，乃至“兼善天下”，这样才能实现人生价值，人生才有意义。

（3）穷要思变，尽力而为；达要知止，量力而行。

古人说：“穷则变，变则通，通则久。”意思是说，事物到了尽头就要发生变化，变化了就有新的办法和新的出路，而这种不断寻求新出路的变化则是长久之道。人处于困境中，必须求突破，这就如同军队打仗被围剿，必须像红军长征一样使尽全力冲出包围圈，开辟新路，才能走向光明，走向未来。否则，就会如太平军被困大渡河难以突破一样失败。信心胜过黄金。人应该“穷且益坚”，而不能“人穷志短”，人穷也必须有志向，对自己有信心，有改变困境的意志。如果连自己都“志短”了，对自己没了信心，那怎样都改变不了穷困的命运。穷困时，人一般都会奋争，努力向好以改变自己的命运，但是，在好时境下人往往不知足、不知止，甚至不自量力、什么都想得到，这值得警惕。我们从苏轼的《水调歌头·丙辰中秋》或许能得到启迪：“我欲乘风归去，又恐琼楼玉宇，高处不胜寒。”琼楼玉宇风光无限、美不胜收，人都想“乘风”快一点飞到高处，高处好风景，一览众山小。自然科学告诉人们，越处在高位，温度就越低，人越容易被风寒侵袭。高有高的寒冷，高有高的难处，高有高的不自在。在高处，离天近了但离地远了，阳光充足了但空气稀薄了，看得更远了但悬空可能更大了，地位显眼了但活动受限了，攀爬附和的多了但交心交往的少了。总之，在高位一旦失去平衡，损失就是惨重的。“人有悲欢离合，月有阴晴圆缺，此事古难全”，人们向往的如玉盘的月亮，照样有阴晴圆缺，世间事自古没有十全十美，也因此，才给人更多的诗情画意。人或位高权重，或富甲一方，或技艺德行达到极高境界，这时受到的关注就越多，越容易遭遇再发展的瓶颈。能否继续冲，继续上，继续有所作为，需要静下心来多想一想自己的来路，多问一问自己是不是知足了，多算一算自己的能力素养能否撑得起已经得到的东西，多看一看自己将往哪里去。一个人不可能想要什么就有什么，“此事古难全”，没有人一生不留缺憾，没有人什么事都能做得尽善尽美。再有本事的人，都必须量力而行，再好的机遇时运，也要适可而止。切不可老觉得自己官当得不够大、钱赚得还不够多，否则欲壑难填，命运就会被欲望牵着鼻子走，最后只能走向深渊。

“穷则独善其身，达则兼善天下”告诉人们，无论是好运还是歹运，都要正确对待自己的命运，牢牢掌握自己的命运，自己决定自己的命运。古人有说法：“一命二运三风水，四积阴德五读书。”“一命”的“命”，一般指人的先天条件，比如说一个人生在谁家，家庭基因如何，与谁做兄弟亲属，自己的智商身体素养如何，等等。这些先天之“命”，自己不能做主，因此“命由天定”“生死有命”。但是，孔子说：“不知命，无以为君子也。”人要知命，要了解自己的先天条件，从而掌握自己的命运。人有不可改变的先天之“命”、不随人的意志而改变的客观之“命”，不过，人还有可通过主观努力改变的后天之“命”，不仅仅是“宿命”，不能一味地信奉“命里有时终须有，命里无时莫强求”。其实，所谓的“命”是由主客观条件共同作用的结果，由诸多因素混杂而成，且时时刻刻都存在着变数，有可掌握的，也有不易掌握的。比如说，“命中注定”你是驾驶员，进驾校培训跟着的师傅技术好不好，由不得你，这是命运的安排，但肯不肯学、学得怎么样就是自己的事了；刚上路不熟悉路况，在问路时是遇到“活地图”的热心人还是遇到“路盲”又冷漠的人，只能随缘，但是否善于应对转弯纵横、遇到此路不通能否赶紧调标转向，这就得靠自己了；每一批车出厂都可能伴随着品控问题，遇到高质量的还是有瑕疵的车难以掌控，这是命，但技术熟练不熟练、方向盘油门配合得是否适宜，这就是个人问题；去某个地方路况好与坏，这是命，而能否驾驭斜路弯道、爬坡过坎，这就是水平；别人违反交通规则横冲直撞阻碍正常的行车路径，这是命，但反应灵敏及时躲避风险避免交通事故，就要凭本事了。一个驾驶员的命运，随着车、路、人和自己等主客观条件的变化而不断变化。世界上没有一成不变的东西，驾驶员如此，其他行当也如此。一个人的命运不是一成不变的，关键在于在变化中把握命运，知命而行，顺命而动，从而掌控命运。古人说，人有“命格”，出生之时“命格”就已经定了，但命不是一成不变的，否则就是宿命论，《易经》中也就不会有“天行健，君子以自强不息”的说法了。“命格”只是规定一个大概的方向。比如说，你的“命格”被规定的路径是在一个区域范围内，中间要经过很多路口，若在路口彷徨困惑时恰好遇到贵人帮你释疑解惑，你又能继续往前迈进；若在你困惑时没有遇到生命中的贵人，甚至遇到了坏人，随便把你引到其他歧路，那么你的人生走向就可能因此改变。此外，在行进的过程中可能遇到台风暴雨、修路拆迁等情况，还有诸如交通事故等许多偶然事件影响行进的路径。人生有很多十字路口，受很多主客观因素的影响，能否按“命格”规定的方向一路走好，从而达到人生目标，一看自己，二看生命中遇到的人，三看天时地利。人生的命运是主客体相互作用的结果，也有偶然和必然的因缘，但最关键的还是靠自己这个主体来把握。

“二运”的“运”，是指人在特定“时”“位”条件下的运气和机遇，随着所处的时间和位置的变化，人的运气和机遇也在变化，因此就有“地吉苗旺”“地灵人杰”“一方水土养一方人”“时来运转”“一朝天子一朝臣”等境况。每个人都会有好的际遇和不好的遭遇，有好的运气、机遇和不好的运气、机遇。好的际遇，可遇不可求，要以时不我待的态度倍加珍惜。比如说遇到与你投缘的领导，善待你、引领你、培养你，你就不能懈怠，“士为知己者死”，必须竭尽全力做好工作，机不可失，时不再来。运气好，你不珍惜，时运也就不理你了，不再关照你了。还有，人遇到好时境也容易放松自己，容易过度膨胀，仗势欺人，就如道路越平坦越容易翻车出事故，这样物极必反，好时运就容易犯错误遭灾祸，好的就变成坏的。走霉运的时候，应以平常心对待，伺机而动。这就如同出门遇到阴雨天气，天阴视线视野朦胧，雨多地湿路滑，如非必要，尽可能不出门，铭记时间是最重要的决定因素，许多事情只能由时间来解决，待到雨过天晴时，又是另外一番新天地；非出行不可的，无法避开的，要有攀岩登高者的心态，尽可能做好保险措施，要谨行慎行，处处留心，时时尽心，凝心聚力，站稳了一只脚，再挪动另一只脚，寻找新的支点，并不断告诫和鼓励自己要有冲上去的顽强信念，以突破新的难点，直至登顶。遭遇时运不佳的境况，尽管累一点难一点，但只要具有勇敢顽强、坚忍不拔的拼搏进取精神，具有良好的个人能力素养，还是能够如攀岩者一样收获登顶时的成功和喜悦。遭遇坏时运，要像海明威《老人与海》中的老人桑地亚哥那样敢于抗争，哪怕 84 天没有捕到鱼，哪怕与大马林鱼拉锯战三天三夜，哪怕在同鲨鱼的搏斗中失去了他的鱼叉、小刀甚至是船桨，他都不畏艰险，坚忍不拔，不达目的誓不罢休，最后他捕获了一辈子见过的最大的、最美丽的一条大马林鱼。尽管只带回了一副大马林鱼的骨架，但是他战胜了大海，因此有人高喊“桑地亚哥，你的坏运气过去了——”人的一生如在大海行舟，运气如海浪，无论运气好还是坏，海浪大还是小，都要正确面对，自己掌好舵，乘风破浪，自强不息，时刻把命运牢牢地掌握在自己手中，最终停靠安全的港湾。

“三风水”，古人讲的“风水”是指人生活或过世后埋葬的自然环境。所谓的风水好，就是人与自然环境和谐，达到天人合一的境界。比如说，天天呼吸清新的空气，享受充足的阳光，睁眼就能看到赏心悦目的风景，周边有友善的同事朋友，家庭有满满的爱意，人的心情就愉悦舒畅，就会精神焕发，事业也顺利。而如果天天笼罩在阴霾之下，同事钩心斗角，家庭没有温暖，人必然气不畅、心不顺，肯定容易出毛病。但是，物质世界是变化的，人在变，风水也在变。一般情况下，人们只知道去找风水，找“最好”的风水。比如说，古之帝王将相无不注重风水，都倾注心血想找“最好”的风水宝地，但古之帝王将相今何在？有多少“龙脉”“虎穴”延续下来？民间善于堪舆术的所谓“高人”，无不想给自己在尽可能大的区域内找到“最好”的风水宝地，但这些“高人”的后生一定会比同区域的人强吗？地球在运动，物质在变化，山在变，水也在变，当时寻找的是“最好”的风水，但周边的环境变了，哪怕只是一棵树、一条沟渠、一堵墙、一扇门，都如蝴蝶效应，牵一发而动全身，一变连着百变、千变、万变，从点滴之量变到根本之质变，直至面目全非。因此，“最好”也会变成不够好，甚至是坏的。好风水不是找出来的，一时好也不等于永远好，现在与环境相和谐也未必永远和谐。也因此，古人说“积善之家，必有余庆”“福地福人居”，你不断地做好事、做善事，“仁者无敌”，“得道者多助”，周边的环境一般不会妨碍你成事，正能量围着你聚集，你住在哪里都是好风水。这也是“积阴德”之要义。

四积德。“善有善报，恶有恶报”，就如同“种豆得豆，种瓜得瓜”，是自然规律，也是人们的生活准则。一个正常的人，一般都有以功德换取回报的良心，都想为社会尽力做贡献来换取自己的美好生活。人对社会的贡献叫功德。帮助人做好事马上就收取等额回报，那叫交易，叫跟命运做买卖，只有多做好事、多做贡献才叫积德。积德有积阳德、积阴德之分。“有心为善”，做善事故意想要让别人看见，叫阳德；暗中做好事而不留名、不图回报叫阴德。积阴德，是发自内心地默默地去帮助一切可以帮助的人，不去计较对方知道不知道，不去追求回报，不以功利心来衡量，做了就放下，如同吃饭、睡觉那样自然。积阴德就如同储蓄，做善事好事、做贡献越多，储蓄就越多；时间越长，日积月累，功德就越大。功德大、储蓄多了，就能福荫子孙，以德性积来的福来滋养子孙，给子孙铺路架桥，留给子孙阳光坦途。但在现实生活中，许多人不愿意储蓄，或者一有储蓄就消费掉，甚至借贷过度消费，以致危机四伏，弄不好就会倾家荡产，留给子孙高筑的债台。一些有一定权位的人要收取财物，才肯帮助人，有的甚至利用权势谋私牟利，这样最后都会付出沉痛的代价。历史和现实的无数事例证明，名门望族一般都从做好事善事起家，权高位重者的垮台衰败一般都由做坏事引爆。

“五读书”。读书，就是要读圣贤之书，读哲学、历史、文学、艺术、经济、政治、科技、法律等书籍。读书可以学习借鉴别人的经验增加智慧，无论从事哪行哪业都能把事情做好，都能当“状元”，尽可能少走弯路。“书中自有黄金屋”，读书好可以懂得经营从商之道，可以投资理财、办企业，可以懂得规划人生、构建人生理想之大厦；“书中自有颜如玉”，读书能修身养性，“腹有诗书气自华”，相由心生，心好相就好、形象气质就好，心好素养好的人会有好人追随，还可以改造“不善之人”，因此满目都是好景色，心中自然有“颜如玉”。读书还可以避灾难，当运气不好、处境不佳的时候，关起门来读书明志修德、宁静淡泊，不闻窗外事、不接触是非之人，让是非门前过，让邪恶找不到可乘之机，谁还会来相害？因此，“男儿欲遂平生志，五经勤向窗前读”。

人的命运，是穷困还是显达，既有必然性又有偶然性。必然性是指客观事物变化发展中不可避免的、一定会发生的、确定不移的趋向。必然性在事物的发展过程中居于支配地位，规定着事物发展的前途和方向。必然性的特点是确定性。偶然性是指客观事物变化发展中并非不可避免地必定发生，而是可能出现也可能不出现，可以这样出现也可以那样出现的不确定的趋向。必然与偶然是辩证统一的，在偶然性中隐藏着必然性，偶然性总是服从于必然性；必然性存在于偶然性之中，没有脱离偶然性的纯粹必然性；偶然性是必然性的补充和表现形式，任何偶然性都服从于内部隐藏着的必然性，没有脱离必然性的偶然性。在人生的历程中，没有单纯的必然性也没有单纯的偶然性，在偶然性中隐藏着必然性，而必然性又通过偶然性来表现和实现，二者是结合在一起发生作用的。如“孟母三迁”，让孟子接近好的人、事、物，让其养成好的习惯直至成才。孟子的成才有必然性，而这种必然性又是通过大量的偶然性表现出来的。搬迁的过程，先是“近于墓”，后又“舍市傍”“近于屠”，最后才迁于“学宫之旁”，每一次搬迁、落户在什么地方、与谁住在一起，都有偶然性。但是，如果没有孟母想培养孟子成才、为孟子选择好的学习环境的坚定意志的必然性，“三迁”的偶然性就不会出现。如果没有“学宫之旁”等偶然性，“此真可以居子也”的好的学习环境，以及孟子学习成为大家的必然性可能就不会出现。因此，必然性支配偶然性，偶然性表现必然性。再譬如，人的衰老和死亡等自然规律有其必然性，而某一个人什么时候生病、生什么病、一生要生几次病、生什么病会导致死亡等等，这些又是偶然性。因此说，人的命运既有其必然性，又有其偶然性，在人生过程中会出现难以预测的各种情况，命运是偶然性与必然性的辩证的、能动的结合。比如说生孩子，能生高智商的孩子还是一般智商的孩子，影响的因素既有人可以决定的，也有人不能决定的。这就是人生，这就是命运。从“一命二运三风水，四积阴德五读书”的分析可以看出，人的种种命运，有其必然性，也就是所谓的“宿命”；但更多的命运，则是建立在“偶然”之上，偶然表现必然、成为必然，就得看个人的“造化”、个人的修行。正因为有“偶然”这个变数，才给了人们无穷的希望，也给了人们不竭的动力。

4. 无私与成私的平衡

老子说：“天长地久。天地所以能长且久者，以其不自生，故能长生。是以圣人后其身而身先，外其身而身存。非以其无私邪？故能成其私。”① 老子告诉我们，天地之所以能够长久，是因为它们不是为自己而生存的，所以“圣人”从不自私，把自身放在众人的后面，反而能赢得众人的拥护；把自己置之度外，生命反而能够保全。正是由于不自私，反而能成就自己的事业，因此成为圣人。这就是老子“无私成私”的思想。老子通过对自然世界深刻的洞察，发现了其中蕴涵的“无私成私”的生命真谛。老子认识到自然世界是无私的，“天地不仁”②，“万物作焉而不辞，生而不有，为而不恃，功成而弗居”③，万物皆无私。人类生存于自然世界之中，通过改造自然世界，获得人生智慧，从而创造人文世界。万物“不自生”，不在意自己存在，不刻意为了自己存在而存在，是天地万物的无私。因此自然“能长生”，不论生在何处都能顺应四时、无忧无虑地存在，以致“天长地久”。人也一样，后其身后退不争先，反而能走到前面；外其身而置身度外，反而能保护自己的存在。不需要与人争先后，不需要过多地考虑自己，是金子总会发光，是宝贝总有人珍藏。人不暗地里苟且，就能堂堂正正行事；私心杂念多，就难以轻装前行。现实生活中不难发现，性格阳光、做事果敢的人，随身携带的公文包一般较轻简，包内的东西也就那么几件必需品，而性格琐碎想法复杂的人，随身携带的公文包一般较繁琐，这个也需要、



---

① （魏）王弼注：《老子道德经注》，楼宇烈校释，中华书局 2011 年版，第 21 页。

② （魏）王弼注：《老子道德经注》，楼宇烈校释，中华书局 2011 年版，第 15 页。

③ （魏）王弼注：《老子道德经注》，楼宇烈校释，中华书局 2011 年版，第 7 页。

那个也需要，都不愿意舍弃，内容丰富如杂货铺，常常显得累赘。一些爱贪小便宜的人，常常遇到便宜货就买，结果家里成了无用之物的堆积场；有的还异想天开天上掉馅饼中大奖，结果上当受骗，非但占不到便宜还吃亏。放不下小利就成不了大事，负重而行就走不了远路。没有私意、私利、私情、私有，就会一心为公、从公、利公、奉公，以致天下为公。有“无私”，才能“成私”。

（1）无私在于“不自生”。

私，是人的本性本能，人都要为生存而获取必要的生活资料，都希望生活过得更好一些。老子说的无私，不是否定人的本能本性，而是“不自生”，不全为了自我而生而活，不整天围绕着自己转、满脑子都是自己。因为“少则得，多则惑”[①]，少取反而多得，贪多反而迷惑，“不自见故明，不自是故彰，不自伐故有功，不自矜故长。”[②] 不固执己见，所以看得透彻；不自以为是，所以彰明昭著；不自我夸耀，所以能获得成功；不自高自大，所以能显示出长处。天长地久，地球不仅绕地轴自转，还要绕着太阳按宇宙规律公转。公转带来四季轮回，使万物均衡受益、共同发展。若地球只有自转，就会使物体水平运动的方向产生偏移，还有离心作用导致自身变形。人也如此，不能仅仅是“自转”，更要“公转”。人只有怀着公心绕着众心，思想上才有定力，行动上才有助力，相互间才有吸引力，才能在社会中“转”得自如、“转”得和谐、“转”得久

---

① （魏）王弼注：《老子道德经注》，楼宇烈校释，中华书局 2011 年版，第 58 页。

② （魏）王弼注：《老子道德经注》，楼宇烈校释，中华书局 2011 年版，第 58 页。

远。没有了“公转”，只能如陀螺原地打转，没有原动力，没有轨道遵循，没有外力就转不动。人只有有足够的境界、远大的理想、广阔的胸怀、恒久的公心，才会有更深远一层的见识与思考、更前瞻一步的规划与行动、更优越的气场和风度，最后才能凝聚更大的能量、成就更大的事业。

（2）无私在于“后其身”。

人都有私，但私有先后之分，是先公后私，还是先私后公。“先天下之忧而忧，后天下之乐而乐”是对“后其身”的最好诠释。现实生活中也是如此。与人乐乐，与众乐乐，得乐。善者善待之，不善者亦善待之，得善。人在地球上立足、生活、发展，离不开良好的环境，这也是人始终要明白、要切实解决的主要矛盾。如果不解决这个主要矛盾，大家都争着从这个环境中掠夺而不为其服务，都去糟蹋、破坏环境，最后这个环境将万劫不复，个人也不能独善其身。古今中外无数事例证明，如果大家都为自己，这个环境，这个组织、集体，乃至民族、国家终将溃败。个人相对于天地万物是极其渺小的，对于环境处于次要的、从属的地位。个人的利益诉求，都属于人生的次要矛盾。有了良好的环境，个人才能更好地生存和发展。别人好，大家好，自己才会好。先人后己，先公后私，最后才能成就自己的事业。比如说家庭中，天下的母亲都把自己放在一家人之后，哪怕是一口饭、一勺汤、一针一线，都先为家人着想，时刻关心着家人的冷暖温饱，总是想把子女培养成才、让家人有所成就，母亲也因此而伟大。家里如此，家外也是。住宅小区附近的食杂店、小吃店经营者，生意红火不是靠广告推销，而是靠对老人小孩不嫌麻烦的热情周到的服务。在一个单位、团体中，一些憨厚的同志兢兢业业、勤勤恳恳、任劳任怨，工作抢在前，遇事做了再说，甚至只做不说；遇荣誉待遇不与人争，甚至主动谦让，这样的人一般情况下都能得到大家的赞扬和公推，最后比爱计较、好表现、私利抢在前的人走得更顺、更高、更远。相反，一些人总想算计别人，总想沾别人的光，却总是难以富有；总是喜欢争抢，工作争功劳、说话抢上风，到头来却不受器重没人敬佩。北宋范应元说：“圣人谦下，不与人争先，而人自然尊之；圣人不争，不与物为敌，而物莫能害之。”① 因此，“后其身”“不为天下先”，反而“身先”。

（3）无私在于“外其身”。

对名利，要把自己置之度外。人一旦处在名利的角力场之中，就会被名利束缚而失去身心自由，难免陷入纷争，可能伤身伤神伤心，甚至搭进身家性命。人陷入名利场就如斗牛士进入斗牛场，初始阶段玩弄名利像引逗牛，博得观众欢呼，能找到快感、刺激感，但进入刺杀阶段，最终都是以伤亡作为结局，要么斗牛士成功刺杀牛获得名利，要么斗牛士被公牛撞翻倒地伤筋动骨，甚至付出生命的代价。无论什么结果，观众或觉得精彩刺激或觉得遗憾不痛快，都能抽身名利之外，正常生活。但作为斗牛士，无论多么出名，技艺多么高超，无论接受观众多少欢呼、掌声和投来的鲜花，也难以避免战死“沙场”的命运。名利场上再高明的玩家，命运也就如此而已。“外其身”，要放眼高远。古人诗云：“欲穷千里目，更上一层楼。”

① 许啸天注解：《老子概论》，知识产权出版社2015年版，第67页。

要想看到无穷无尽的美丽景色，应当再登上一层楼；只有极目千里，阅尽万物，包容万象，才能有高瞻远瞩的胸襟，才能脱离世俗自洁其身。站得高看得远，眼界低心眼小。“外其身”，就是眼睛向外而不向内看，多看他处、远处、长处，这样能悦目养心保身。人着眼的时空范围越小，心就越窄，心窄忧患就多；着眼的时空范围越大，心就越宽，心宽天地就阔。心窄了，只顾着自己，容易斤斤计较，画地为牢，陷入自我的小天地而不能自拔，难以顾及他人为他人着想，也因此容易挤占或伤及他人，伤人越多，自己受伤的可能性也越大。心宽了，人就豪气大度、挥洒自如，也因此不太会与人积怨，越容易保全自己。心越窄，生存的半径就越小，最后人就无处安放，不得已只能依附他人，陷入小圈子之中。一旦入圈，就会被圈套围困，把命运交给他人，受他人摆布，也就没了自由。而以天下为圈，心怀天下，就能顶天立地，别的圈再大，都大不过天。历史上的奸诈之人基本上都要结党营私结伙入圈，营建私人领地、个人王国以保身，但最后都难有葬身之地。心越宽，就越得人心，生存的地域也就越来越宽广。像领袖人物，胸怀人民，放眼世界，因此众望所归、万方拥戴。“外其身”，应该跳出自身关注众生，心系缘之所在，关爱目之所及，无害万物从而存身于万物之中。“外其身”，对修行，要足行天下。人最大的毛病是自以为是，难以发现或者不愿意承认自己的毛病和缺点。人越在高位优位，就会有越多的人围着吹捧，越不容易听到真话实话，就越可能忘乎所以，因此埋下隐患、潜藏危险，不引起注意就可能会蚁穴溃堤，以致身败名裂。古话说：“知屋漏者在宇下，知政失者在朝野。”人保持清醒最好的办法，就是脱离自己的生活圈、工作圈，心在朝野听民声，足行千里寻踪迹，走出自身，从身外看体内，从外圈探内核，以及时修行增智、强身健体。

总之，只有做到“不自生”“后其身”“外其身”的无私，才能拥有（达到）“长生”“身先”“身存”的成私。没有予，就不可能有得。有的人好计较私利，天天跟别人较劲，事事要争高低、比得失，谁还会对这样的人心怀好感？有的人大度开朗，目光远大，多给多舍助人为乐，因此众星拱月，最后也就成就了事业。每个人都可以“无私”，也都能“成私”，但完全的“无私”是很难的，且没“私”者比有“私”者的“无私”更难，也更可贵。在没有任何私产、私有资源，一无所有甚至连温饱都没办法满足的时候，要做到“无私”更是难上加难，除非献出生命，没有其他东西可“无私”。舍生忘死、毫不利己、专门利人，必须有崇高的信仰，本身处在寒冷之中还能雪中送炭，更需要坚毅的品质和崇高的道德。没有“私”的人“无私”，气魄更大，更能“成私”。老子要求的“无私”“后其身”“外其身”，主要是对“圣人”讲的，“圣人”的“无私”更有条件更容易，有时只是举手之劳。人在有了一定的私有、私产，“成私”到一定程度之后，需要“无私”，也应该“无私”，这是天道“损有余而补不足”。比如说先富起来的人群，捐助一些钱财做好事，不是一件困难事。越“成私”越要“无私”，越“无私”也就越能“成私”，不断地帮扶济困，慈济众生，这样才能长久。

5. 严己与宽人的平衡

所谓严己，是指遵循一定的道德准则和行为规范要求自己、约束自己。所谓宽人，是指用宽宏大量的心胸对待他人、容忍他人。对待自己要严格，对待别人要宽容，这是中华民族的传统美德，是一个人具有高度文明修养的标志。孔子讲：“躬自厚而薄责于人，则远怨矣。”意思是说，做一个人，尤其是做一个君子，重要的是要严格要求和责问自己，而对人应采取宽容的态度，在责备和批评别人的时候应该怀有善良之心，尽量做到和缓宽厚，这样，自然不会招致怨恨。古之圣贤历来提倡“严以律己，宽以待人”，就是说要对自己要求严格，对别人则常存宽厚之心，多做自我批评，少去怨天尤人。韩愈在《原毁》中曰：“古之君子，其责己也重以周，其待人也轻以约。重以周，故不怠；轻以约，故人乐为善。”① 这告诉我们，有德行的人，往往对自己的要求严格而全面，而对别人的要求宽容而简易。“重以周”让自己不懈怠，“轻以约”让别人乐于行善。近代学者梁启超曾经说过：“君子接物，度量宽厚，犹大地之博，无所不载。君子责己甚厚，责人甚轻。”② “当其名高任重，气度雍容，望之俨然，即之温然，此其所以为厚也，此其所以为君子也。”③ 梁启超认为，君子待人接物像大地一样宽厚，无所不载，严于律己而宽以待人。所以，如果一个人有包容别人的气量，那么他的处世接物，就会坦坦荡荡、没有芥蒂，这样，他也会得到信任。一个人名高任重，气度雍容，远看俨然有威，接近了却可亲且有温度，这就是宽厚，也是其所以为君子的缘故。《菜根谭》中说：“反己



① （唐）韩愈：《原毁》，《唐宋八大家散文选》，裴梦苏校注，江苏凤凰文艺出版社 2019 年版，第 6 页。

② 梁启超：《梁启超论教育》，商务印书馆 2017 年版，第 148 页。

③ 梁启超：《梁启超论教育》，商务印书馆 2017 年版，第 148—149 页。

者，触事皆成药石；尤人者，动念即是戈矛。一以辟众善之路，一以浚诸恶之源，相去霄壤矣。”① 就是说，能常常反省自己的人，遇到什么事都可能成为使自己警醒的良药，而那些常怨天尤人的人，心中的念头就像会伤害自己的刀剑。一个是通向善行的途径，一个是形成恶行的源头，二者犹如天壤之别。无数先贤先烈，都是严于律己、宽以待人的楷模，吾辈应当学之践之。

严己宽人对于人来说，首先是弥补生理短板的需要。因为人的眼睛长在自己身上，朝外看而不能往内观，看的是外物、是别人，而非自身，又常以自己的长处为标准来比较别人的不足，找别人的过失，进而责怪于人。生活中，人常常会自以为是，容易原谅自己、为自己开脱、找借口掩盖自己的过失和不足，因此对事物的评判在同等条件下总是认为自己的好，总是爱着护着，甚至还会找别人的缺陷来遮掩自己的缺陷，展现自己的优点，放大别人的毛病，因而责人更多。这是人之为人的通病。在当今社会，人们在激烈的竞争之中更多地遵循“零和原则”，“不是你输就是我赢”的生存逻辑与“非是即非、非白即黑”的二元思维结构更加明显，更多地考虑自身的利益而漠视他人的存在，更多地盯着别人的不足和缺点不放，这样就容易产生矛盾和纠纷。人之厚己薄人的思维和心态，必须从思想上警省。其次是社会认同的需要。人在社会上行事，不能放浪形骸、天马行空，必须考虑别人的感受，自己的言行理应得到所在群体各个体的认可，以群体的规范为规范，以群体

① （明）洪应明：《菜根谭》，北京燕山出版社 2010 年版，第 155 页。

的标准为标准，以群体的目标为目标，这样才能得到广泛的配合和支持。因此必须严格自律，就像新到一处地方必须“入乡随俗”，尊重他人的行为习惯和风土人情，否则会出现“水土不服”。再说，谁愿意自己被责备？即便是自己的亲人、家人，被责备多了也会不高兴、不痛快，一旦产生误解就会闹别扭、闹矛盾，引起埋怨乃至憎恨，这样也难以和谐共处。再次是向善向上的需要。每个人都有进步发展的本能，都愿意追求美好的东西、得到美好的事物、过上美好的生活，理当自己精进，从严约束自己，走在他人的前面。人生就如竞技体育比赛，只有自己严格按规则行事，不越轨、不侵犯他人的权益，且比其他参赛者优秀，才能争先锋获得桂冠。运动员再优秀，若不尊重规则而犯规，最后也只能出局一无所获，甚至名声扫地。比如，曾为拳王的泰森用咬对手耳朵来助攻，一些有天赋的运动员以兴奋剂助力，一些有实力的文艺工作者以假新闻来包装助推，最后都是事与愿违，欲速不达，适得其反，甚至一败涂地。最后是社会秩序使然。每个人都是社会的主体。只有每一个主体都严于律己，严格按社会规范行事，严格在社会许可的范围内活动，不逾越道德法律边界，社会才有秩序，才会为宽人创造条件，也才有可能宽人。比如说，行车不遵守交通规则，难免会造成交通事故，或导致堵车影响交通秩序，或给他人带来伤害。如果被伤害的一方不严己，不控制自己的情绪，可能会造成更大的伤害，导致更坏的结果，交通秩序将更加混乱。这样，宽己害人，害人害己，大家只会一起受伤害。

由此可见，宽人首先要严己，只有严己才能宽人，严己是宽人的前提和条件。只有每个社会主体严己，才能容人而不加害于人，宽人才能宽得成，社会才会和谐。

严以律己，必须做到知行合一。明朝思想家王阳明提出的心性论的核心观点就是知行合一，倡导道德自觉和行动自觉的统一，类似古人所说的“内圣”“外王”的统一。道德自觉，强调的是主体的自律意识，必须做到“三己”：一是“为己”，二是“由己”，三是“求诸己”。

首先是“为己”。孔子说：“古之学者为己。”告诉人们，学习掌握知识，是为了提高自己的精神境界，提升自己的德行，提升自己把握幸福的能力，做一个真正让社会认可的人，让自己能在这个社会上安身立命。“今之学者为人”，学习不是纯粹为了求技能谋生或追名逐利，或为了父母期待、迎合别人，而是为了完善自己、提升自己、构建自己的美好心灵。

其次是“由己”。孔子说：“为仁由己，而由人乎哉？”实行仁德，完全在于自己，做好事善事全凭自己来决定和主张，不在于别人。道德、品质修炼全靠自己，自己的事情自己做主，如果自己没有意愿、自己不努力，神仙也无计可施。“人必自侮，而后人侮之。”自己糟蹋自己，别人也就糟蹋你。从另一方面来看，做人要自强，别人才能助你强，自己要自尊，才能获得别人的尊重，不自尊自爱自强的人，其实是放弃了自己的人格尊严。自己不自信谁能信你？自暴自弃自己愿意倒下，谁也没办法扶正，即便勉强扶直，也经不起风吹浪打。因此俗话说“师傅引进门，修行靠个人”，外因只能通过内因起作用，人必须有主人翁精神才能发挥主观能动作用。

最后是“求诸己”。孔子说“君子求诸己”，孟子说“行有不得者，皆反求诸己”，告诉人们，事情做不成功，遇到了挫折和困难，或者人际关系处理得不好的时候，就要自我反省，“吾日三省吾身”，立足于个人思想道德上自觉自省，先从自己身上找原因，不怨天尤人。比如说，学生成绩不好，先要自我反省，是平时学习不够努力，还是学习方法有问题，找出症结并予以改正，而不应该责怪老师、怨恨家长。而学生听课不认真，提不起兴趣打不起精神，做老师的应该自我反思，自己是学养不够，还是备课不精到、讲述有问题，不能责怪于学生。“各自责，天清地宁；各相责，天翻地覆。”社会是一个大家庭，如果每一个人都能够“反求诸己”，遇事不互相埋怨、推诿扯皮，不把责任往别人身上推，人与人之间一定充满和谐友善。

行动自觉，强调的是主体融入客体之中实现与客体的统一，必须做到“三求”：一要求是，二要求实，三要求恒。求是就是要学习研究，探寻规律。行动自觉，必须靠思想引领，依规律而行。毛泽东主席说：“掌握思想领导是掌握一切领导的第一位。”① 领导力来自思想力，思想力来自学习力。现代领导力理论有一个著名的“127 法则”，即 10%的领导力是从书本上学来的，20%的领导力是从别人那里学来的，其余 70%的领导力则是从自身的经历和实践中学来的。人正确的思想到底从哪里来？毛泽东主席告诉我们，不是从天上掉下来的，也不是头脑里固有的，只能从社会实践中来。他强调要在“在游泳中学会游泳，在战争中学会战争”，没有正确的调查，就没有正确的决策。必须经过学习、实践、深入调查研究，再学

① 毛泽东：《山东有可能成为战略转移的枢纽》，《毛泽东文集》第二卷，人民出版社 1993 年版，第 435 页。

习、再实践，循环往复，反复比较、检验，坚持真理，修正错误，在社会实践中形成人的正确思想，探索和把握人类社会发展规律，提高自己的思想高度。但是，在现实社会中不少人把学习和调查研究忽略了，急功近利，往往忽视了长线投资。回报最大的其实是投资头脑，给大脑注入新知识使其增值，让其创造更多的精神财富和物质财富，才是一本万利。人越在高位，与外面未知世界相连的就越多，就越要学习，越要调查研究。实践出真知，智慧出于基层。习近平总书记在宁德工作时就强调“四下基层”，即“信访接待下基层、现场办公下基层、调查研究下基层、宣传党的方针政策下基层”。学习研究要注意方法，要结合自己的兴趣爱好和工作实际，兴趣爱好是学习的原动力，是最好的导师。提升思想性层面上的学习，要坚持以兴趣为导向在某个方面进行深入的研究，爱山读山，喜水读水，坚持不懈地学习研究，由表及里，由浅及深，由窄到宽，理解深、研究透，学习就有了系统性。一旦吃透了行道，掌握了规律，道道相通，一通百通，思想方法、工作水平就会上一个新的台阶。解决实际问题的学习，要坚持问题导向，遇到什么问题研究什么问题，遇一个事钻研一个事，弄懂弄通，精益求精，就成了行家里手。人从学习中走出自然，也必将在学习中驾驭自然，牢牢掌握生存规律，从而走向光明的未来。

求实，就是要主观见之于客观，真抓实干，将理想转化成现实。人经过努力对客观实际有了正确的认识，学习了知识，掌握了理论，丰富了思想，但还远远不够，人认识世界是为了改变世界，重要的是转化成实际行动，取得实际效果。庄子说：“学而不能行，谓之病。”西汉刘向在《说苑》中说：“耳闻之不如目见之，目见之不如足践之。”鲁迅说：“空谈之类，是谈不久，也谈不出什么来的，它终必被事实的镜子照出原形，拖出尾巴而去。”一打纲领，不如一次行动。人们要将理想变成现实，只有实实在在地付出行动。就如盖房子，有了一个很好的规划方案和一整套的设计图纸，如果现场没有放模划线、打桩筑基、砌墙架梁，建成房子就成了一句空话。行动必须符合客观实际，才能收到应有的成效。如果在不合理的地方建房子，即使付出了心血和努力，所建成的房子的质量也会受影响，甚至不能住用。这就需要“接地气”，让主观符合客观，理论符合实际，将自己掌握的理论知识、计划设想灵活地而非教条地运用于解决实际问题当中，让房子盖得适宜，能用、实用、好用。现实生活中一些人整天想入非非，热衷于搞形式而不解决实际问题；一些地方建了房子又拆，拆了又建，费时费力而不得实效，应引以为戒。

求恒，就是要善始善终，慎终如始。人向来是知易行难，一以贯之的行难上加难。特别在现在这个浮躁的时代，人们习惯于求速成，习惯于走捷径，有的甚至冒险踩跳板，投机钻营走“贵宾通道”，妄想一步登天，必须引起警惕。恒心恒志、实现终极目标，全靠主体自身。尼采说过，如果你想走到高处，就要使用自己的两条腿！不要让别人把你抬到高处；不要坐在别人的背上和头上。欲行远，必须靠自己的双脚走路，自己的双脚自己指挥，或急或缓，或停或行，全由自己。若让别人抬，依靠的是别人，一旦别人不再配合就到达不了目的地，更有甚者恶意使坏，可能被抛弃于荒野。客观行动必须讲究科学方法，只有循序渐进，积跬步以至千里，才能水到渠成，实现从量变到质变的人生飞跃。现实生活中，人们想做一两件好事容易，但坚持一辈子做好事很困难。人要求自己一时严于律己容易，但一直坚持严于律己则需要良好的意志品质。雄心勃勃制定目标容易，但排除万难不达目标不罢休需要恒心和定力，需要坚定的理想和信念。古希腊许多青年期望成为哲学家苏格拉底那样有智慧的人，慕名而来向苏格拉底学习。有一天，大家聚在一起，问苏格拉底如何才能像他那样伟大博学，成为一个受人尊重享有赞誉的人。苏格拉底听后没有直接回答，只对他的学生说："今天，我们只做一件最简单也最容易做的事——每人尽量把胳膊往前甩，再尽量往后甩。"说着，自己示范了一遍，"从今天开始，每天做 300 下，大家能做到吗？"学生们都笑了，这么简单的事，谁做不到呢？一个月后，苏格拉底对他的学生说："每天坚持甩 300 下的同学请举手。"有 90%的学生举了手。又过了一个月，当苏格拉底再问时，坚持下来的学生只有 80%了。一年后，苏格拉底又一次问大家："最简单的甩手运动，还有哪些同学坚持做了？"这时，教室里只有一个人举起了手，他就是后来成为古希腊另一位著名哲学家的柏拉图。柏拉图信守承诺，不变初心，保持定力，最后成为大家。可见成功在于坚持，在于恒心恒志，在于坚持不懈地努力奋斗。

严己不容易做到，宽人也不是随便就可以做好的。宽人不是无原则的，不是什么事都可以宽、什么人都可以宽。宽人，首先要弄清宽什么。宽人的对象应该是有过而改过或愿意改过之人，而不是宽人之过错，过错是不可以宽的，因为过错均已成为事实，如白布染上了黑污，染上的事实过程是无法改变、不可逆转的，染上的白布不可能是原来意义上的白布，就像人向前走了一步，即使退回去，向前一步的事实依然存在。如今的大数据时代，人的一言一行都全程纪实留有痕迹，事实永久存在，走过的路不能改变，过错本身无法更改。但人可以改变，可以重新起航、走新路，因此，宽人宽的是人，让人反省，意识到过错所在，知错能改或不再犯。还必须明白，宽人应当有度。要分清是非、讲原则，不是什么有过错之人都可以宽，宽人的前提条件应该是社会公共价值标准不受破坏，这也是宽人的底线。宽的应该是犯小过小错、无意识犯错之人，比如说，因生活工作经验不足犯错、客观因素主导下主观做不了主的被动犯错、犯错了能自我矫正而未造成恶劣影响，等等。触犯众怒的违法者是不可以宽容也不能宽容的，否则，大多数人的利益就会受到侵害，社会规范、法律制度就会慢慢被侵蚀，直至坍塌，其结果也就是人们常说的“有法甚于无法”。如果有法不依、有规不循、执法不严，不当宽大一个人，或使千万人犯错，或得罪千万人。当然，还必须始终明白，宽人是为了教育人、挽救人，宽人的手段应当是体谅和关爱。自己要有胸怀度量才能够宽人，“宰相肚里能撑船”，不计较自己所受的伤害和损失，不计较一时一事之利，常怀仁爱之心，常思长远之事，以自己暖暖的爱意、菩萨的心肠渡可渡之人。懂得宽人必须换位思考，不能居高临下，不能有傲慢的心态，多从他人的立场考虑，考虑他人的难处和苦楚、前途和命运。比如说，对待年轻人的违规犯错，如果能体谅宽容、退一步海阔天空，就可能改变一个人的命运；不依不饶、穷追不舍，可能会导致他无路可走，甚至走向反面。善于宽人必须能教化人，从善良的愿望出发，该教的教，该批评的批评，要推心置腹、诚心诚意，给予正确的思想、指明正确的方向、激励其勇敢前行，而不是随意惩戒，或闭眼放任，更不是同流合污，否则，宽人就成了害人。

送人玫瑰，手有余香。宽容了别人，等于善待了自己。宽容是成就事业的基石、化解矛盾的良药、利己利人的法宝。比如说，战国时赵国老将廉颇居功自傲，不屑蔺相如一介文弱书生凭口舌之能得宠居高位，蔺相如以国家大局为重不予计较，廉颇感动之下知过能改负荆请罪，在相互包容中得以将相和，二人共同辅佐赵王治理国家，成了历史的佳话。再比如，唐太宗李世民不计前嫌，不仅宽容了曾劝政敌李建成先下手杀掉自己的魏征，还重用了他，把他作为“一面镜子”而时时对照，共同成就了“贞观之治”。爱迪生宽容了小时候打聋了他耳朵的那位列车员，以“我感谢他，感谢他给我一个无人喧嚣的环境，使我能够专心致志地完成更多的试验、发明”的心胸和智慧，从不幸之中找到了发明创造的动力与源泉，成了伟大的发明家。

在思想多元、利益多元的现代社会，尽管人们自己严以律己，老老实实做人，规规矩矩做事，但在人与人交往之中难免存在误解、摩擦、冲撞、伤害。如果把别人的过错常挂心头、不依不饶，那自己也就无法快乐工作、幸福生活，因别人之过影响自己的心境，自己就被外物左右，成了木偶人，严己也难以实现，没有了现实意义。严己是修炼内心，目的是让内心能够自如应对外因的影响，能够正确妥善处理外部世界的各种复杂情况，从而得到内心的愉悦和安宁。人与人交往，磕磕碰碰的事情在所难免，面对别人的错误，最明智的选择就是宽容，尽管宽容有时是痛苦的。比如说，工作中无端受到他人责怪，或无故代人受过，还得照常完成任务，心里肯定难以平静。但是，有宽容之心、行宽容之举，迟早会超越痛苦，自己受了委屈，就更能懂得受委屈的滋味，也就更明白自己要少让别人受委屈。宽容的是别人，给自己的却是快乐。每一次宽容，都是更好地严己，考验自己的气度和胸襟，考验自己的意志和力量，考验自己处理复杂人事关系的能力和水平，从而也给自己一次机会多角度审视自身。因此，人在宽容中反省，在宽容中修行，在宽容中提升，在宽容中成熟，在宽容中得以严己律己。

严己难，宽人亦难。严己却不僵化冷漠而有温度能容人，宽人却不随波逐流而有觉悟能律己；严而树威，宽而服众，做到严己和宽人相统一，可谓难上加难。严己宽人要做到主客体相生而不相克，相益而不相害，必须反复思虑、多角度观瞻、多思维丈量，既要顾己又要虑人，既要观前又要照后，既要左顾又要右盼。孔子倡导“君子有九思”，即“视思明，听思聪，色思温，貌思恭，言思忠，事思敬，疑思问，忿思难，见得思义”，[①] 给现实生活中的严己宽人提供了方法和路径。“视思明”就是要看得清楚、看得明白，看人要看其表里，看物要看其本末，看事要看其始终，分得清是非，辨得明真假。人要识得客体对象的“庐山真面目”，必须“视物出其外”，跳出客体对象“庐山”之外，以领略远、近、高、低不同的真

① 杨伯峻：《论语译注》，中华书局2009年版，第175页。

情实景，以超然物外。“听思聪”就是无论听什么，都要听得清晰，以自己的智慧去判断、去取舍，不要人云亦云，听风就是雨。要善听逆耳之言，能听细微之声，“于无声处听惊雷”，在“卧听萧萧竹”中知民忧、察民生，感知“一枝一叶总关情”。在当今的新媒体时代，信息爆炸，各种言论鱼龙混杂、泥沙俱下，要多听多闻、细思细想，认真甄别、辨明真伪，防止上当受骗用“真喇叭”传“假声音”，防止被利用当“传声筒”和“扩音器”，以讹传讹。“色思温”就是对人和颜悦色，态度温顺、平和、文雅，不可拒人于千里之外，让人不敢接近。要胸怀宽广，遇事处变不惊，潇洒应对，对他人的不恭不敬，要懂得“良言一语三冬暖，恶语伤人六月寒”，不可以牙还牙、以暴易暴、还以颜色。当然，现实社会最需要、最难得的是本真本色，该充当什么角色就以什么面目出现，只是应在本色出现时尽可能释放善意和温情，不要张牙舞爪地吓人、唬人，也不能像黄鼠狼给鸡拜年一样伪善地坑人，再伪装粉饰，“尾巴”也藏不住，经不起久视，一旦被看透，那将是狼狈不堪。“貌思恭”就是行为举止要文明得体、注意分寸，言谈举止、仪容仪态都要给人以恭敬、尊重，无论贵贱贫富、长幼尊卑，都要真诚以待、谦恭有礼。在社会里求发展，必须防止用势利眼看世界，在高位不能目空一切，轻忽他人；在低位不能嫉妒仇视，不许别人比自己高，否则，心态七上八下，就无以安宁立身。“言思忠”就是要说老实话，“言必信”，表里如一，言行一致，言之有据，说话掷地有声，不随意承诺，不刻意隐瞒自己的观点想法和真实情感，既对自己负责，也对他人负责，忠于人，也忠于己。在信息极度发达的当今社会，瞒天过海几乎无可能，糊弄得了一时，骗不了长久，一旦被揭穿，将是自找难堪，且令人生厌。现如今不当言论容易被放大，要谨言慎言，不能自说自话、阳奉阴违、胡言乱语。“事思敬”就是要敬业，敬畏职责，以谨慎、负责的态度去做每一件事，以良好的职业操守，全心全意、全情投入处理好职责范围内的工作，不能懈怠懒惰。社会有分工，职业无贵贱，只要潜心钻研，三百六十行，行行都有可能出状元。小行当也能成大事，像沙县小吃虽简单，却遍布全国大街小巷，成了大产业。人处小位，也有大用，马虎不得，如小螺钉没旋紧，也会造成大事故。人处大位，要位责相当，不能徒有其名，更不能耍大牌。“疑思问”，就是有疑惑有问题要不耻下问，知之为知之，不知为不知，不能不懂装懂，得过且过混日子。对他人的意见和问题，不能睁一只眼闭一只眼，不置可否，更不能替人遮盖问题、隐瞒问题，那会害人害己。现代科学日新月异，问题也层出不穷，只有秉持问题意识和求真务实的科学精神，才能跟上时代的步伐。只有对问题穷追不舍、刨根问底，才能揭开事实真相，找出应对之策，推动事业的精进。“忿思难”，就是心有委屈、义愤时，要静一静、等一等，想想别人可能有的困境难处，也考虑怒火爆发可能造成的后果。不能意气用事，泄一时之愤可能引发终身之难。人在怒火中是不能解决问题的，针锋相对只能是火上浇油，伤人伤己。要善于克制自己的情绪，学会忍让，“忍小忿，不妄为”，在平静中常思量、细谋划，让别人下台阶找退路，也留给自己海阔天空。“见得思义”，就是在利益面前要想是否得之适宜、正当、合理、合规、合法，不能见利忘义、见钱眼开。君子爱财，取之有道。人之为人，必须承担社会责任，受道德、法律关系的约束，不劳而获或获之太过，挤占的是别人的利益，得不义之财，终将引发不满和反对，甚至招致众怒而埋下祸患。钱财取之社会用之社会，若只为了满足自己的私欲，生活奢靡铺张，自家有“朱门酒肉臭”的挥霍，而看不到社会还有“路有冻死骨”的悲凉，没有善行慈举，对社会毫无贡献，那也就没有良知，将为人所不齿。

# 第六章　人与自身的平衡



古人常说的身心平衡，也就是人自己与自己平衡，季羡林先生称之为“内心和谐”。“身”为何物？“心”又为何物？愚认为，“身”指人的身体及本能欲求的自然属性，包括生理、心理等。“心”指一种具有符合社会规范的伦理道德的内容，并能判断是非善恶的主观意识，包括心理、心情、心态、心境等精神属性。“身”与“心”既有区别，又相互融合、相互依存、相互作用；“身”既有物质层面，又有精神层面；“身”是“心”的物质基础，既包含“心”，又支撑“心”；“心”既源于“身”，又高于“身”、驾驭“身”。中医理论说“心主血藏神”，“心”为人体生命活动的主宰，五脏六腑四肢五官均在“心”的统一指挥下运作。按现代医学的解释，“心”指神经、内分泌系统，尤其是大脑的思想活动。因此，“心”若病将患大病，治病重在治“心”。我们提倡身心平衡的“内心和谐”，就是说人“身”存在的自然欲求，必须符合、满足

"心"的精神需要，不能偏离"心"的方向；而追求"心"的愉悦最好有益于"身"的健康发展，尽最大可能不损害"身"这个生命体。因此，修"身"首先要修"心"，"心"正而"身"不邪，"心"不正无以正"身"。

自古以来中华民族遵循的是"自天子以至于庶人，壹是皆以修身为本"。古人讲的"修身"，实际上重视的是"修心"，按辩证唯物主义的说法是"改造主观世界"。《大学》说："古之欲明明德于天下者，先治其国；欲治其国者，先齐其家；欲齐其家者，先修其身；欲修其身者，先正其心；欲正其心者，先诚其意；欲诚其意者，先致其知。致知在格物。物格而后知至，知至而后意诚，意诚而后心正，心正而后身修，身修而后家齐，家齐而后国治，国治而后天下平。"① 格物致知，意思是透过事物的现象看本质，推究事物的原理法则而求得理性知识。获得理性的认知、掌握事物的规律，从而不被外表的假象迷惑，不被眼前功利迷惑，这样自然就能做到"诚意"，即主观与客观相符合，对人对事意念真诚、实事求是、不自欺欺人。"诚意"了，还必须以端正的心思来驾驭情感，以中正平和的心态对待事物，始终保持正向情绪和坚毅品质，这样就"正心"了。就像明朝思想家王阳明所说："心者身之主，意者心之发，知者意之体，物者意之用。……知致，则意无所欺而可诚矣；意诚，则心无所放而可正矣。格物如格君之格，是正其不正以归于正。""格物"了，"诚意"了，"正其不正以归于正"从而'正心'了，这样就能严以"修身"，练

① 冯友兰：《中国哲学简史》，赵复三译，四川人民出版社 2020 年版，第 140 页。

就具备坚定的理想信念、高尚的道德情操的理想人格。无论是格物、致知，还是诚意、正心，都是精神层面的，修身也是精神层面的。“修身”的本质内核是“修心”，一是修德，二是修智，使自己的心灵、精神世界不断得到净化，让主观符合客观，主体和客体相互融合、相得益彰，使现实中的“身”成为拥有“高尚的、纯粹的、有道德的、脱离低级趣味的、有益于人民的”的人。



然而，人是变化的，其“身”是动的，其“心”是活的，因此，古人说：“吾日三省吾身。”身心平衡是动态的平衡，修身无法一劳永逸，必须活到老，学到老，修行到老。人该如何及时调节自己的身心平衡？平衡的标准尺度是什么？愚认为该以幸福为标准，自己觉得幸福了，就是身心平衡。那幸福又是什么？幸福是指人们在不违反伦理道德、社会规范和法律制度的前提下，体验到理想的精神生活和物质生活时，良性的欲望获得满足后自然而然且发自内心的心理感受，心理感受的满足程度就是幸福指数。每个人及其不同时期有关幸福的标准是不同的，各人有各人的幸福，不同时期有不同时期的幸福。比如说，恋人以得到爱情为幸福，父母以养育子女成才为幸福；士兵以能屡建战功成为将军为幸福，将军以能指挥千军万马每战必胜为幸福；患病的以能获得健康为幸福，失明的以重获光明为幸福；饥饿的以能获得温饱为幸福，温饱的以能得到更多功名利禄为幸福；企业主以赚钱发财为幸福，公务员以晋级建功为幸福；等等。每个人都会因一时的成功、满足而感到不同程度的快乐和幸福。但是，幸福是有底线的，其一必须是满足自己的良性欲望，其二必须不违反道德法律，二者缺一不可，

图一时之快，是不会获得永久的幸福的。这也是人要修身的意义所在，是身心平衡的“准星”和“秤砣”。“良性的欲望”就如秤的“准星”，无论欲望有多大，都必须光明正大，以良性的“准星”为起点，秤杆上每一个计数的“星”都与之对标。道德法律就如“秤砣”，无论称的重量多大，都必须以它来衡量。人每一次获得成功，每一次取得内心的平衡，每一次得到幸福，心里都必须有杆“秤”，必须有“准星”和“秤砣”。在不离开这两点的基础上，人所付出的功力才与所能获得的满足感和所得到的幸福成正相关。也就是说，人越艰难付出，得到的时候就越满足，感觉就越幸福。因此，人寻找身心平衡，过上快乐幸福的生活，关键在于为什么尽功力，能尽多少功力，怎么增加满足感。

## 一、人的自觉

《管子·立政》中说：“功力未见于国者，则不可授以重禄。”对国有功力才能授予重禄。功力是指人劳动所费的时间和力量，以及技术造诣、功效。人尽功力的自觉有其客观必然性。首先，是人的类本质使然。马克思认为，劳动（自由自觉的活动）是人的类本质。原始人所从事的劳动是完全以自身生存为目的的必然劳动，现代人所从事的劳动既有为生存为目的的必然劳动，又有为全面自由发展而进行的自由自觉的劳动。作为满足人必要生存需求的必然劳动贯穿人类社会发展的始终，随着社会的发展进步，人的劳动将更加自由和自觉。无论是人的必然劳动，还是自由劳动，都必须自觉地尽功力，以推动人类社会的进步。比如说，从18世纪60年代起，人类不遗余力地推动工业发展，从1.0机械制造时代、2.0电气化与自动化时代、3.0电子信息化时代，直至4.0时代以智能制造为主导的第四次工业革命，实现了机器逐步替代人类作业，不仅接管了相当大比例的体力劳动，还接管了一些脑力劳动，人也得到了一定程度的解放。再比如说，从20世纪80年代以来，无线移动通信技术，从1G模拟式无线传输，到2G、3G、4G数据传输，直至由物联网等多种新型无线接入技术集成的5G，一步步改变了我们的生活。为了生存，为了全面自由发展，一方面，人自己必须尽心费力，自觉地劳动并取得实效，另一方面，人也在自觉劳动中完善发展自己，在劳动成果中享受幸福生活。因此，人的类本质是人自觉地尽功力的类前提。

其次，自然因果律使然。人们耳熟能详的反映因果律的例子不胜枚举，比如，“种瓜得瓜，种豆得豆”“不积跬步，无以至千里”“学而优则仕”“天道酬勤”“善恶有报”等等，这些道理每一个人都能感同身受。辩证唯物主义认为，任意宇宙状态都是其前宇宙状态积累的结果，任意运动状态均是其前运动状态积累的结果。果由因生，无因不能生果，有果必有其因。劳而有功，劳而有获，多劳多得，为了生活必须努力奋斗，这种在现实生活中经过千锤百炼而形成的观念已融入人们的血液，并外化于行，让每个人都自觉或不自觉地尽功力。

第三，人的生理因素使然。俗话说，“人逢喜事精神爽”，精神爽了，人的精神力量就足，做事也越有动力，从而福有双至、喜事连连。自然科学研究证明，人之外能量、信息、波与人内心的意识、生物电无时不在互动交流，这种互动交流会使人脑分泌出相应的荷尔蒙。比如说，人遇到好天气一般心情就好，天气不好心里就会觉得郁闷不舒服；做了善事、遇到好事喜事，心里就会激动兴奋，这是在信息交换过程中人的大脑产生荷尔蒙的结果。客体条件好，主体条件好，结果就会好上加好。人之外部环境优美氛围好，自己做善事有好事，内外双重好条件刺激大脑分泌良性荷尔蒙，人就会往积极健康的方向前进，越战越勇，好事接二连三，一路高歌猛进。客体条件不好，主体条件好，大脑既受客观影响分泌恶性荷尔蒙，也有主观作用分泌良性荷尔蒙，尽管会相互抵消，但只要自己坚持不懈地向善向上，就能抵御不可持续的外界条件的负面刺激。只要自己的意志不变，胜利一定在望，这也是一些人历尽磨难而不败反胜的内在原因。客体条件好，主体条件不好，自己主观不努力、不进步、不善良，“天无三日晴”，客体条件总有消耗殆尽的时候，客体不可持续的正面刺激终究抵不过主观意愿，“自作孽不可活”，失败自然不可避免。客体条件不好，主体条件也不好，人之外环境杂乱，同事钩心斗角，自己心地也不善，内外交困，大脑分泌的全是恶性荷尔蒙，只能在暗无天日的日子里过着浑浑噩噩的生活。因此，正常的人都乐意与具有正能量的人往来、在良好的环境中工作生活，都愿意以积极健康的心态做善事、做好事，建功立业，做一个有益于社会、有益于大众的人，以得到内心的愉悦与和谐。

## 二、能力的边界

每个人出生背景不同、身体素质不同、所处的环境不同、岗位职业不同、知识层次不同、能力水平不同，能尽多少功力或承受多少功力也就因人而异。但是人们都明白，尽功力或承受功力最根本靠的是生命这个物质基础。就像人挑担子，能挑起多重的担子，能挑多远，要靠自己去把握。愚认为，人能尽多少功力，要靠人这个主体的生理平衡来掌握。

### （一）客体必须适合于主体，解决该不该挑的问题

人非万能，不是什么都能干。世界之大，千行百业，一个单位，诸多岗位，哪个适合自己？每个人都有买新鞋、穿新鞋的经历，新鞋合脚，穿得舒服，走路轻便；而新鞋不合脚，尽管好看，但走起路来磨脚，心里也不痛快，影响长途步行。现实中总有一些人，看有新的事物新的岗位就眼红，不管适合不适合自己就争抢，有的甚至使出浑身解数，动用各种资源，哪怕付出尊严、豁出性命。而不适合自己的，即便挣到了，也会跟自己过不去，就像买到不合脚的鞋，穿了比不穿还难受；既糟蹋了鞋，也伤了自己，影响了前程。再说，尽管有的担子适合你挑，但客观条件不允许你挑、不让你挑，你非要去挑，那就是不讲规矩、不讲秩序，无组织、无纪律。就像集体用餐你抢盘子，伤了别人的利益，最后只会得到异样的目光以及和同挑的担子难以相匹配的待遇，甚至是劳而无功、劳而遭罪。每个人适合挑的担子不是唯一的，担子适合不适合自己，可以发挥主观能动性。适合的，遵循规矩、服从秩序、接受安排，不必挑三拣四，这山看着那山高，挑花了眼，挑错了担子，最后只能一团糟。不适合的，不能麻木接受，更不能去抢着干，力不从心地硬撑，心不甘，情不愿，撑得了一时，撑不了长远，

还会撑出毛病，小则影响个人、家庭，大则会给事业造成损失。人的自知之明，就是做适合自己的事，既宜物，也利人，还能保全自己。明朝名臣刘伯温曾建言祈雨未验，“旬日仍不雨，帝怒。”尽管此后明太祖朱元璋与刘伯温“论相”，想让他接相位，但刘伯温已明白君臣关系的疏淡，加之明太祖所倚重的淮西集团擅权植党，政治生态已不适合他，于是推辞曰：“是如易柱，须得大木。若束小木为之，且立覆。”“臣疾恶太甚，又不耐繁剧，为之且孤上恩。”[1] 不言功名不问爵，选择了“不如闭户谢客去，有酒且饮辞喧哗”，韬晦归隐，告老还乡，如明太祖所言“朝入青山暮泛湖”，以保全身。做不适合自己的事，会在不知不觉中陷入失败的境地。就如美国学者米歇尔·渥克提出的“灰犀牛事件”（在一系列警示信号和迹象之后出现的大概率的危机事件）。犀牛会借助灌木植被隐藏自己的行踪，它一旦出现在你的视野中时，就已经朝你冲了过来，让你没有机会做出反应。另外，人们明知道犀牛很危险，但是仍然会寻找犀牛来拍照、取乐，而当犀牛被激怒，直奔人们而来时，多数人会当场呆住，不知如何应对。现实中此类事甚多，比如：明明知道吸烟有害健康，但还是会去抽；明知道喝酒过多伤身，但醉了之后还喝；明明懂得手机用太久有伤视力，但还是“目不离机”；等等。做不适合自己的事时，人们一般先是否定，不愿意接受有危害的事实，然后得过且过，把结果推向未来，但当不良的结果出现的时候，行动已无力改变，最后大祸临头。因此，还是挑自己该挑的担子，做适合自己的事。

---

① （清）张廷玉：《明史》第十二册，中华书局2013年版，第3780页。

## （二）主体必须满足客体，解决担不担得起的问题

我们要挑担子，要掂量一下自己几斤几两、有多少能量，自己的身体素质能否承受担子之重。古人说“厚德载物”，有德之厚，才能载物之丰。这里讲的“德”是指人这个主体的本质、能力、品行等综合素养，必须承载得起得到的职位、功名、财富等。主体必须满足客体，才有资格去享用客体。俗话说，没有金刚钻揽不了瓷器活，没有过硬的本事，就收受不起所要享用的一切。能不能担得起担子，能否尽功力，自己心里要有数。

1. “德”配位必须安其位

天授人以德，必须为之尽力。大材大用，是大木就应勇作栋梁；小材小用，小木也愿当楔销，各尽其才、各尽其用。若各方面素质都好，符合客观需要，有能力担得起重任，理应去担当，在其位谋其职尽其责；若心有余力，在客观条件许可之下，还可以加加压，多担当、多进取、多奉献。比如，家里的青壮年、有能力的成员多做事以照顾幼老体弱者；社会上强人能人多纳税多奉献，以接济弱势群体。当然，德配位还得防止错位。就像千里马代替驴拉磨，未必能拉得转拉得好；将军代替狙击手，未必能百发百中。即使再有德行，本事再大，不是本业本行，也难担其责，其结果只能是吃力不讨好。

2. “德”不够位必须增强主体意识

其一，必须有强烈的进步意愿。知道了自己的差距和不足，要有追赶意愿，尽一切可能发挥自己的主观能动性，全力向前看齐、补齐短板。就如同竞技场上的运动员，当实力相当

或稍弱一些时，要想取胜，就必须凝聚精气神，摒除杂念，紧紧盯着前方目标穷追不舍。

其二，必须坚持不懈地勤学苦干，天道酬勤。闻鸡起舞，起三早当一日；笨鸟先飞，勤能补拙，一分辛劳一分才。《易经》中说：“劳谦君子，有终吉。”从古至今，无数能人志士都是凭着勤奋走向成功取得辉煌的。司马光天天秉烛到深夜，凌晨又伏案提笔，他怕因困乏睡过了头，就睡在一个光滑的圆木枕上，只要一翻身头便会落枕，即被惊醒，继续伏案，如此十九年如一日地与“警枕”相伴，终作成《资治通鉴》。蒲松龄屡试不第，在路边搭建茅草凉亭，记录过路行人所讲的故事，经过几十年如一日地辛勤搜集，加上自己废寝忘食的创作，终于完成了中国古代文学史上划时代的作品《聊斋志异》。鲁迅先生“把别人喝咖啡的时间都用在写作上”，创作出大量优秀作品，成为了文学巨匠。革命先辈，各行各业的巨匠精英，哪一个不是夜以继日地工作？他们都如西西弗斯推石上山般磨炼意志，夸父逐日般追求理想，愚公移山似的攻坚克难。主体必须满足客体，也就是说，客体的需求主体应予以满足，主体应为之努力，为之尽功力。人要完成职责使命，做好承担的工作，必须义无反顾，也只能义无反顾地钻进去，就像挖井，只有不停地挖深，才能见泉眼、饮甘泉。

其三，必须收心集中注意力。现实社会，各种资讯、各种诱惑、各种吸引眼球的事件奇多，每一个人无论愿意不愿意，都身陷其中。一打开互联网视频平台，各种广告蜂拥而至，分散人们的注意力，要想拨开迷雾突出重围，就需要自我屏蔽。屏蔽自己不是把自己关起来，而是要始终记住自己还在抓紧时间赶路，凝聚心神正视前进的方向和目标，不分心不走岔路。要想突出重围，还需要坚持个性化的生活模式，不盲从、不跟风、不攀比，有自己的风格、自己的特色，过自己的生活，走自己的路。愚认识的一位企业家，走南闯北多年，无论刮风下雨，他始终穿着军用解放鞋、蓝色牛仔裤；每天吃的基本是地瓜粥配咸鱼、萝卜、青菜，几十年来一直是如此“标志性”的生活标准，花花世界模糊不了他的视线，奇货异宝、山珍海味打动不了他的坚守。我们要向他学习，坚持个性化的工作模式，尽快进入并保持最佳的工作状态，按自己的工作节奏办事，该几点上班就几点上班，该几点睡觉就几点睡觉，该做什么就坚持不懈，固定好自己的模式，按模式排好日程，不与人同频共振，不被他人干扰，活出自己。

3. “德”不配位必须自行缺位

孔子曰：“及其老也，血气既衰，戒之在得。”① 老之戒得，是因为人老了，身体机能衰竭，好多东西承受不起、担当不起、享用不起了，不能逞能。当年可以大碗地喝酒、大口地吃肉，上了年龄就不行了。有些事不要说年纪大了不行，就是年轻力壮也不行。比如说，现代人生活改善了，胡吃海喝的机会多了，“感情深一口闷”“酒逢知己千杯少”“一醉方休”，满肚子的山珍海味。但是，人的消化机能是有限的，长期超负荷运行，肯定会出毛病，人的身体机能跟不上现代人对物质过度追逐的不健康的生活方式，这就是现在“三高”的人如此之多的原因。无数血的教训终于让国人开始注重健康的生活方

① 杨伯峻：《论语译注》，中华书局 2009 年版，第 174 页。

式了，比如，公众媒体教人们“管住嘴、迈开腿”，多行健康之举，自觉地节欲戒奢，免得生病遭罪。人对身体如此，对其他事也一样，“德”不配位而强为硬为，无能力做而非要做，就如地基没打牢而非要盖高楼大厦，最后肯定会倾覆。

### （三）主体和客体必须始终相适宜，解决能挑得远的问题

主体和客体相安无事、相辅相成、相得益彰，才能行长远、功长有，就像夫妻相濡以沫、相敬如宾，才能白头偕老、家和业兴。

**1. 主客相适宜，主体必须善待自己**

主体善待自己，应该是顺道而为，依秩序而行。这就如自然界的花，依时令开放，才会开得艳丽，四季才精彩纷呈。人只有依时而动，才会动出精彩。时令到了，是你出场的机会，只管尽情绽放；时节未到，只可含苞待放，“俏也不争春”，若去争春，就会被看成奇花异草。比如说，假设春天开着一朵大莲花，这莲花一般不会有正常的命运，可能会被好奇的人们围观玩弄而枯折。不顾时节，四季都想开放、都要开放，争个没完没了，最后只能是伤了元气，赔了性命，损了功业。漳州盛产水仙花，水仙花人称“凌波仙子”，广受人们的青睐，但少有人知道水仙花之美、之香，是经过三年才修成正果的。水仙花属于无性繁殖，每一粒上市的水仙花球，都要经过三年的三种三收。每年霜降前后（10 月中旬）将水仙花“芽子”种下地，经过生长、开花、枯萎约 230 天的生长期后，“芽子”长成“钻子”；次年芒种前后（6 月）从地里挖出“钻子”，

晾干、储存，当年霜降再将“钻子”种下，经过生长、开花、枯萎的生长周期长成“种子”；再次年芒种，挖出“种子”，掰掉“种子”边侧的“芽子”，经过晾干、储存，到霜降再将掰掉“芽子”的“种子”种到地里，再经过一个生长周期长成成熟的水仙花鳞茎球；芒种季节再挖出，在当年7月经过两次的多花处理，才能成为上市销售的水仙花商品球。水仙花商品球鳞茎硕大饱满，栽培出的水仙花箭多花繁，色美素雅娟丽，且香郁清馨。如果没经过三种三收，有的花球栽培出来就像大蒜苗，有的即便开花，花也单而寡，且缺少香味。人也如此，没有历练到位，尚未成熟就抛头露面，其结果可能就是无果而终。

2. 主客相适宜，主体必须尊重客体

招待客人，要让客人感到像在家一样放松和愉快，最重要的是尊重他们的风俗习惯、宗教信仰、饮食口味等等，要正视客人的一切，然后根据情况依礼、依俗区分处理，不能因为不喜欢而把客人拒之门外，这是待客之道。友谊源自尊重。人生一世，所遇到的客人甚多，不可能每一个都合得来。如果能尊重他、正视他、尽礼节款待他，即使结不成友谊，也难以产生怨恨情绪。多一个朋友，就多了条路，虽然朋友不是都能帮助你分忧解困，但至少可以问路指路，闲暇还可以谈天说地以抒情怀。对人如此，对事物也是如此。一分耕耘，一分收获。你爱这片土地，精耕细作，土地就给你回报，给你好的收成，“春种一粒粟，秋收万颗子。”你种树时若坑挖得足够深足够宽，坑中有机肥料放得够，勤浇水常养护，树就长得快长得枝繁叶茂；你若随便应付，树坑挖得浅，埋的土贫瘠，又不按时浇水，树就长不大甚至会枯萎。好的园林，必须有好的园丁，好的园丁也要比常人付出更多的心血和汗水。这也是唯物辩证法对立统一规律的具体体现。主体与客体既相互对立，又相互统一，就像人希望树长得茂盛，善待树，认真地浇灌养护，树就长得好，人与树就统一了；人种了树，但懒得花功夫养护，树也就不会按人的意愿长成大树，这就是对立。主体只有尊重客体，满足客体的需求，才能相得益彰。

3. 主客相适宜，主体必须优于客体

俗话说："客随主便。"就是说，客人应在主人的主导之下，依主人的方便或安排行事。客人入乡随俗，不给主人添麻烦，这是为客的本分。对主人来说，需要尽地主之谊，让客人感到宾至如归，周到待客，想客人之所想，急客人之所急，尽应尽的服务。客能随主便，需要主人有自尊、有素养、有气场，不然，主人懒散邋遢，家里杂乱无章，会大倒客人的胃口，不愿再度来访。"穷无近邻，富有远亲"，从某个角度也说明主人必须优于客人、强于客人。当然，这里讲的"优"，并非指金钱上的富有、官职上的高位，而是说当主人应当有主人的风范、气质，在主人主导的领域、地盘有自己的气场、优势。只有主人"优"于客人，才能引得客常顾、客常来。我们对待事物，未尝不是这样。我们常说，学习除了可以改造主观世界，更重要的是学以致用，改造客观世界。但改造客观世界的前提是改造主体、提升主体的素养。比如说，你要打开锁头，就必须手握钥匙；你要打胜仗，就必须在战略战术上强于对手；你要治理雾霾，就必须弄清雾霾形成的机理和治理的方法；你要发展经济，就必须懂得经济规律；你要招商引资，就必须有优惠的政策和优良的环境；你要惩治腐败，就必须自身过硬；你要为人师行不言之教，就必须德行皆馨；等等。只有主体“优”于客体，才能轻松挑起担子，所向披靡，战无不胜。

## 三、感受幸福



人们为了生存，为了过上美好的生活，都在自觉地尽功力。但是，不同的人做同样的事，获取同样的报酬和待遇，感受到的幸福快乐的程度却往往不同。比如说，家庭成员在一个屋檐下同吃同住同劳动，但是父亲有父亲的感受，母亲有母亲的感受，孩子有孩子的感受，开心程度并不完全一样。父亲节假日偶尔做一下家务，虽然感觉有点累，但还是乐意尽心；母亲习以为常，总是以此为乐，有家庭成员一起帮忙更是乐上加乐；孩子天真、爱探索、爱体验，总是以自己的方式进行，自得其乐。心态各异，生活的感觉就不尽相同。哪怕同一个人在不同时期不同环境做同一件事，感觉也是不同的。人在落魄时吃一碗热面的幸福感，远远胜过其在发家致富后吃一碗热面的感受。人往往会羡慕他人，这山望着那山高，骑自行车的人羡慕驾驶机动车的人，驾驶普通车的人羡慕驾驶豪车的人，但豪车跑得快，若是出了事故，反倒会懊悔不如不开车用两脚走路更安全。那么，人的幸福究竟在哪里呢？

### （一）幸福在于自己寻找

有一个故事，说有位老大妈有两个女儿，大女儿嫁给了一个卖伞的生意人，二女儿嫁给卖草帽的。这位老大妈天天忧愁，天晴了，她担心大女儿的雨伞卖不出去；天阴了，她又忧愁二女儿的草帽卖不掉。这样晴天也忧愁阴天也忧愁，不多久就白了头。一天，一位远方亲友来看她，惊讶于她的衰老，问其缘由，不觉发笑，对她说："阴天你大女儿的伞好卖，你该高兴；晴天你二女儿的草帽生意好，也该欢喜才对。这样你每天都有快乐的事，天天都是好日子，干嘛不捡高兴专拾忧愁呢？"老大妈想："言之有理！"从此，她笑口常开。我们的痛苦不是问题本身带来的，而是由我们对这些问题的看法而产生的。卖伞、卖草帽本身不存在痛苦或不痛苦，老大妈的不开心是因为只看到两个女儿的难处，把困难绝对化，没有看到好的一面，漠视了值得高兴的事。这是生活中的形而上学。马克思主义哲学认为，世界上任何事物既是绝对的，又是相对的。比如无论是卖伞还是卖草帽，都想生意做得好，这是绝对的，但都会遇到不测风云影响生意，这又是相对的。绝对和相对是辩证统一的关系。绝对和相对既互相区别又互相联结，没有绝对就没有相对，没有相对也就无所谓绝对。绝对存在于相对之中，并通过无数的相对体现出来；在相对中有绝对，没有离开绝对的相对。人们对幸福的把握，也是相对和绝对的统一。幸福是绝对的，又是相对的，绝对幸福存在于相对幸福之中。比如说，老大妈经过亲友点拨后，天天开心，她存在于两个女儿的相对幸福之中，每一天不是阴天就是晴天，总有一个女儿生意不好，而她在两个女儿中"捡"高兴的事，与生意好的女儿共享赚钱的快乐。相对幸福中包含着绝对幸福的颗粒，无数相对幸福的总和构成绝对幸福。比如说，老大妈的女儿都会遇到生意好的天气，也都会遇到生意不好的天气，每个女儿的幸福是相对的，而这相对总是包含着合适天气使生意好起来的绝对成分，老大妈只“捡”其中生意好的这个绝对，每个女儿的相对幸福就构成了老大妈天天笑口常开的绝对幸福。

实际上，现实中没有谁能享有绝对的幸福。老大妈之前天天忧愁，是因为她只拾了坏的一面；后来笑口常开，是专捡好的一面，这都是专门“拾”和“捡”出来的。由此可见，一个人能否笑对人生，关键看以什么样的心态对待事物。让自己常感幸福，必须突显比较优势，从而达到自我肯定而心满意足。比如说一串葡萄肯定有酸有甜，有的人从最差的一粒吃起，与已吃过的相比，当前吃的每一粒都是最好的；如果与还没吃的比，当前吃的都是最差的一粒。生活中无时不存在着比较，而积极的人生，必须比出优势、“捡”出优势，像同已经吃过的差的葡萄比，当下吃的每一粒都是甜的。当下的甜美，就是动力源，能增加生活的信心和勇气，去争取吃还没吃到的更好吃的葡萄。如果与还没有吃到的好的葡萄比，当下所吃的都是最差的。还没吃过、尝过，也只是想象，比不到实处，比不出优势。一样道理，与飞黄腾达的人比官位，这不可比，也无法比。你只看到别人场面上的风光无限，却不知道人家发展进步得快所付出的艰辛和代价，总觉得自己进步比别人慢、待遇比别人差，这样容易心理失衡。人要找到幸福，要比得实在，比出优势，“捡”自己可“捡”的东西，要与经历过的事情比，不能与充满不确定因素的未来比；要与自己比，不能与不了解的别人比；更重要的是要比尽事功，而不能比表面显露出的财富地位。处于发展阶段的人们，应该像吃葡萄一样从差的吃起，并与吃过的比，将现状与以前困难的生活相比，这样能比出滋味、比出自信、比出自己的最大优势，脚踏实、更加奋进地去追求美好的生活。而走下坡路不得志的人们，如吃葡萄从好的吃起，虽与以前的生活比是过得差，处于劣势，但是每一时间的当下生活还是最好的，必须肯定自我之当下、珍惜当下，正视自己所处的劣势，从劣势较小的事情入手力图止损反转，争取幸福的生活。若否定自我之当下、不珍惜当下，就会越来越差，越跌越深。人一辈子会经历无数次比较，只有比出自己的优势，“捡”出自己的好处，生活才会过得有滋有味、逍遥自在，否则会比出心理失衡、比出郁郁寡欢、比出对社会的不满。因此，人不能盲目地比较，不能胡“拾”乱“捡”，要比就比出彩，做一个出彩的人。

**1. 让自己常感幸福，必须以平常心看问题，把握好绝对和相对相统一的幸福**

《淮南子·人间训》记载着“塞翁失马，焉知非福”的寓言故事：

> 近塞上之人有善术者，马无故亡而入胡。人皆吊之，其父曰：“此何遽不为福乎？”居数月，其马将胡骏马而归。人皆贺之，其父曰：“此何遽不能为祸乎？”家富良马，其子好骑，堕而折其髀。人皆吊之，其父曰：“此何遽不为福乎？”居一年，胡人大入塞，丁壮者引弦而战。近塞之人，死者十九。此独以跛之故，父子相保。[①]

无论是失自家马，得胡人骏马，还是其子“堕而折其髀”，塞翁始终保持着平常心，泰然处之，不把祸、福绝对

---

① 刘安：《淮南子》，顾迁译注，中华书局2009年版，第255页。

化。祸可以转化为福，福也可以变成祸，祸、福是相对的，在一定条件或情况下会相互转换。因此，塞翁不因福喜、不以祸悲，始终保持积极的心态来应对世事的变化，从而“父子相保”得享天伦之乐。可以说，一生无灾、无难、无烦扰的人几乎不存在。生活中的事也像塞翁的遭遇一样，有失马，有得马，有时因得马而伤及家人，有时因伤而避开祸端，坏的会变好，好的会变坏，没有绝对的好，也没有绝对的坏，一切都在变化之中。不能因好而陷入狂热，失去了冷静和理智，也不能因坏而心神不宁，长此以往会影响心理健康。心理健康是现代人健康不可分割的重要方面。世界卫生组织认为，心理健康问题是 21 世纪人类最为严重的问题。心理学家亨·奥斯汀曾说：“这世界除了心理上的失败，实际上并不存在什么失败，只要不是一败涂地，你一定会取得胜利的。”心理健康能够正确认识自我，自觉控制自己，正确对待外界影响；心理不平衡会患病，还可能导致难以挽救的失败。现代医学发现，人类 60%~90%的疾病都与心理状况有关，如失眠、高血压、冠心病、高血糖、动脉硬化、肿瘤等疾病，与紧张、孤僻、抑郁、多疑、好生闷气、狭隘嫉妒、易躁易怒等不良情绪的长期积累有关。保持平衡的心理、健康的心态，权力不在医疗专家手里，而在每个人自己手中。经书药理千万卷，不抵一颗清净心。如能始终保持一颗清净心，任何“心魔”都休想进门。实际上，世上的“老大妈”们应该以平常心来看待儿女的生意，不为晴而高兴，不为阴而操心，这样才能过上不受阴晴左右的自由生活，安享晚年。

**2. 让自己常感幸福，必须享受尽功力的过程，从而自得其乐**

无论自己的孩子好养不好养，书读得好坏，成才与否，大家都爱自己的孩子，都说自己的孩子好。为什么？因为每个父母都把自己的孩子当心肝宝贝，为其尽了心血，竭尽所能养育、呵护孩子的成长。孩子的一举一动、喜怒哀乐，都牵动着父母的心，即便小孩有时做出一些惹怒父母的事，父母也还是笑着面对小孩，鼓励小孩勇敢地改正错误，争取进步，始终与孩子共享成长每一过程的体验。同样的，如果我们把自己做的事、自己尽的功力当作自己的孩子，不管所做的事功是好还是坏，自己都为此流了汗、付出了心血，每一环节、每一步骤都倾注了自己的精力，那么自己就应该像陪同孩子一起长大那样开心，没有理由不去享受尽功力的每一个过程、每一个细节。当然，每个孩子都有让人揪心的时候，每一项工作也都会有令人揪心的问题，不能因为揪心就不开心、不去积极应对。揪心并不是开心的对立面，而是构成开心的过程，为孩子揪心，也是为孩子开心，是心甘情愿的。每个人都会遇到揪心的事，需要以开心的姿态来处理，不能因揪心而否定自我，否定自己曾经的付出和拥有，否则就会陷入虚无主义，就会悲观失望而自暴自弃。佛家说：“念身不求无病，处世不求无难。”意思是说，人不要要求身体一定健康，处世不要害怕困难挫折。“病”不是“念身”的对立面，“难”也不是“处世”的对立面。“有病方知身是苦”，有病才知道生命的可贵，有困难才明白世事不容易，反而能激发精进向上之心，排除万难争取胜利。再说，人从事的很多事，功成只是一瞬间，就像建水电站大坝合龙之时，花费更多时间的却是筑坝的过程。持续地勤恳劳作，不停地填方筑坝，时不时还会遇到急流冲掉填埋的沙石，整个过程充满困难和挑战。无论是勤恳重复的劳动，还是不断涌现的各种挑战，都需要积极应对并予以解决，否则大坝就难以合龙。人的可贵之处就在于能化解现实的矛盾，实现矛盾双方的良性循环，就像筑坝和疏流共进，大坝和急流矛盾双方得以共生、共存、共乐，大坝高筑、水畅其流，人得水之用而水自得其乐。人必须享受尽功力的全过程，自得其乐，否则，只要一个细节不开心、不称意，就会截断尽事功这个链条，就会影响结果、影响功效，甚至功亏一篑。比如说，小孩子抄写课文，开始时很认真，字就写得好，抄得工整；抄到后面不乐意了，字就开始潦草，涂改也就多了，整篇抄写的质量就成了问题，得不到好的成绩。因此，人应该珍惜自己曾流下的每一滴汗水，珍藏自己走过的每一个脚印，积极应对每一个困难，这样才不会浪费前期的投入。不管辛酸苦辣，都不放弃、不半途而废，这样才能不断尽功力从而达到目标。

物质世界是无限发展变化的，无论是谁，都无法与物质世界的发展变化完全同步，也不可能完全掌握世界的变化规律。人的幸福是主观相对于客观的幸福，幸福是一种精神，是一种人生态度。幸福是感觉出来的，关键是以什么心态对待世界；幸福是比较出来的，这就看与谁比，比什么。

### （二）爱和感恩是幸福的源泉

日本有个作家叫江本胜，他专门研究水的结晶体，写成了《水知道答案》一书。他做了无数次实验，无论是来自地球哪个地方的水，不管用什么器皿装，只要对着盛水的器皿说“爱您”“谢谢您”或贴上写着此类话语的标签，水的结晶体排列都是规则有序的，很是美丽。如果对它说或者给它贴上

“浑蛋”之类的不文明的话语，水的结晶体就会混乱无序，较为难看。实验证明，“爱”和“感恩”能让水的结晶体变漂亮。成年人身上的水分占体重的60%～70%，如果我们常怀爱和感恩之心，体内每个水结晶体都能有序而美丽地排列，我们的心情自然就愉悦、舒畅，精神好身体就好，人就会少得病。这就是爱和感恩的自然力量。

1. 有爱就有一切

（1）有爱就有幸福的家庭。

为了养育自己的孩子，每个父母都源源不断地付出，有使不完的劲，再苦再累心里也是乐滋滋的，这都是源于爱。有好吃的第一口给孩子尝，有好用的第一个给孩子用。无论孩子多大，都把孩子当宝贝，以“依命”的昵称相呼；孩子出门，都要祈求平安，站在门口久久地目送其远行的背影；孩子尽功业，都要再三嘱咐，牵肠挂肚；孩子每一次回家，都是早早地在门口等待……这是父母亲的爱。无论孩子走多远，心都不离父母亲不离家；无论身处何地，每天都给父母亲打个电话报平安；无论有多忙、路途多艰辛，节假日都尽可能回到父母亲身边陪伴；无论有多不顺意，都是报喜不报忧，不把坏情绪带回家……这是孩子的爱。爱的发动机不停息，家的幸福将无穷尽。现实生活中，一些家庭不幸福，很大的原因就是家里没有爱，不同心。比如说，家庭成员相互隐瞒，藏“小金库”，搞诡秘的“私人空间”；凡事爱计较是非对错，把家当职场、名利场；不信任、不沟通、不包容、不体贴。爱是无私的，这样与爱相悖的家庭，只能算是临时的“工作组”，一旦发生利益冲突或遇到艰难困苦，终将各奔东西。

(2) 有爱就能广结善缘。

有爱的人总是不以善小而不为。因为有爱，路边捡到别人丢失的东西，会担心失主挂念而想办法归还；路上见到影响走路行车的障碍物，会俯身把它挪开；遇到长明灯、长流水等浪费行为，会及时制止；遇到需要救济的对象，总是或多或少地给予捐助；遇到矛盾纠纷，总爱做和事佬；遇到人家心有郁结，会帮对方释疑解惑；见到团队有短板，总爱补差漏、提建议；遇到大事难事，总是义无反顾挺起腰杆，迈着大步勇往直前；自己受到不公平的待遇时，却总是一笑而过。谁能与爱作对？有爱，就有善心，善待宇宙万物，就没有私怨、私敌。这样，昂首望天，满眼云霞彩虹，俯首观地，处处花香鸟鸣，所走之处，莲花玫瑰相向。以爱观物就满眼是爱，以爱待物也就满心欢喜，就像春风吹拂大地，大地把最鲜活的绿意献给它；阳光照耀花朵，花朵把最美丽的笑脸献给它。

(3) 有爱就能彰显功业。

人有爱，无论干哪行哪业，对待人和事，都能全身心地投入，不会打折扣。干一行、爱一行，走到哪里、爱到哪里，路过一方、缘结一方，就会为一方水土倾注心血。有爱，就不会搞坑蒙拐骗害人；有爱，就不会弄虚作假误事；有爱，就不会颐指气使耍威风、伤人心；有爱，就不敢口无遮拦乱说话，伤及他人的脸面；有爱，就不会消极怠工粗制滥造，埋下隐患；有爱，就不会急功近利不顾长远，只顾上不顾下，失了根基。人有爱，爱无边，一言一行极尽爱心，一事一物不伤一毫，这就是爱的奉献，这就是爱的功力。

2. 感恩与爱同行

人作为主体，最积极、最具情感的意识是爱，而人作为客体，最积极、最具情感的意识是感恩。爱的意识是主体主动发出的，而感恩是在客体接受爱的作用之后产生的回报爱的情感。爱和感恩相辅相成、相互作用，有爱的正向作用，就有感恩的反向作用，有感恩的作用，又会激发出新的爱的作用，感恩至深至切就上升为爱，爱和感恩不断地相互激荡、循环作用，世界就充满爱意，人就在爱的世界中生活。有爱，一定有感恩；有感恩，也就会有更多的爱。

（1）感恩，让爱有了归属。

爱是无私的，人发出爱的讯息、实施爱的行动，是心甘情愿、不图回报的。但是，不图回报不等于不要回报、不希望回报。比如说，父母对孩子的爱都是竭尽全力、无私付出，但哪个父母不希望孩子孝顺呢？感恩，准确来说不是对爱的回报，而是对爱的反馈、对爱的回应，让施爱的一方知晓，自己播下的爱的种子，其长势、开花、结果如何。许多扶贫帮困的慈善人士，慷慨解囊捐资助学，不留姓名、不求回报，但是，如果有一天慈善人士能够收到受资助者的消息，看到他们受资助后学业有成并将所学奉献社会，能不为之心潮澎湃吗？爱心没有白费，施爱有了成果，被爱者有感恩之心，施爱者被认同得到心理满足，这样就能孵化出更多的爱。

（2）感恩，裂变出更多的爱以及巨大的正能量。

爱是无私、无边、无限的，感恩也应如此，但并非一一对应、有特定指向，并非我爱你，你就感恩我，我给你多少，你就还我多少。得到了爱，懂得感恩的人可以感恩施爱者，还可以感恩更多的人，乃至整个社会，就像核裂变，在吸收一个爱的中子以后会分裂成两个或更多的感恩原子核，同时放出两个到三个爱的中子和很大的能量，再去撞击其他原子，又能使别的感恩原子核接着发生裂变，从而使这个链式反应的过程持续进行下去。感恩的自发裂变永不停息，就会有更多的爱，形成巨大的爱的能量。“投我以木桃，报之以琼瑶。”现实中此类事不少，比如说科技扶贫选培一个技术人才，受到资助回农村创业致富后，他往往自觉带领全村，甚至周边村的老百姓共同富起来。人懂得感恩，方能自强不息，充满正能量。韩信封侯始终没忘漂母的一饭之恩，赠以千金；诸葛亮铭记三顾茅庐之恩，助刘备三分天下，鞠躬尽瘁，死而后已，长使英雄泪满襟。感恩，永远沐浴在幸福之中。脚踏大地，吃五谷杂粮、饮清冽甘泉，应当跪拜大地之厚德；头顶蓝天，沐浴阳光雨露、观赏月美星灿，应当瞻仰上天之大道。人生何地、长何处，都离不开此地物质的奉养，没有万物滋养，人就难以存活，因此人必须感恩万物。衣有其服，应在暖心秀美中常思纺线织衣一针一线之费心；食得其味，应在酒足饭饱中常想耕作一禾一粟之不易；居有其所，应在风雨无忧中常念造房建屋者风吹日晒之艰辛；日行千里，应在轻松飞越万重山中感念开山架桥之艰险；小康之家，应在丰衣足食悠闲自得中感怀顶层设计师之日夜操劳。喝水不忘挖井人，吃饭不忘种田人，开船不忘造舟人，幸福不忘引路人。你常怀感恩，不忘他人，他人也不会忘记你，会有许许多多爱的清泉，不断地涌向你，滋润你的心田。你常念人家的好，满目都是好景色，脑中涌现的都是善良的人、开心的事，幸福感就随处可得。人生在世，最可怕的就是忘恩负义。在现实中总有这样一些人，过了河就拆桥，奴颜媚骨没脊梁，不识天恩地德之厚大，不知自己的斤两，好像这个欠了他债、那个亏了他银两，整天发牢骚说风凉话，到头来只能落得悲凉的下场。人称“三姓家奴”的吕布，先后投靠了丁原、董卓、王允、袁术、袁绍、张扬、刘备七人，先为利亲手砍了义父丁原的头，后背离了王允，当董卓喊“吾儿奉先何在”时，吕布“一戟直刺咽喉”，还调兵屠尽董家亲属，包括九十高龄的董卓母亲。白门楼临刑时，吕布又向曹操乞求：“明公所患，不过于布；布今已服矣。公为大将，布副之，天下不难定也。”曹操看透吕布“狼子野心，诚难久养”，“操令将吕布缢死，然后枭首”。陈寿在《三国志》评价称：“吕布有虓虎之勇，而无英奇之略，轻狡反复，唯利是视。自古及今，未有若此不夷灭也。”[①] 任何事物，都不能自生自为，人也如此。每一个人，无论是平民百姓还是伟大人物，都要衣食住行，都要得到他人的帮助和享用他人的劳动成果，无论走多远，飞多高，都不能忘怀。风筝起飞似乎与大地没什么关系，但假如挣脱断了线，面不朝着大地，心不向着大地，随风翻滚飘荡可能舒服一时，等再回到大地时，就是粉身碎骨。

### （三）上善若水福常随

老子说：“上善若水。水善利万物而不争，处众人之所恶，故几于道。”[②] 意思是说，善的最高境界，就像水的品性一样，泽被滋养万物而不跟万物争名利，处于众人不注意的地方或者不愿意到的地方，因此最接近人生之道。水具有很多美

---

① （晋）陈寿：《三国志》第一册，（宋）裴松之注，中华书局 2013 年版，第 237 页。

② （魏）王弼注：《老子道德经注》，楼宇烈校释，中华书局 2011 年版，第 22 页。

好的品性，人生之道若如水，幸福一定会常伴左右。

1. 我顺故我畅

水最好的品性之一就是顺，顺天、顺地、顺时、顺势、顺境、顺物、顺从、顺常，等等，都同所处的环境、形态、时序、潮流、规律等相协调。不拘束，不僵化，遇方则方，遇圆则圆，遇热成气，遇冷成冰，夜结露珠，晨飘雾霭，顺着事物的变化而变化，顺潮流而动，通融润物，随遇而安。这是“行云流水”的快活之道。当然，人不是水，人有骨架，有形体，有手脚，有思想，没有水一样至柔的身段，不可能随心所欲，随处游走，想干什么就干什么，想要什么就要什么，大千世界，自由来去。人，相对于宇宙星空和大千世界，甚是渺小。人可以不循宇宙运行规律而动吗？可以不按社会法则而行吗？答案肯定是不行。实际上，一个人所遭遇的事物、所能施展的空间，绝大部分是被动接受的，是被安排的，不管他愿意还是不愿意，都得接受，因为事物是客观存在的，存在的就是存在，不能也无法随意消灭。比如说，四季冷暖，人生百态，无论是先来的还是后到的，遇到的就得接受。即便是一家之主，也不能主宰家里的一切，许多事情也不得不接受。人很多时候，不管自己是否愿意，总是被如风一样的大手推进冥冥之中安置好的时空隧道里，吹来往去，不由自主。“不由自主”不是僵硬地坐以待毙，而是以柔软的身姿顺势而为；不是被事物摆布无能为力，而是在顺应事物的前提下主动作为，学会在夹缝中求生存、求发展。俗话说：“小隐隐于野，中隐隐于市，大隐隐于朝。”在喧嚣的朝市中，人更多地处于被动的地位，更多地受到挤压、干扰、牵连，生活、工作的自由空间是极其有限的，想大显身手也不全由你说了算、全由你来做主。在被动的生存环境下，在狭窄嘈杂的空间中，只有给自己找一个心灵安放之处，才是最高的人生意境。哪怕是很小很小的精神之地，也可以放飞自己、自得其乐，让自己过上闲逸潇洒的生活。人绝不可以胆大妄为，应效法水，遵水之德，循水之性，随水之形，不贪求能拥有多大的时空，能够安放自己的灵魂就好。

当人身处不和谐环境又无法改变的时候，只能方圆随处。尽管现代人身处大流动、大变革的时代，但是，很多事物又是不可改变的。就近的来说，每个人所要遇见的人有的是不可选择的，如父母、兄弟姐妹、孩子、领导、同事等，是不能自己随意挑选的，有的更是没有任何选择的余地。每一事物都有它的天性和本质，每个人都有自己独特的基因，形成自己的思维方式和个性特征。对此，最优的选项就是尊重和顺应。即使遇事不顺意，有人与自己不投缘、不合拍，也应该顺着来，不能对着干，应像水一样，沿着弯弯曲曲的山涧，绕过凹凹凸凸的岩礁，顺势而下，寻找出海的地方，流到自己的舒心之处。

当人身处被迫之境无能为力的时候，只能顺时颐养。每个事物都会遇到强于自己的东西，或者自己无法左右的东西。比如说，鸟筑巢，要选择在哪棵树上做巢、在哪个树枝搭架、筑多大的巢，是鸟的事，都由鸟做主，树无能为力，管不着，也没办法管。作为树，只能悉听尊便，自得其乐。鸟鸣叫，就当作为自己唱歌喝彩；鸟折枝啄叶，就当作给自己按摩挠痒。然而在自然界中，被鸟筑巢的树，一般都长得比周边的树高大茂盛。每个人都有无能为力的时候，此时应像水库里的水一样安静地待着，能沐日光浴就沐日光浴，能拍岸就拍拍岸，能与鱼作乐就与鱼作乐，能同水草嬉戏就同水草嬉戏，寻欢度日。放水排洪时就顺着闸门奔腾急流，需要发电时就奋力冲刷，需要浇灌时就顺着河渠流向田野，源源不断地融入万物，滋养万物，同万物一起成长。

当人受阻无法行进的时候，只能侍机顺行。正常人的眼光是与脚尖同向的，目之所向，脚步所往，轻松自如，而向后转、向后退背着自然所向，就有难度、有障碍，不情不愿。向前容易，后退困难，乐于向前，羞于后退，这是人的本能。水往低处流，善于“处众人之所恶，故几于道”，达到了最高道德境界。现实中，几乎没有人不想进步、不想发家致富、不想走在时代的最前沿，但是，也几乎没有人前进的道路上没有障碍、不受阻，一路高歌猛进顺风顺水。遭遇障碍无法前行时，不能横冲直撞，而应效法水，向上困难就自然转向，往低处流，谦卑随缘、与物无争，积蓄能量、蓄势待发。当然，无法前进而退居一隅时，不能是一潭死水，毫无作为。中国工农红军建立革命根据地，开展游击战，深入群众，走群众路线，打着灯笼走村入户，宣传党的政策，为民排忧解难，与群众心心相系、亲密无间，这是人效法水的鲜活事例。以水之细、水之密、水之“处众人之所恶”、水之“善利万物”，去别人难以到达的地方，干别人不愿意干的事，做别人无法做的功夫，去滋润万物，让万物生发。以水之灵通、水之运化，即便大道不通，也能化成涓涓细流，顺道而流，流向沟塘，流向田间地头，做力所能及之事，心之所到，诚之所至，能灌溉一片是一片，能浇洒一处是一处，到一处，润一处，养一处，处处生机盎然。

以水之坚韧、水之柔强，连绵不断，锲而不舍。以滴水之力，执意进取，久久为功，如水压机、水割刀，穿石、切铁、锻钢。实际上，历史上的智慧之人，当达到一定高度，或者无法前进的时候，就会主动地退却。有的退是为了更好地前进，退一步，可能会进两步、三步，乃至更远；有的退是为了保全自己，退而无争，因而安身。春秋末期世称“陶朱公”的范蠡，深谙“鸟尽弓藏”的道理，毅然弃越奔齐，辞官经商，三聚三散，富甲天下。司马迁称：“范蠡三迁皆有荣名。”元末明初，比肩张良、诸葛亮的刘伯温，跟随明太祖朱元璋运筹帷幄决胜千里，一统大明江山，构建了大明帝国的宏图伟业。帝国建立后，朱元璋对有功之臣加官晋爵：第一方阵六位公爵，没有刘伯温的份；第二方阵侯爵四十多人，还是没有刘伯温的名字；直到第三方阵伯爵，才有“诚意伯”刘伯温。朱元璋在南京鸡鸣山上建了功臣庙，庙里八十几位功臣，依然没有刘伯温的份。明白人刘伯温只好选择离开，告老返乡，低调做人，身为开国元老、御史中丞，小心谨慎到连知县都不敢见。然而他因此保得善终，而功臣庙里八十多位功臣中，善终者没有几人。

2. 我平故我安

人们常说“水平”，平是水的一个重要特性，有看到斜坡、陡山、凸峰、凹谷、不平路，但没有见过斜水、陡水、凸水、凹水、不平水，无论是一瓶水、一碗水、一桶水，还是一沟水、一潭水、一池水，不管是面积小的如水平仪，还是大的如海平面，都是平的。若有不平，也是因为其他的东西在兴风作浪。平安、平安，能平就安。世间事就怕不平，不平就生变，如塌方、雪崩，路有不平易拔刀相向，心有不平就有讼争。平如镜则明。水之面是平坦光亮的，可谓平如镜。人常以水为镜，可以观照自己，检查斑污皱褶，整理仪容，正衣冠，提精神；也可以观照他人，看清虚实形象，分清是非曲直，辨别真伪，照出妖魔鬼怪。以水为镜，随时可照，随时可鉴，在锅碗瓢盆之间，在沟塘水田之旁，在大湖大海之边；既可照形，也可照心，既可鉴古，也能鉴今，知彼知己，心里透亮。福州西湖有“鉴湖慕鱼”一景，让游人对湖观照自己，慕鱼之乐，从水中看懂世界。水之心是透明的，晶莹剔透，里外同一，不遮掩隐瞒任何东西。人有透明之心，光明磊落，坦坦荡荡，不会昧着良心装糊涂、说瞎话，该坚持的坚持、该反对的反对，真实反映世间万物，始终是一个明白人。平而均则正。水无论在哪里，都均衡地流动，均匀地分布，不因低处而不往，不因高处而聚集，先流低处，再逐步上升达到均平。不管装水的容器是何形状，水都可依器而就，随器之形，水面总是不偏不倚。以前建筑师没有测量仪时，是用透明的细塑料管装水，以水管两端水面对标画线的。孔子说：“丘也闻有国有家者，不患寡而患不均，不患贫而患不安。盖均无贫，和无寡，安无倾。”① 意思是说，对于诸侯和士大夫，不担心贫穷，而担心财富不均；不担心人口少，而担心不安定。财富均了，也就没有所谓贫穷；大家和睦，就不会担忧人少；安定了，也就没有倾覆的危险了。可见，孔子最担心的是“不均”。我们对待事物，应该如水之法，一视同仁，均而能正，高者不倒流攀附，低者注入让其涨高，小河满了归流大河，大河满了均分给



① 杨伯峻：《论语译注》，中华书局 2009 年版，第 170 页。

小河，“有馀者损之，不足者补之”①，一碗水端平、端正。心均怀正，无私无奸，不偏不倚，不仗势欺人，不恃强凌弱，舵正桅直、风和水平，行舟也就没有危险了。平而稳则定。水无论在何处，总是能自我平衡重心，随遇而安，随势而稳，随时能定。这在日常生活中随处可见：水在自来水管里，安于管；用碗盛，安于碗；用盆装，安于盆；用桶挑，安于桶；用锅接，安于锅；用勺舀，安于勺；流入塘、渠、沟，安于塘、渠、沟。简而言之，就是平稳而定处。水能媾和万物，与万物友好相处，能随形就器，却不忘本质。即便成了云蒸霞蔚的雾，也还是水之气。无论经过多少循环往复，总是平心和气、平易朴实，融入万物与万物相伴随，除非倒之、倾之、泼之、弃之。人一生不管变化多大，历世如何，无论遭遇好事还是坏事，难事还是易事，都应“不以物喜，不以己悲”，如水一样应物随变、处事不惊，“既来之，则安之”。特别是遇到好时境，更不应飘飘然忘乎所以，更应学会与人平静相处、平和相处。无论时空如何转换，面貌如何改变，人依然是人，不可能成神，都需要过普通人的生活，一口一口地吃饭，一步一步地行走，走过人之为人的平凡人生。

3. 我静故我清

水生性好静，静是水的一个重要特性。无论在何处，都能默不作声。你不触动它，它始终没有声息；你触动了它，也就微微起波澜，随后又渐渐复归于静。若有狂涛巨浪，往往是因为水欲静而风不止；一旦风停，水又安静下来，涛无痕浪无

---

① （魏）王弼注：《老子道德经注》，楼宇烈校释，中华书局 2011 年版，第 194 页。

迹，好像什么事都没发生过，秉持本心本性之清静。“不欲以静，天下将自定。”[①] 没有欲望就安静了，安静了自然就安定。人如果静了、清了，曲直善恶自然了然于胸，眼光清澈如鉴、入木三分，能辨析万物生变、世间风云，透视牛鬼蛇神，不似是而非，不糊里糊涂，不被浮云遮望眼，从而内心不惑、不偏、不移，享受清正之美好。

（1）静则自净。

以前农民用水，基本上是从河、溪、塘打水，注入家中的水池或水缸，静置一段时间，水自然就去污沉浊，成了可饮用的净水。水有很强的自净功能。我们不难发现，日常生活中用清水洗刷锅碗瓢盆，清洗家具地板，经过地表的静养后不染污色不带异味，还可用这些生活污水浇灌树木花草。即便是被工业污染的水，经过处理后污、水能分离，水还是干净的水。水不融于污、不同流合污，无论强加多少杂质污浊，只要让水沉静、平静，水就能洁净自己，依然清明。水静则净，净则清，清则明，明则灵，水灵即是源头活水，就能藏蛟卧龙。也就是说，清静则“不与物杂”，从而“专精积神”。孔子曰：“仁者静。”仁者静就是心地纯净，外无贪而内清净，心平和而不失中正。老子说：“清静为天下正。”澄其心，无妄心，而神自清，自然六欲不生，七情通理，世事澄明。这是人的自处之道。人生在世，总有内忧外扰，有时泥沙俱下被卷入洪流之中，有时被污脏之水飞溅击中，有时被流言蜚语所伤，有时也有自己的臆想妄动，等等。无论是外患，还是内忧，都必须以

---

① （魏）王弼注：《老子道德经注》，楼宇烈校释，中华书局 2011 年版，第 95 页。

静待变，以静制动，等一等、放一放，靠一靠边，休一休整。如“避秦时乱”而躲进“桃花源”，静观世外风云，静心思考，待风雨过后，“乃不知有汉，无论魏晋”，从而“黄发垂髫，并怡然自乐”。超然世外物外，怡然自得其乐。人人都有心灵的“桃花源”。

（2）静则流深。

静是水的常态，水本来就是静的。即便是长江黄河，其源头也是静态的冰雪和涵养群山之泉脉，奔腾入海又复归于静。水越深将越静，深水不响，响水不深。小溪自流时哗哗响，归入大湖、大海就不作声。小时候在沟塘里学游泳，大人会教我们在涉水之前，先用石头投入沟塘的不同方位以测水的深浅。水花溅得越高、水声越是响亮的地方，水也就越浅；越是溅不起多少水花、听不见多大水声的地方，水就越深。刚学游泳应该在水浅的区域游，以避免危险。静而深能新生、养生，甚至藏巨物。许多生命都是在静中孕育的。如鸡之孵卵，紧闭双目，精神专注，昼夜息伏在所孵的鸡蛋上，给予足够的时间和温度，才有小鸡破壳而出。“冬道藏，万物静。”冬天天冷气寒，地表万物萧瑟。但是，冬至一到，大地的阳气就开始回升，不断地积蓄元气，孕育春的到来。有黎明前的静美，才有太阳喷薄欲出之灿烂。静而物藏，藏而有神。水静，水中方可养物、能藏物，哗哗流水、滚滚江涛，沙石都被磨光淘尽，难有甚物。试看咆哮奔腾的瀑布，能有鱼虾成群吗？镜泊湖水深处达六七十米，冬季捕鱼一网可以捕几万斤，一日可捕几十至上百万斤，但从未见过奔袭的长江、黄河有如此壮观的捕鱼场面。潭深千尺有蛟龙，平静水面之下，一般水越深，就越可能蕴藏更多的宝物。人能以平静之心包容可容之物，滋养可养之人，人世间就会有更多的神奇。

静则流深。流者，动也，静和流是一对矛盾关系。唯物辩证法认为，物质是运动的，运动包括量的变化和质的变化、飞跃。动是绝对的，静是相对的，是量的积累变化过程。动中有相对的静，静中有绝对的动。动是矛盾的主要方面，决定着静。而在特定的情况下，在宏观的相对运动的视域下来考察个体、理解个体的运动时，相对的静是运动表现出来的特殊形式，又是矛盾的主要方面。比如说某些“书虫”，潜心钻入书的海洋汲取知识营养，日积月累长知增慧，在外人看来是“静”的。没有“十年寒窗无人晓”，也就没有“一朝成名天下知”，前者的“静”起了决定作用。屠呦呦几十年默默地献身青蒿素研究，才获得了诺贝尔奖，成为 2015 年“感动中国人物”和 2016 年度“全球最具影响力人物”。又比如说，上大学，从一年级到四年级每一天的学习，一点一滴积累的知识，对学生来说是动态的，但是，在大学学习期间，社会大众通称他们为大学生，一年级到四年级的相对静的学习，影响甚至决定着大学生的未来。因此，老子说：“静为躁君。”以静制动，静是躁的制服者，静定是躁动的主宰，静为主，动为次，静为根、为本，动为枝、为末。树没有深入大地的盘根，也就没有耸立地上的枝繁叶茂，有盘根长期相对静地吸收营养水分，才有参天大树的长成。人没有立身、立德之静，就没有立功、立言之动，就可能草率盲动、浮躁舍本而取末。当前社会，存在许许多多不愿做“静”功，总想一“动”成名的现象。比如说，不愿意投资头脑增智慧，却热衷于钻营攀权贵；

不愿意投资实体经济，却热衷于投机一锤子买卖；不愿意行雪中送炭之德，却热衷于显锦上添花之耀；不愿意埋头苦干，却热衷于东拉西扯；不愿意凭本事脚踏实地干实事，却热衷于天马行空沽名钓誉捞好处；等等。这是人患浮躁之病的一些症状，需要对症下药，久久苦练“静”功，从而“流”得深、“流”得长。

静水流深，“深”既是“流”的内涵，又是“流”的表现形式。有道有技、有谋有略之“流”，就是深流。深流，常常趋于“静”，常常流而无形。柔性作为，含而不露，流得深沉，流得深刻，流得深入，大象无形，大音希声。因此，老子说：“太上，下知有之。”① 至高至善的主宰者，悠悠然大道之行，无须发号施令、无须宣传造势、无须自吹自擂，自然而然成事，人们仿佛感觉不到其存在。功成不在我任，成功非一人之成功，都是大家一起干的。以静水流深之心与这个世界相处、与他人相处，这样也就不负盛名之累，与大家共享自然清净之乐。实际上，一切表面的东西都不长久，如再好听的浮浅之言语，都会被历史风干，只有睿智的精神、丰硕的功业永存。知了最会鸣叫，天天鼓噪，但人们不把其当回事，不在乎其存在的价值，鸣而无用，令人生厌。鸟中最会说话的是鹦鹉，而鹦鹉只能学舌，即便能讲出人话，也说不出真情深情；极少鸣叫的雄鹰，凝心聚神，却往往能一鸣惊人，博得众多喝彩。流深流在深处，隐而有为，把力量和功力隐藏起来，韬光养晦，这样就会减少风险，增加成功的机会。明太祖朱元璋在

① （魏）王弼注：《老子道德经注》，楼宇烈校释，中华书局2011年版，第43页。

带领红巾军反元初成之时，实施“高筑墙、广积粮、缓称王”的战略，保有强大的军事力量，做好充分的物资准备，不急于宣布自己的政治主张，避免引起各门各派的攻击和破坏，保证自己的生存安全和发展壮大。“缓称王”就是保持清醒的头脑，谋江山于密室，不显山不露水，沉得住气不出风头，以免枪打出头鸟，威胁到自己战略的实施。“高筑墙、广积粮”就是积极作为，静下心来做好自己的事，打基础、强筋骨、壮大力量，朝着既定的目标，蓄势待发。不因量的积累而飘飘然，不因一时的“墙高”“粮广”而忘记了自己的战略意图。在元朝末年各地烽烟四起中，朱元璋成功地实现了自己的战略意图，“力拔山兮气盖世”，一统江山，“缓称王”不声不响，终成帝业。

（3）静则融和。

水喜静处，不比浪高，不比流急，不比涡旋，泰然而处，其乐融融。水该流到哪就融于哪、乐到哪，流入渠塘、融于渠塘，享小桥流水灌田园浇秧苗之情趣；汇入江河、融于江河，听纤夫之高歌观河山之秀美；注入湖泊、融于湖泊，“水光潋滟晴方好，山色空蒙雨亦奇”，湖光山色总相宜；归入大海、融于大海，潮起潮落，观日升月落星辰灿烂；即便盛于杯中，举杯有明月，杯中有乾坤，一滴水有一滴水的精神。静，审也。“审”的意思是详细、周密，仔细思考，反复分析、推究，明察精细。《吕氏春秋·察传》中说：“闻而审，则为福矣。”一个人能够静而明察细微，无论世界怎么变化，都能静静地审视世界万物，看懂、看透一切风光表象，保持定力，有自己静处的方式，独享慎明之乐。一个人能静而明察细微，就能知道自己能做什么、怎么做，就不会与物相争，不争故无忧。许多烦扰都是不冷静造成的，因此说“冲动是魔鬼”。比如说，婆媳关系较难相处，其中一个很重要的原因，就是婆婆总认为自己费尽心血养大成人的儿子什么都好，夫妻之间有争执，婆婆没有静心去倾听媳妇的声音，冷静明察儿子的言行，而是感情用事，总是站在儿子的一边，护短偏心，不说公道话，以血缘论是非、丈曲直。长此以往，日积月累，媳妇对婆婆就有了成见，也就难以和谐相处。静而泰然，自若融和。水，顺也好，平也罢，始终能静，无论怎么对待它，它始终自如从容，与物为善，善待万物，融和万物。即便狂风拍击，它也只是溅起淡淡的水花，随即化为无影，不记怨，不复仇，依旧泰然自若，保持宁静之姿。静而泰然，乐于现实。遇山润山，逢树浇树，见花淋花，有用即乐，随处可乐，知足常乐，不妄思，不乱想，不被高处所诱，不被风波所扰，保持清心，终得清明。人若泰然、若有宁静之心，就少有无故的动容，就少有无名的冲动，就少有无端的抱怨，就少有无穷无尽的冤冤相报，就少有无故的杞人忧天。人若泰然、若有宁静之心，就会看淡世间沧桑，温柔接纳世间万物，来者欢迎，去者不留，如置石头于水中，放进去、水无声，拿出来、水无痕，放进拿出，都不留一点痕迹，水依然平静，波澜不惊，始终保持清净之心。人若泰然，宁静而能思，专心致志地思考，三思而行。一是凝思已过，以历史的视角思过去，思过错过失，思旧情旧物，存知足感恩之情。比如说，人回望自己的人生路，总会发现自己的不足和有遗憾的地方，也总能看到他人为自己修的桥、铺的路，从而心怀感激。二是凝思周遭现实，以联系的视角想周边的人、事、物，做好今天的事，享可得之福。人的周边环境是不以人的意志为转移的，它不以人的喜而存在，也不以人的忧而消亡，想现实，关键要去正视、去珍惜，像一日三餐，有什么吃什么，若挑肥拣瘦，就可能影响健康。三是凝思长远，以发展的视角思长策、谋长远，得仰望星空之妙。站在高处看远方，一览众山小，就不会在乎个人的私情私怨，心总会趋于平静，不被外物所忧，不会感情用事为一事一物争得头破血流，从而得以挣脱现实的纠纷而超然物外，超越自身达到心灵的高处。登上山峰远眺，闭上眼睛沉思，思绪连接古今，思接千载，心游万仞，如蛟龙游深渊，鲲鹏翔天宇，宁静致远，驰骋无边。就如刘禹锡所说：“心如止水鉴常明；见尽人间万物情。”

老子告诉我们：“致虚极，守静笃。”① 就是说要清空自己本真之外的杂物，清除私心杂念，清除一切不可欲的东西，给心灵排毒，返回“静”的本原本性，保持心灵的清新和空明。否则，存储再多信息，即便能“一微知天下”，心灵也无法安顿、无法安息。只有笃守天道人道，顺应四季轮回，不逆道而行，不拔苗助长，不搞“反季节”，该开花的季节开花，该结果的季节结果，该枯萎落叶的就回归大地，这样才能归根守“静”，遵道知常。“知常容，容乃公，公乃王，王乃天，天乃道，道乃久。没身不殆”②，了解常理才会包容一切，包容一切才会大公无私，大公无私才会普遍周全，普遍周全才会合乎

① （魏）王弼注：《老子道德经注》，楼宇烈校释，中华书局 2011 年版，第 22 页。

② （魏）王弼注：《老子道德经注》，楼宇烈校释，中华书局 2011 年版，第 39—40 页。

自然，合乎自然才会与“道”同行，与“道”同行才会保持长久。

水，成分简单，就是两个氢原子和一个氧原子；行事简单，要么静要么动，无论是静还是动，都顺应变化，静随形，动循道。无论水是液态、固态还是气态，它的成分始终不变，始终不变质，千变万化不离其宗。形顺变则通灵，质不变则守正，从而外无患，内无忧，自然逍遥。人属水性。从受孕时的受精卵，逐步发育成胚胎、胎儿，到婴儿出生，都离不开水的环境，人的体内大部分也是水。生命来自于水，存在于顺，生长于水，生长于顺。人只有道法自然，循道而行，上善若水，才有无限的生命力。

# 第七章　人的实践思维



马克思指出，人类“全部社会生活在本质上是实践的”①，还指出“哲学家们只是用不同的方式解释世界，问题在于改变世界”②。怎样“解释世界”，怎样“改变世界”，以什么样的态度、方式和方法看待和改变事物、指导实践，就是思维方式。它决定着人们言行、实践的效果。

什么是思维？《辞海》解释说：“指理性认识，即思想；或指理性认识的过程，即思考。是人脑对客观事物间接的和概括的反映。包括逻辑思维和形象思维，通常指逻辑思维。它是在社会实践的基础上进行的。思维既能动地反映客观世界又能动地反作用于客观世界。相对于存在而言，是指意识、精神。”③

---

① 马克思：《关于费尔巴哈的提纲》，《马克思恩格斯选集》第一卷，人民出版社 2012 年版，第 135 页。

② 马克思：《关于费尔巴哈的提纲》，《马克思恩格斯选集》第一卷，人民出版社 2012 年版，第 136 页。

③ 辞海编辑委员会编：《辞海》，上海辞书出版社 1989 年版，第 4392 页。

马克思指出：“人是能思想的存在物”“人＝思维着的人的精神”①。思维不只是“象牙塔”里的概念，人在日常生活中一直在思维着。比如说一日三餐，人要认识食材，并根据其特性运用合适的烹调方法，什么时间煮、煮多长时间，什么时间吃、怎么吃、吃多少，这些都是思维问题。

“哲学家们只是用不同的方式解释世界，而问题在于改变世界。”② 马克思主张不能满足于只是解释世界，更重要的是在解释世界的基础上，去改变世界。对于人类主体而言，改变世界是其感性的、对象性的物质活动即实践活动。起源于这样的实践活动并指导这样的实践活动，进而凸显出来的实践性思维，就是以实践主体价值选择为起点、以实践路径不断开拓为过程、以实践客体合理变革为目的的思维方式。简单地说，思维来源于实践，并能起到改变世界的实践效果。正确的思维方式，是人获得成功的重要因素之一。

“给我一个支点，我将撬动整个地球”“四两拨千斤”以及“田忌赛马”的故事等，都告诉我们，人生和实践的成功，需要合理、科学的思维方法。正像黑格尔说的：“方法并不是外在的形式，而是内容的灵魂和概念。”思维方式是思维方法和思维形式的统一，思维形式与思想内容之间的中介是思维方法，思维方法是借助思维形式同向顺时推动思维过程运行并由此形成思想内容的有效思维工具。

---

① 马克思，恩格斯：《德意志意识形态》，《马克思恩格斯选集》第一卷，人民出版社 2012 年版，第 182 页。

② 马克思：《关于费尔巴哈的提纲》，《马克思恩格斯选集》第一卷，人民出版社 2012 年版，第 136 页。

毛泽东主席曾形象地比喻具备正确思维方法的重要性。他说："我们的任务是过河，但是没有桥或没有船就不能过。不解决桥或船的问题，过河就是一句空话。不解决方法问题，任务也只是瞎说一顿。"[①] 在这里，"桥"和"船"指的就是思维方法问题，而人的正确思维方式从实践中来。"一切从实际出发，理论必须联系实际"，这是我们的思维方式从非理性走向理性的关键点。正确的思维方式，必须与客观实际紧密联系，必须解决实际问题。一部分人为什么能领导另一部分人，就是因为他们比另一部分人多一些思想理念、多一些思维方法，能多为他人化解矛盾、解决问题。

日本的稻盛和夫先生白手起家，创办了京瓷公司、KDDI电信公司、日本航空等大企业，其中前两家进入世界500强，年销售额高达7000亿日元，年利润率均超过10%。稻盛和夫开创了"京瓷哲学"，他认为思维方式决定人生的成败。他说："'思维方式'大大地左右着人生。人生和工作结果由'思维方式×能力×热情'这个方程式决定。热情这一项可以由自己的意志决定。只要付出不亚于任何人的努力，热情的分数可以很高。即使能力稍有不足，只要比一流大学出身的人付出更大的热情，就能取得比前者更大的成就。"

稻盛和夫更强调重视思维方式的作用。他说："'思维方式'就是我常讲的哲学，或者当事人所持有的人生观。这个'思维方式'可以在负100分到正100分的幅度内打分。举个极端的例子，比如一个人有能力也有热情，但是他玩世不恭，

---

① 毛泽东：《关心群众生活，注意工作方法》，《毛泽东选集》第一卷，人民出版社1991年版，第139页。

认为这个世界反正不公平，尽是矛盾，自己干脆当小偷算了。如果这样想，那么他的思维方式就是负值。即使他的能力和热情都是100，如果思维方式是-10，结果乘积是-100000。也就是说，如果‘思维方式’是负数，那么结果必然也是负数。”现实中这种例子还可以举很多，如1991年震惊美国的中国留学生卢刚因嫉妒制造的血案，还有清华学子投毒杀害同学案，以及许多高智商犯罪等等。

稻盛和夫说：“在想出这个方程式时，我看到世界上常有这样的人，他们毕业于名校，也很努力，但工作业绩上不去，公司经营不好，人生多有坎坷。可能就是因为思维方式是一个负值。说那个人为人不太好，那个人人品稍微有点问题，并不是说品格稍有问题，他的人生也只是稍有问题，而是他的整个人生都会成为负值。相反，某人没有高学历，没有很好的教养，不怎么能说会道，但工作热情高，人品不错，也把公司经营得有声有色。这样的事例很多。为什么呢？看起来似乎没有什么了不起的原因，但实际上他的人格、思维方式起了至关重要的作用。”

稻盛和夫认为：“如果说这个方程式决定了我们的人生，那么，我们必须提升自己的理念和思维方式，这是很清楚的。”“学习和掌握正确的‘思维方式’十分重要。难道我们不应该用高尚的理念，用正确的‘思维方式’来指引我们的人生吗？”

人类从动作思维或形象思维走向概念思维或逻辑思维是一大进步，而面对日新月异、变幻莫测的当代世界，人们必须具备和掌握综合思维，尤其要具备和掌握战略思维、历史思维、辩证思维、系统思维、创新思维、法治思维、底线思维、精准思维。

## 一、战略思维

什么是战略？据说，这个词来自希腊语的“指挥官”，是指挥军队的意思。又有一种说法，是说起源于希腊语的“诡计”一词。对于“战略”一词，《辞海》的解释是：一是指“对战争全局的筹划和指导。是依据国际、国内形势和敌对双方政治、经济、军事、科学技术、地理等因素确定的。战略解决的主要问题是：对战争的发生、发展及其特点、规律的分析与判断，战略方针、任务、方向和作战形式的确定，武装力量的建设和使用，武器装备和军需物质的生产，战略资源的开发、储备和利用，国防工程设施，战略后方建设，战争动员，以及照顾战争全局各方面、各阶段之间的关系等。”二是“泛指重大的、带全局性或决定全局的谋划”①。“战略”一词内涵有三：其一，作战的谋略；其二，指导战争全局的计划和策略；其三，比喻在一定历史时期指导全局的方略。战略的特征是发现智谋的纲领。战略的概念古已有之，而战略思维则是一个21世纪才出现的新范畴。出现战略思维概念，是因为人们想从思维机理的层面探索判断战略优劣的标准以及形成优良战略的程序和规则。

在事物迅速变化和信息爆炸的时代，在企业管理、军事管



① 辞海编辑委员会编：《辞海》，上海辞书出版社1989年版，第3537页。

理、国家管理、国际关系管理领域以及科学研究领域，能够动态地和综合地跟踪多种因素同时变化、迅速变化的战略思维就应运而生。战略思维是指思维主体（个人或集团）对关系事物全局的、长远的、根本性的重大问题谋划（分析、综合、判断、预见和决策）的思维过程。它意味着时间维度上的长远考虑，跳出眼前从长远看眼前；空间维度上的全局谋划，跳出局部从全局看局部；系统维度上的整体布局，跳出部分从整体看部分。它致力于解决根本性问题，努力占据发展的制高点，进而具有战略定力。在现实生活中，每个人对主体自身之外的关系事物全局的、长远的、根本性的重大问题的谋划必须予以重视，同时对关乎人生的全局性、根本性的重大问题必须放在极其重要的位置予以思考，这样才能掌握好自己的命运、把握好人生的方向。比如毛泽东主席在《纪念白求恩》一文中说，成为“一个高尚的人，一个纯粹的人，一个有道德的人，一个脱离了低级趣味的人，一个有益于人民的人”①。要实现这个人生战略目标，必须跳出具体的时间、空间和个人的现实利益，树立远大的理想，站在人生的制高点，不管能力大小，只要有“毫不利己专门利人的精神”②“对工作的极端的负责任，对同志对人民的极端的热忱”③“对技术精益求精”④，

---

① 毛泽东：《纪念白求恩》，《毛泽东选集》第二卷，人民出版社 1991 年版，第 660 页。

② 毛泽东：《纪念白求恩》，《毛泽东选集》第二卷，人民出版社 1991 年版，第 659 页。

③ 毛泽东：《纪念白求恩》，《毛泽东选集》第二卷，人民出版社 1991 年版，第 659 页。

④ 毛泽东：《纪念白求恩》，《毛泽东选集》第二卷，人民出版社 1991 年版，第 660 页。

就能破解现实中的各种困难和险阻，从而顺利走完人生路。战略思维涉及的对象大多是复杂的政治、经济、文化系统和人与自然的复合系统。战略思维作为一个系统整体，包含三大组成部分：其一，主体对战略问题的思考和谋划；其二，战略思维的产品，包括形成战略目标、战略计划、战略方针等；其三，战略计划的实施、反馈和战略修正。三者的关系是，战略思维产生思维产品指导和服务于战略实践。战略思维主要是主体头脑中的与战略问题相关的信息加工活动，战略实施则是改造世界的主体的能动的物质活动，战略修正是主观逐渐符合客观的过程。战略思维必须遵循一定的程序。第一，进行战略预测。战略预测是在对战略所涉及的事物或对象的现实状况和未来发展趋势的科学把握基础上，对战略目标、战略任务及战略手段的可行性及实施效果的预测。战略预测是提出战略目标、战略任务、战略措施的基础和前提。如果战略预测是错误的，整个战略的谋划就是失败的。对个人来说，必须对自己的“前世今生”有充分的了解，不至于不知天高地厚而马失前蹄。第二，形成战略目标。战略目标是实施某一战略要达到的最终结果，是战略的出发点和落脚点。它在战略体系中居于统帅地位。比如说，“成为一个高尚的人，一个纯粹的人，一个有道德的人，一个脱离了低级趣味的人，一个有益于人民的人。”这就是“做一个顶天立地的人”的战略目标。第三，制定战略任务。战略任务是战略目标的分解，战略任务是详细的、具体的，战略目标要通过战略任务的完成才能实现。战略任务可以分解成若干具体的子任务和更细致的任务。比如说，“不远万里，来到中国”①，“把中国人民的解放事业当作他自己的事业”②。第四，提出战略方针。战略方针是根据战略目标要求确定的指导战略全局的总纲领、总原则。它规定完成战略任务、实现战略目标的基本途径和手段，明确战略重点和主要战略部署，是组织战略实施的指导思想。比如说，“毫不利己专门利人的精神”。第五，制定战略措施。战略措施是战略系统中最关键、实践性最强的部分，是为了实现战略目标、完成战略任务采用的各种方式、方法、手段。比如说，“对工作的极端的负责任，对同志对人民的极端的热忱”“对技术精益求精”。第六，战略实施的反馈及战略修正。战略思维形成的战略目标、计划、任务是主观的东西，将他们付诸实践就是战略实施。战略实施是检验战略思维的唯一途径，是主观见之于客观的过程。比如说人的远大理想需要付诸实践，并在实践中检验和修正。如果战略预测有误，或者事物发生重要的变化，就要根据实际情况（信息反馈）及时修改战略目标和计划等，有时甚至要放弃整个战略。战略思维具有长远性、前瞻性、全局性、整体性、重点性、关键性、复杂性、创造性、开放性、自觉性等特征。提高战略思维能力，必须要提高思维主体的素养，应用科学的思维方法，投身实践，调查研究获取战略决策所需要的充足、准确的信息。

战略思维要求并体现系统思维、辩证思维、创新思维。战略是在把握事物的整体及其结构的基础上确立起来的，缺乏对

---

① 毛泽东：《纪念白求恩》，《毛泽东选集》第二卷，人民出版社 1991 年版，第 659 页。

② 毛泽东：《纪念白求恩》，《毛泽东选集》第二卷，人民出版社 1991 年版，第 659 页。

事物整体及其结构的把握，就不会有好的战略思维，也不会有好的战略理论与实践。辩证法内在要求把握、处理好事物的整体与部分、结构与功能的关系，否则就不是辩证思维和辩证法。辩证法在本质上是批判的、革命的，它的内在要求是推进创新。实现战略目标必须注重创新，它是在创新中逐步实现的，缺乏创新，就无法实现战略目标。战略思维要求对事物做全新思考，对结构做全新调整，对活动做全新谋划，进而寻找新思路、打开新局面、开创新境界、提升新水平。

古人说："不谋万世者，不足谋一时。"战略思维对每个人谋划人生都是必需且重要的，对组织者和管理者，尤其是"一把手"极其重要。"一把手"是领导集体的班长，要站在战略的高度，以"登泰山而小天下"的气度和胸襟，把方向、抓大事、谋全局、做决策。战略思维能力的强弱，取决于思考问题的高度、理论研究的深度、知识视野的广度和观察世界的时间跨度。领导者应在实际工作中培养和运用战略思维。

首先，要有大局意识。每个人都处在大局之中，人生在地球，如鱼存于江湖，没有江湖这个良好的水环境，鱼也难以存活，同样，没有地球这个良好的大环境，人也不可能有好的生活状态。人有大格局、有大思维，才能与大环境相生相长，才有大作为。个人的格局大，关注的问题大，心中时刻装着全局和长远，才能登高望远。应多思考利长远、利大众、利发展的大问题，少琢磨个人的功名利禄；要有以身托天下的担当，将个人的荣辱排除在事业的成败之外。那些整天蝇营狗苟、只顾个人升迁的组织者和领导者，鲜有能制定出长远发展的科学战略的。

其次，要有机遇意识。要善于判断和区分长程因素与短程因素，在长程因素决定的发展趋势与短程因素的干扰中找到平衡点，在机遇窗口开启时牢牢把握住机遇。而且机遇向来青睐有准备的头脑，在机遇出现之前，要自强不息、艰苦探索、超前谋划，让工作富有前瞻性和预见性，为将来升级发展做准备。“人生如梦”，机遇如梦。苏轼在《前赤壁赋》里说：“哀吾生之须臾，羡长江之无穷。”人生短暂，世间事稍纵即逝，在人生旅途中做一个追梦人，常怀梦想，抓住梦中有价值的讯息，并付诸行动，人生就会因此而精彩，因此而富有意义。化学家门捷列夫苦苦思索着元素的排列规律，在梦里他看到一张表，元素们纷纷落在合适的格子里，醒来后他立刻记下了这个表的设计理念：元素的性质随原子序数的递增，呈现有规律的变化。正是因为有门捷列夫的朝思暮想、苦苦思索，才有元素周期表的诞生。因此，居里夫人说：“人类也需要梦想者，这种人醉心于一种事业的大公无私的发展，因而不能注意自身的物质利益。”

再次，要找到并点亮未来点。找出影响全局发展的主要因素、关键变量和薄弱环节，据此确定战略布局、主攻方向和工作的着力点，确保战略方案能够落地。在战略制定阶段，应当充分运用管理科学的战略分析方法，力求战略方案科学可行，避免拍脑袋决策、拍胸脯保证。

最后要加强战略管控。既要有明确的战略目标、战略重点、优先顺序、主攻方向、工作机制、推进方式和时间表，又要善于根据内外环境变化及时调整战略方案，保持战略方案与时俱进。

毛泽东主席是著名的战略家。比如，在中日战争初期，他就提出了指导中日战争各个阶段的战略思想。他分析了中日两国的基本特点，揭示了抗日战争发展的客观规律，于 1938 年五六月间提出“抗日战争必须是持久战”的战略思想，论述了在抗日战争中发挥自觉的能动性，实行人民战争的极端重要性。他指出：“中日战争不是任何别的战争，乃是半殖民地半封建的中国和帝国主义的日本之间在二十世纪三十年代进行的一个决死的战争。”① 这是全部问题的出发点。由于敌强我弱，中国不可避免地要走一段艰难的路程，抗日战争是持久战而不是速决战；由于敌小我大、敌退步我进步、敌寡助我多助，又决定了日本不能横行到底，最后必然失败。他从中日双方的基本特点出发，分析说明了持久战将经历战略防御、战略相持、战略反攻三个阶段，指出抗日战争总的趋向是：中国由劣势到平衡到优势，日本由优势到平衡到劣势；中国由防御到相持到反攻，日本由进攻到保守到退却。结论是：战争是持久的，最后的胜利是中国的。他还依据马克思主义关于政治和战争的关系理论，提出了政治和军事两方面的任务。在政治方面，采取一切必要措施，巩固和扩大抗日民族统一战线，实行人民战争，实行抗日救国十大纲领。在军事方面，采取正确的战略战术原则：一是主动地、灵活地、有计划地执行防御战中的进攻战，持久战中的速决战，内线作战中的外线作战的方针；二是采取运动战和游击战的作战形式。这就解决了怎样进行持久战和怎样争取最后胜利的问题。《论持久战》的战略思想，粉碎

---

① 毛泽东：《论持久战》，《毛泽东选集》第二卷，人民出版社 1991 年版，第 447 页。

了速胜论和亡国论，从而在思想上武装了全党、全军和全国人民。经过多年艰苦卓绝的抗战，1945 年中国人民取得了抗日战争的胜利。

## 二、历史思维

历史思维，是指运用已成为个人认识方法和历史观核心的历史唯物主义原理，去分析、解释和研究各种历史对象产生、形成和灭亡的思维过程。历史思维不完全是针对过去历史的，它还运用历史的观点反映现代生活、现代生活的矛盾和现代生活的各种具体表现。它包含几个方面的含义：一是在思维目的上，历史思维是为了认识人类社会发展的现象及其本质，主要是搞清楚历史是什么和为什么的问题；二是在思维对象上，历史思维主要是以已经发生的人类历史活动为认识客体；三是在思维方式上，历史思维主要是依据有关历史的材料，透过材料对历史的原本进行认识；四是在思维特征上，历史思维是从全面的和辩证的、发展的和联系的、具体的和综合的角度，来考察历史的和现实的社会问题。

历史是过去的历史，历史是客观的历史。好的是历史，坏的也是历史；直的是历史，曲的也是历史，就像人从出生开始，每一天、每一年，人走过的路，每一步，都是实实在在的。无论是对自己的历史，还是对他人的历史，都应该持全面客观的态度。对历史不能断章取义，不能是历史虚无主义，否则，就如同人长大却忘了父母，好了病痛却忘了伤疤。记住，父母有生你的历史，伤疤有你病痛的历史。历史、现实、未来是相通的。历史是过去的现实，现实是未来的历史。学会历史思维，就是要自觉培养历史眼光，更好地总结运用历史馈赠给我们的宝贵经验和智慧，尊重历史、以史为鉴、知古鉴今，善于运用历史眼光认识发展规律、把握前进方向、指导现实工作，为实现自己的梦想不走老路而走新路，尽可能不走弯路、走错路而走坦途、走正确道路。

### （一）学会历史思维，必须正确把握历史发展的主流、主线



无论个人、单位、团体，还是政党、民族、国家，在历史的发展中都会有不足、有失误，当然更多的是成绩，否则，也不可能发展到今天，不可能有未来。主流、主线决定着发展的方向和成效，必须予以充分的挖掘。比如说我们对待一个人、考察一个人，更多的是看其主流、看其优点，挖掘其优秀品质，鼓励其前行，这样有利于团队各个成员取长补短，形成最佳效能。比如说我们学习，主要是通过书籍、新兴媒体等途径获得知识，这些文化知识都是他人取得的经验，是间接经验，有精华，也难免有不足甚至有糟粕。会学习者，关键是取其精华、去其糟粕，不是全盘接受，更重要的是要联系自己的实际，借他山之“石”攻自己的“玉”。一本书、一部戏，一场电影，一座建筑，乃至身边的一人一事，都是一段思想史，都要善待之、取舍之、借鉴之，不能因为某些不足或错误就将其全盘否定，也不能因为适合你的口味、你的立场就全部接纳。

### （二）学会历史思维，必须正视在前进道路上的失误和曲折

无论是普通老百姓、达官贵人，还是历史人物，都是有血有肉的活生生的人，在认识客观世界时难免会有偏差，甚至有错误，在生产生活实践中难免会受主观感情的纠缠，失误和曲折也就不可避免。前事不忘，后事之师。成功成绩是财富，挫折失败同样也是财富。比如说，人到了一定年龄，常常在茶余饭后讲述自己的历史，不仅讲自己的成功之处，还讲自己的失败与挫折的经历，而讲得最动情、最生动、最津津乐道的还是自己怎么从失败中奋起、在挫折中前行。如果只讲成绩，那也乏味无趣。人有错误和问题不可怕，关键在于正视问题、接受问题、处理问题、放下问题，特别是要深入分析产生问题的社会根源、历史根源和思想根源，总结经验、汲取教训，从中探索出防止重犯错误、走弯路的正确办法和对策，不断提高自己抗错、防错、纠错的能力。

### （三）学会历史思维，必须常回头审视自己

常看看自己的起点，重温“我是谁”“从哪里来”“怎么来的”，检查自己是否失掉了本来、本色、本源，对不对得起父母的养育之恩，身上还有没有勤劳、朴实、孝道，是不是视自己的邻里、伙伴如亲人。常审视自己的人生低谷，有哪些越过的沟、遇到的坎、爬过的坡、跌过的坑，原因是什么、缺点在哪里、有什么教训？有没有愧对于人、抱憾于事？有没有过失误的痛悔、任性的代价？只要正视低谷，相信低谷不是终

点，失败是成功之母，就会否极泰来。回首自己曾经拥有的高度，是不是还躺在功劳簿上，有没有被名所累、被利所困、被情所扰？是不是还保持曾经的谦虚、敬业、淡泊？站在高处不忘初衷，“树高千丈不忘本”，才能根深叶茂、四季常青。

### （四）学会历史思维，必须着眼于我们正在做的事情和未来发展



这就是说，我们既不能躺在历史的功劳簿上忘乎所以、无所事事，也不能面对困难挫折就悲观失望而停滞不前。不忘记历史，关键在于总结和借鉴历史的成功经验和失败教训，目的是做好当下的工作和谋划未来。昨天已成为过去，关键在于善待当下的自己，善待当下的人与事，做好当下的每一件事，为将来的美好生活储蓄能量，为实现自己的梦想创造条件，为未来获得新生积聚力量。比如，曼德拉曾被关押了 27 年，受尽虐待。他就任总统时，邀请了三名虐待过他的看守到场。当曼德拉起身恭敬地向看守致敬时，在场所有人都静了下来。他说：“当我走出囚室迈向通往自由的监狱大门时，我已经清楚，自己若不能把痛苦与怨恨留在身后，那么我仍在狱中。”把痛苦和怨恨留在身后，才能从头再来获得新生。当走不出困境时，应多唱几遍刘欢的《从头再来》：

昨天所有的荣誉，已变成遥远的回忆。
勤勤苦苦已度过半生，今夜重又走进风雨。
我不能随波浮沉，为了我挚爱的亲人。
再苦再难也要坚强，只为那些期待眼神。
心若在梦就在，天地之间还有真爱。
看成败人生豪迈，只不过是从头再来。

## 三、辩证思维

唯物辩证法是马克思主义哲学的核心方法。唯物辩证法认为，世界是普遍联系、永恒发展的，内在的矛盾运动是事物发展的根本动力。辩证思维是指以变化发展的视角认识事物的思维方法。

辩证思维注重矛盾分析，抓住矛盾尤其是主要矛盾；注重矛盾双方的相互作用，在注重矛盾双方对立的时候不忽视二者的统一，在注重矛盾双方统一的时候不忽视二者的对立；注重全面、联系和发展地看问题；注重透过表象揭示事物的本质和发展规律。辩证思维的实质就是按照唯物辩证法的原则，在联系和发展中把握认识对象，在对立统一中认识事物，其最主要的特征，是坚持事物普遍联系、发展变化和全面的观点。坚持运用辩证思维，就是科学应用对立统一规律，坚持一分为二、全面地看问题，从时空整体上考察思维对象的发展过程；科学把握事物之间的联系，坚持用联系的眼光看问题，着重从空间上考察思维对象的横向联系；抓主要矛盾和矛盾的主要方面，坚持用发展的眼光看问题，着重从时间上考察思维对象的过去、现在和将来的纵向发展过程。

中国人具有辩证思维的优良传统。《易经》充分体现辩证思想。如八卦阴爻阳爻的变化，“一阴一阳谓之道”。“反者，道之动”①，这是道家的重要思想，意思是说循环往复变化是

---

① （魏）王弼注：《老子道德经注》，楼宇烈校释，中华书局 2011 年版，第 113 页。

道的规律，事物会往相反的方向转化。老子还说“有无相生，难易相成”① “正复为奇，善复为妖”② “祸兮福之所倚，福兮祸之所伏”③，告诉我们想问题、做决策要有这种思维——好景时，要谨慎谦逊；劣势时，要满怀希望。这是中华民族伟大的思想武器，因此，我们民族多难而不灭。在中国革命即将胜利时，毛泽东主席在党的七届二中全会上向全党告示，这是万里长征第一步，要求全党在胜利面前保持清醒头脑，在夺取政权后要经受住执政的考验，务必使同志们继续地保持谦虚、谨慎、不骄、不躁的作风，务必使同志们继续地保持艰苦奋斗的作风。全党同志始终坚持“两个务必”，因此，中国革命、建设和改革开放不断取得新的胜利。

考察每个人特别是自己的时候，我们也要用辩证的思维。每个人既有好的一面，也有不好的一面，既有积极的因素，也有消极的因素。对待别人，不能只看人家的毛病，要看主流、看大局，既要看以前怎么样，又要看将来的发展，不能以偏概全，只见树木不见森林。对待自己，不能太自恋，不能只看到好的，孤芳自赏，要查找自己的毛病。只看到自己的好，就容易自傲，甚至目空一切、为所欲为。当然，也不能老看到自己的不足，否则就容易自卑，以致自暴自弃。在现实生活中，特别要防止“探照灯”只照别人不照自己，看别人毛病缺点用

① （魏）王弼注：《老子道德经注》，楼宇烈校释，中华书局 2011 年版，第 7 页。

② （魏）王弼注：《老子道德经注》，楼宇烈校释，中华书局 2011 年版，第 156 页。

③ （魏）王弼注：《老子道德经注》，楼宇烈校释，中华书局 2011 年版，第 156 页。

放大镜的现象。眼睛更多的是向前看，难以自视。因此，每个人也难以看清自身、了解自身。要了解自己，需要回观，回观历史、回观自己走过的路，明白得与失、直与曲。看明白自己，要有看齐意识，借助他人当镜子，请他人找毛病，对照先进人物找差距，学会以别人的眼光来审查自我。这样，看自己才会看得更清楚、更透彻，给自己画像才会画得更准。也只有这样，自己才会心中有数，懂得努力的方向，明确追求的目标，事业才能更有成就。这在历史中得到过无数次证明。唐贞观盛世，可以说魏征的直言敢谏功不可没。但没有唐太宗李世民，可能就没有魏征。没有李世民的肚量和宽容，没有李世民的家国情怀，魏征也就不敢直谏。李世民感慨地说："夫以铜为镜，可以正衣冠；以史为镜，可以知兴替；以人为镜，可以明得失；魏征没，朕亡一镜矣！"历史经验值得汲取，应让自己的身边多几个"魏征"，多几面"镜子"，不能只在乎眼前、只在乎自己、只在乎极点。

不能只在乎眼前，就是考察问题不能只看到事物眼前的状态，否则会陷入僵化。我们知道，从宇宙天体到构成物质的基本粒子，都无时无刻不在变化之中。变化是绝对的，静止是相对的。人在现实生活中一旦只盯住眼前，就会把事物看成是静止的。就像我们乘飞机、坐动车，如果注意力和眼睛只集中、聚焦于自己的座位，就会觉得飞机、动车没有动，就不觉得周边万物在变化。若如此，也难以领略世间的美丽景色。现实生活中只在乎眼前的事例不少。如《吕氏春秋·察今》记载的刻舟求剑的故事："楚人有涉江者，其剑自舟中坠于水，遽契其舟曰：'是吾剑之所从坠。'舟止，从其所契者入水求之。

舟已行矣，而剑不行，求剑若此，不亦惑乎?”“涉江者”过于关注剑掉下去的那个时空状态，只简单地看到舟与剑的位置是相对固定的，没有看到舟、水与剑的辩证关系，没有看到舟之外时空的变化，水流在变化、船在前进，舟与剑的关系也一直处于变化当中。这样求剑必然无果，还会闹出笑话。尽管道理清楚明白，但现代版的“刻舟求剑”还是不少。比如说用老眼光看人、用老权威唬人、用老制度卡人、用老观念对人，仍屡见不鲜。

不能只在乎自己，就是考察问题要顾及自身与周边事物的联系，以及周边事物对自身的影响。世界是普遍联系的，任何事物无时无刻不在与外界的事物进行能量和信息的交换，人也不例外。现实生活中，人们往往在做事情想问题时只考虑自身，而忽视了周边的因素，甚至把自身与外界割裂开来。比如说有人喜好犀牛角，只管自己的爱好而不顾犀牛的生存状态，哪怕犀牛濒临灭绝也照样享用。比如说贪官爱钱，他认为收受钱财搞腐败只有你知我知，因此就目空一切地大摆做派、显示能耐，疯狂敛财，无所不为。更为普遍的是，有一些人在执行公务时，只在乎自己能否完成任务，天天盘算显示自己的“政绩”，最终做出损害广大群众利益的事。我为人人，人人为我。古人说：“利可共而不可独。”利益，往往是众人都渴望得到的，但如果谁独占了利益而不与大家分享，一定会招致怨恨，甚至成为公敌。多为别人着想，周围的人好，你也会因此受益。有一成语叫“水涨船高”，自然常识告诉我们，水涨了，行船的阻力也就小，开船就顺利。支撑你的周边事物好了，你的事业也就顺利。还有一个成语叫“水落石出”，大家知道，水位越低，水里的礁石等障碍物离水面就越近，甚至会露出水面，因此水流就越慢，行船的障碍就越多，甚至有触礁的危险。水能载舟，亦能覆舟。千万不能只在乎自己的“舟”而不顾承载你的“水”。

不能只在乎极点，就是考察问题要顾及一般而不能走极端，要多方位审视。任何事物都有两面性，有阳就有阴，有好就有坏，有先进就有落后，有美就有丑，有极端的也有普通的。因此，要全方位地看问题，才能透过现象看清问题的全貌和本质。在现实生活中，人们往往因自己的好恶只关注一个极点、一个侧面，就像盲人摸象。这样，认为一个人好就好到完美无瑕，认为一个人坏就坏到一无是处。古人说“横看成岭侧成峰，远近高低各不同”，这告诉我们，主体所处的方位不同、距离不同，对所看的客体对象的印象也不同，因此要全方位地考察，才能客观地反映事物的本来面目。如果主体带有主观好恶和偏见，看到自己认为好峰的可以说成如喜马拉雅山之高大峻伟，看到自己认为不好的岭可以说成不如某一小丘，这就不是实事求是。“不识庐山真面目，只缘身在此山中。”作为考察的主体，不能被蒙蔽或自我蒙蔽，不能只在“一山”之中，要跳出山外，换换山头，改变视角。考察人与事，都要从不同方位看、离远一点看，特别要抛开与考察对象之间的利益关系、感情纠葛，才能看清事物的本真，才能做出客观公正的评判。联想到愚前些年到诏安县秀篆镇调研，一个村干部说，在基层工作要做到公正公平，群众才服气，他说：“敢于得罪人，才能做到公正；把工作做细，才能公平。”真是实践出真知。敢于得罪人，坚决摆脱与相关对象的利益关系，只有这样才能公正处事。把工作做细，就是要走村入户了解民情，全面掌握各户的具体情况，一户一策做工作，只有这样才能做到精准、公平、有效。切不可主观臆断，拍脑袋作决策，走极端、走偏门。

## 四、系统思维



系统是指零散的东西经有序的整理、编排形成的具有整体性的整体。一般系统论创始人贝塔朗菲定义："系统是相互联系相互作用的诸元素的综合体。"举个最简单的例子，一定数量的珍珠串成了项链，一串珍珠项链就是一个系统，每一个珍珠就是系统中的元素。《辞海》中对"系统"一词的解释是："自成体系的组织；相同或相类的事物按一定的秩序和内部联系组合而成的整体。在自然辩证法中，同'要素'组成一对范畴，指由若干个相互联系和相互作用的要素组成的具有特定功能的统一整体；要素指构成系统的组合单元。在一个系统中，系统整体的特性和功能在原则上不能归结为组成它的要素的特性和功能的总和；处于系统整体中的组成要素的特性和功能，也异于它们在孤立状态中的特性和功能。要素是系统存在的基础，要素决定系统。要素之间既相互独立又相互联系。各种要素在系统中的地位、作用有差异，复杂系统的诸要素，有的处于主导、支配地位，有的处于从属、被支配地位。系统和要素是辩证的统一。"① 比如说，每一个珍珠是一串珍珠项链

① 辞海编辑委员会编：《辞海》，上海辞书出版社 1989 年版，第 2996 页。

存在的基础，每一个珍珠的品质决定着一串珍珠项链的品质，一串珍珠项链中的每一个珍珠的作用地位是不同的，有的处在中心显眼的位置，有的处在次要的位置。一串珍珠项链中珍珠的特性和功能，不同于在孤立状态中单个珍珠的特性和功能；一串珍珠项链的特性和功能，也不能简单归结为每一个珍珠的特性和功能的总和。系统具有三个主要特性。一是多元性，系统是多样性的统一、差异性的统一。如人组成的社会系统，每个人的性格、知识层次、经历各不相同，人是多元的、有差异的。二是相关性，系统不存在孤立元素或组分，所有元素或组分间相互依存、相互作用、相互制约。如社会中的人尽管各不相同，各自按照自己的方式生活、工作，但你中有我、我中有你。三是整体性，系统是所有元素构成的复合统一整体。不同的人、不同的团体按照一定的规则、秩序形成一个有机的整体。系统还有结构性、开放性、层次性、历史性、时序性和动态平衡性等特征。系统是普遍存在的，在宇宙间，从基本粒子到星球星系，从人类社会到人的思维，从无机界到有机界，从自然科学到社会科学，系统无所不在。

承认系统是客观存在，认识客观事物就必须坚持系统思维方式。系统思维就是把认识对象看作系统，从系统和要素、要素和要素、系统和环境的相互联系与相互作用中综合地考察认识对象的一种思维方法。系统思维是以系统论为思维基本模式的思维形态，它不同于创造思维或形象思维等本能思维形态。系统思维是一种逻辑抽象能力，也可以称为整体观、全局观。简单来说就是对事情全面思考，不只就事论事，而是把想要达到的结果、实现该结果的过程、过程优化以及对未来的影响等一系列问题作为一个整体系统进行研究。比如说，考察一串珍珠项链，要全面考察每一个珍珠的品相、筛选、加工，以及整体造型是否时尚美观等一系列问题。

系统思维方式的整体性是由客观事物的整体性决定的，整体性是系统思维方式的基本特征，它存在于系统思维运动的始终，也体现在系统思维的成果之中。整体性是建立在整体与部分之辩证关系的基础上的。系统思维整体性与部分密不可分。整体的属性和功能是部分按一定方式相互作用、相互联系的结果，而整体也正是依据这种相互联系、相互作用的方式实行对部分的支配。系统没有整体性就不成为系统，某个元素出了毛病系统也会出问题，整体性也就受损害。如人的消化系统，无论是胃出毛病，还是肠道有问题，都会影响消化系统的整体功能，人就感觉不舒服。因此人们常说“病去如抽丝”，有一点小毛病都会影响人的精神状态。

坚持系统思维方式的整体性，首先必须把研究对象作为系统来认识，即始终把研究对象放在系统之中加以考察和把握。这里包括两个方面的含义：一是在思维中必须明确，任何一个研究对象都是由若干要素构成的系统；二是在思维过程中，必须把每一个具体的系统放在更大的系统之内来考察。如解决呼吸道问题，就要把呼吸道作为一个由鼻腔、咽、喉、气管和支气管等若干要素组成的系统来考察，不仅要考察各个器官的情况，还要考察各器官之间的协调运行等要素。同时，要把呼吸系统放在人体的整个系统里来考察研究，考察呼吸道吸入空气中的氧气，氧气透过肺泡进入毛细血管，通过血液循环输送到全身各个器官组织，供给各器官氧化过程的所需，各器官组织产生代谢产物等。只有从人体这个整体来把握呼吸道这个子系统，才能找到解决问题的有效方法。这就像好的医生是望闻问切系统诊断，而不是头痛治头、脚痛医脚。

坚持系统思维方式的整体性，还必须把整体作为认识的出发点和归宿。就是说，思维的逻辑进程是这样的：在对整体情况有了充分理解和把握的基础上提出整体目标，然后提出满足和实现整体目标的条件，再提出能够创造这些条件的各种可供选择的方案，最后选择最优方案实施。在这个过程中，提出整体目标，是从整体出发进行综合的产物；提出条件，是在整体目标统摄下，分析系统各要素及其相互关系而形成的；方案的提出和优选，是在系统分析的基础上重新进行系统综合的结果。由此可见，系统思维方式把整体作为出发点和归宿，通过对系统要素的分析这个中间环节，再回到系统综合的出发点。比如，一个家庭要解决住房问题，在对整个家庭情况进行分析和把握的基础上提出要改善住房的目标，然后提出满足改善目标所需要的住房的面积、结构、地段（学区）等条件，再提出创造这些条件可供选择的方案如价位、按揭的比例、年限等，最后选出适合自己的最优方案购房，实现自己改善住房的目标。

在实践中，还必须重视系统思维方式的结构性，就是要把系统科学的结构理论作为思维方式的指导，强调从系统的结构去认识系统的整体功能，并从中寻找最优系统结构，进而获得最佳系统功能。系统结构是与系统功能紧密相连的，结构是系统功能的内部表征，功能是系统结构的外部表现。系统中结构和功能的关系主要表现为：系统的结构决定系统的功能。在一定要素的前提下，有什么样的结构就有什么样的功能。比如说，我们日常生活中下围棋、打麻将、打扑克牌，拿同样的棋、牌，但排列结构不同，胜负就不同。棋牌结构顺序组合得好就赢，组合不好就输。因此，日常生活也能证明，优化结构能产生最佳功能，非优化结构不能产生最佳功能，这是结构决定功能的一个具有方法论意义的观点。系统思维方式的结构性，对认识方法论的基本要求，就是要树立系统结构的观点。在具体实践活动中，紧紧抓住系统结构这一中间环节，去认识和把握具体实践活动中各种系统的要素和功能的关系，在要素不变的情况下，努力创造优化结构，实现系统最佳功能。比如，在改革开放相当长的时期内，经济体制改革主要是需求侧结构性改革，特别是对出口、投资、内需结构进行改革。现在改革进入深水区，在经济运行困难的情况下需要进行供给侧结构性改革。供给侧结构性改革实质上就是改革政府公共政策的供给方式，也就是改革公共政策的产生、输出、执行以及修正和调整方式，更好地与市场导向相协调，充分发挥市场在配置资源中的决定性作用。说到底，供给侧结构性改革，就是按照市场导向的要求来规范政府的权力。供给侧结构性改革的关键是推进供给的结构性调整，即通过创新供给结构引导需求的结构调整与升级，特别是对经济结构、增长动力结构和增长方式结构的重大调整，提高整体的经济能力。系统的要素和结构对功能的作用都是非常重要的。要素是功能的基础，而结构是从要素到功能的必经环节，在相同要素的情况下，结构对功能起决定性作用。不仅如此，通过要素和结构关系所表现出的容差效应可以看出，系统要素在数量上不齐全和在质量上有缺陷，在一定条件下可以通过系统结构的优化得到弥补，而不影响系统的功能。

坚持系统思维方式，重要的是要把握整体分析方法，在分析和处理问题的过程中，始终从整体来考虑，把整体放在第一位，不让任何部分的东西凌驾于整体之上，把思考问题的方向对准全局和整体，从全局和整体出发。如果在应该运用整体思维进行思维的时候，不用整体思维法，那么无论在宏观还是微观层面，都会受到损害。如古人说的：“不谋全局者，不足以谋一域。”我们现在常说增强“四个意识”，其中的政治意识，就是必须遵守政治纪律和政治规矩，维护党的团结统一，团结一切可以团结的力量。人心是最大的政治，这是党的执政基础，是最大的政治观。大局意识，就是必须维护党和国家大局，一切言行以党和国家的路线方针政策为指南，围绕以人民为中心谋发展、促发展，为中华民族伟大复兴这个整体目标而建功立业。核心意识，就是必须维护以习近平同志为核心的党中央权威，始终拥护这个全党、全军、全国各族人民整体系统的核心，始终在思想上、政治上、行动上同党中央保持高度一致。看齐意识，就是必须向政治、向大局、向核心看齐，向党中央、向习近平总书记、向党的理论路线、向党的决策部署看齐，局部向整体看齐，做到局部服从整体。这也是系统思维的应有之义。人在实践中必须坚持和运用系统思维，在把握总体性的情况下，加强顶层设计、整体谋划，增强各项工作的关联性、系统性、协同性。建设国家，必须运用系统思维，需要顶层设计、宏伟蓝图，有百年规划、十年规划、五年规划；人要活得好，也必须运用系统思维，有自己的人生规划，不能庸庸碌碌过一生。当然，考虑人生规划，必须把自己放在宇宙大系统中来进行。我们生活在宇宙历史长河这个大系统之中，个人是小系统，人在万事万物和历史长河中是极其渺小的。作为个人，看问题、做事情、处理关系，不能以自我为中心，应该把自己放在宇宙空间和历史的维度中来把握和考察，遵循“人法地、地法天、天法道、道法自然”的规律，寻求天、地、人、己的四维关系的平衡，做到“四合”——天合，顺天时，老子说“动善时”，比如说出行要看天气；地合，知地利、用地利，合理利用自然环境，比如人们常说的“风水”，居有清新的空气、明媚的阳光、优美的景色；人合，求同融合，位优先礼，和谐相处，众志成城；己合，生理、心理相平衡，荣辱不惊，面对风浪闲庭信步，保持内心和谐，事大气静，顺谦逆奋，自胜者强。“四合”是一个系统，既要整体把握，又要在不同的人生发展场景中有所侧重。



## 五、创新思维

实践无止境，创新无止境。历史车轮滚滚向前，科技的日新月异离不开创新创造。什么叫创新呢？英文中，“innovation”（创新）这个词起源于拉丁语。它原意有三层含义：第一，更新；第二，创造新的东西；第三，改变。创新作为一种理论，形成在20世纪，美国哈佛大学教授熊彼特在1912年第一次把创新引入了经济领域。创新是指以现有的思维模式提出有别于常规或常人思路的见解，利用现有的知识和物质，在特定的环境中，本着理想化需要或为满足社会需求而改进或创造新的事物、方法、元素、路径、环境，并能获得一定有益效果的行为。创新，简单地说就是对现有事物、元素进行重新排列组合，重组从本质上说是一种发明、创造活动。著名科学家爱因斯坦认为，组合（重组）是创造性思维的本质特征。重组又是当今社会发明创造的主要方式。

创新思维是指以新颖独创的方法解决问题的思维过程，这种思维能突破常规思维的界限，以超常规甚至反常规的方法、视角去思考问题，提出与众不同的解决方案，从而产生新颖的、独到的、有社会意义的思维成果。思维过程具有辩证性——它既包含抽象思维，又包含非逻辑思维；既包含发散思维，又包含收敛思维；既有求同思维，又有求异思维；等等。由此形成创新思维的矛盾运动，从而推动创新思维的发展。创新思维实际上是各种思维形式的综合体。创新思维的过程是：提出问题→搜集资料→展开联想→发散思路→提炼思路→选择思路。

创新思维之所以有别于一般思维而成为一种新的思维形式，主要是因为它有以下特点：思维形式的反常性、思维空间的开放性、思维主体的能动性和思维成果的独创性。

### （一）思维形式的反常性

思维形式的反常性经常体现为思维发展的突变性、跨越性或逻辑的中断，这是因为创新思维主要不是对现有概念、知识的循序渐进的逻辑推理过程和结果，而主要是依靠灵感、直觉或顿悟等非逻辑思维形式。

比如，苹果落地给牛顿以灵感，让他发现了万有引力。牛顿从苹果落地这一现象中产生了灵感，找到了苹果下落的原因——引力的作用，这种来自地球的无形的力拉着苹果下落，正像地球拉着月球，使月球围绕地球运动一样。他认为世界上每个物体都有一种看不见的力吸引着其他物体，质量大的物体引力要比质量小的物体大，我们生活的地球比地球上的万物都大得多、重得多，所以向上抛的所有物体最终都会落到地上，这就是万有引力作用的结果。其实同样的现象在别人的眼里早已司空见惯，但小小的苹果激发了牛顿的创新性思维，给予他灵感，让他通过自己的思考发现了万有引力的规律。



### （二）思维空间的开放性

这主要是指创新思维需要多角度、全方位、宽领域地考察问题，而不局限于逻辑的、单一的、线性的思维；从某一研究和思考对象出发，充分展开想象的翅膀，从一点联想到多点，形成开放式思维。比如，美国历经百年风化的自由女神像翻新后，现场有 200 多吨废料难以处理。一位叫斯塔克的人承包了这一苦差事，他没有把这些垃圾拖走，而是雇人把它们切割分类，巧妙地将废铜皮改铸为纪念币，将废铅废铝改制为纪念尺，将水泥块改制成小石碑，将神像帽子、神像嘴唇等切割成很好看的小块，在上面标出它们的出处，再装进小巧而精致的盒子里。就连泥土和朽木也用红绸子垫着，装在礼品盒内。

接着，斯塔克雇来几十名军人，将广场隔离起来，不许任何人走近。广场边的一个木牌子上大书着几个字：“过几天这里将有一件大事发生。”神秘感让人们更加好奇。竟有人趁夜间去偷盗斯塔克的“宝贝”，被警惕的军人抓住了。推倒女神像本来就是个大新闻，广场也是一个活动中心，斯塔克的诡秘行为也令人好奇，偷窃事件更在新闻上煽风点火，报纸、电视、电台竞相凑热闹，此事一时风闻全美国。

此时斯塔克登台亮相。他在每一只盒子上都印有相同的一句话：“美丽的女神逝去了，只留下这一纪念物。我永远爱她!”斯塔克出售这些纪念品，小的 1 美元，中的 2.5 美元，大的数十美元，女神的嘴唇、桂冠、眼睛、戒指等甚至高达 150 美元。神奇的是，它们竟销售一空。

因为与名扬天下的“自由女神”相联系，那些一文不值、难以处理的垃圾中开发出了好几种十分俏销、身价百倍的纪念性新产品，斯塔克也大获其利。这种变废为宝的开放式创新思维，一时传为美谈。

### （三）思维主体的能动性

创新思维是创新主体的一种有目的的活动，而不是客观世界在人脑内简单、被动的直映，充分显示了人类活动的主动性和能动性。比如，重组型的创新就充分反映了人的主观能动性。重组型的两条思维原则是调整和择优。事物的性质和功能是由结构决定的。要改变事物的现状，唯有打破原先的格局，重新考虑调整其结构的组合，使之形成新的性质和功能，以满足新形势发展的需要或人们的新需求。在考虑调整的过程中往往会出现多个方案，经过反复权衡利弊和可行性论证后，从中选择出一个最优的方案，即在最大程度上满足新形势发展的需要或人们新需求的方案。比如说，“田忌赛马”就是调整和择优的结果。

重组型有两种思维模式：结构重组模式和程序重组模式。结构重组模式的结构包括数量、形状、材料等等，对它们进行重组就是结构重组模式。比如说，足球比赛有“4—4—2”“4—3—3”“4—5—1”“3—5—2”等阵型，比赛中的变阵、队员替换等，就是结构重组模式在现实中的应用。比如说，每一首曲子，都是由 1（do）、2（re）、3（mi）、4（fa）、5（so）、6（la）、7（si）等基本音符组成的，千万首乐曲，有千万种组合方式，每一首乐曲好听与否，取决于这些基本音符组合的优劣。程序重组模式如把原先的操作程序 1、2、3、4、5 改为 1、3、5、2、4 或者 5、4、3、2、1……

用“创造学之父”奥斯本的名字命名的“奥斯本检核表法”就是上述两种重组模式的集中体现。“奥斯本检核表法”又称“设问法”，即以提问的方式从 9 个角度对现有产品或发明创造物的材料、颜色、气味、声音、形状及其大小、轻重、粗细、上下、左右、前后等结构或顺序进行重组而形成的发明方法。我国研究者许立言和张福奎提出了如下的“12 个聪明方法”，进一步完善和发展了“奥斯本检核表法”。

加一加　能在这件东西上添加些什么吗？

减一减　可在这件东西上减掉些什么吗？

扩一扩　把这件东西扩展会怎样？

缩一缩　让这件东西缩小会怎样？

变一变　改变一下形状、颜色、声音、气味会怎样？改变一下次序会怎样？

改一改　这件东西存在什么缺点需要改正？

联一联　把某些东西或事物联系起来能达到什么

目的？

学一学　模仿其他事物的结构会有什么结果？学习它的原理、技术又有什么结果？

代一代　有什么东西能代替另一些东西？

搬一搬　把这些东西搬到别的地方，能有其他用处吗？

反一反　一件东西、事物的正反、上下、左右、前后、横竖、里外颠倒一下，会有什么结果？

定一定　为解决某问题或改进某东西，需要规定些什么吗？

### （四）思维成果的独创性

独创性是创新思维的直接体现或标志，常常具体表现为创新成果的新颖性及唯一性。比如，20 世纪初，法国细菌学家卡默德和介兰，有一天一起来到一个农场。他俩看见地里长着一片低矮的玉米，穗小叶黄，便向农场主问道："这玉米为什么长得这么差呀？是缺肥料吗？"农场主回答说："不是。这种玉米引种到这里，已经十几代了，有些退化了。"卡默德和介兰听后不约而同地陷入了沉思，他们都马上联想到了自己正在研究的结核杆菌。他们想：因毒性强烈而给人类带来了巨大危害的结核杆菌，如果将它一代一代地定向培育下去，它的毒性是不是也会退化呢？如果也会退化的话，将这种退化了的结核杆菌注射到人体内，那它不是就能使人体产生免疫力了吗？他们二人花费了整整 13 年时间，培育了 230 代结核杆菌，研究终于获得了成功。为了纪念这两位功勋卓著的科学家，世人便将他们培育出来的人工疫苗称为“卡介苗”。

又比如，众所周知，中国的四大发明——造纸术、指南针、火药及印刷术，具有历史性的重大意义。而今，中国越来越国际化，中国人凭借自己的聪明和智慧，不断地创新进取，在通信软件、高铁、网购、网络支付和共享单车等领域，为世界经济的发展作出了巨大贡献。

创新有成功的例子，当然也有失败的风险。成功后继续前行，这一般人都容易做到。但是，在遇到挫折或者屡次遭受失败的时候，要继续攻坚克难必须具备良好的心态和意志品质。比如，发明电灯的爱迪生，失败了1000多次，最后才成功。但在他看来，他不是失败了1000多次，是成功了1000多次，别人觉得是失败，他自己认为是成功。要创新，我们就要坚持不懈地努力，勇敢面对困难，要有克服困难的决心，不要怕失败，主体意识中始终坚信，失败乃成功之母。



讲创新思维，普通人可能会觉得高深莫测。实际上，创新思维是支撑平凡努力的基础。比如说，如果每天一味重复单调的劳动，势必渐渐心生厌倦。因此需要思考让自己不厌倦的诀窍及加速成功的方法，需要有一种“不断改良和改进”的态度——明天要优于今天，后天要好于明天，这样工作才有乐趣，才能获得更好的效果。如简单的打扫卫生，今天试着用这种办法，明天再考虑效率更高的方法。一直坚持这样的做事方式，即便是枯燥单一的工作，由于每天都在坚持、都在进步，工作的乐趣也会油然而生，终究能取得事业上的飞跃。工作需要创新，对待生活、对待人生更需要创新，特别是在失意不得志之时。苏轼命运多舛，多次被贬，但精神不颓废，始终乐观对待生活，对生活怀有新意，“苟日新，日日新，又日新”，司空见惯的食材用新方法烹煮，天天都有新滋味，日日都有新生活。他在田野间架一口断了腿的破鼎，制作以蔓菁和芦菔（萝卜）为主要材料的“珍烹”，还制作了一款“东坡玉糁羹”，“东坡肉”更是名扬天下。他在被贬黄州期间自己开荒种地，自号“东坡居士”。他亲自动手烹饪红烧肉，并写下《猪肉颂》诗：“黄州好猪肉，价贱如粪土。富者不肯吃，贫者不解煮。慢著火，少著水，火候足时它自美。每日早来打一碗，饱得自家君莫管。”苏轼的《菜羹赋》《豆粥》以及著名的《老饕赋》等都与美食有关。他以“老饕”（《山海经》中贪吃的怪兽饕餮）自嘲：“盖聚物之夭美，以养吾之老饕。”他广聚万物之美好，创作美食，更把美食当成了一门艺术，将其融入自己的诗词，成为中国古典诗词中的一朵奇葩，值得鉴之。因此，愚有时也胡乱折腾，比如用豆腐乳煮羊肉、鲜蛏煮鸡汤、胡萝卜煮大白菜、南瓜做豆浆，尝尝新味，自得其乐。

## 六、法治思维

法治思维就是将法治的种种要求运用于认识、分析、处理问题的思维方式，是一种以法律规范为基准的逻辑化的理性思考方式。也就是说，法治思维以法治概念为前设，以合法性为起点，通过法律来探讨以公平正义为中心的逻辑推理过程，贯穿于法律实施的全过程中。法治思维是在法治意识、法治观念基础上的进一步升华，表现在人们的内心价值观和态度上是对于法治的内在认同和尊崇，直至法治内化为人们的日常生活方式，形成法治文化。全社会成员都应当具备相应的法治意识和观念，才能够形成法治国家、法治政府、法治社会的观念基础。对于普通公民而言，既要有权利意识，又要有自觉遵守法律的义务观念；对于组织者、管理者而言，除了相应的权利义务观念，更要有法治的权力观，以及带头守法、维护宪法与法律权威的职责意识。

### （一）法治思维的层次

法治思维在不同问题和领域的运用包含了不同的层次。概括而言，法治思维可以分为四个层次。

1. 认知判断层次

认知判断层次即运用法治的概念原理对社会生活中的种种问题进行认识并得出初步判断的层次。人们可以根据法律对社会中的一些行为或现象作出是否合法的判断。比如，明白了酒后驾驶是违法行为，就不会去触犯；掌握了相邻权相关知识，在行使自己不动产的所有权或使用权时，一般就不会随便搭盖而损害其他相邻人的合法权益，邻里纠纷就会减少；熟悉了合同基本要件，从事经济活动一般就能正常合法地进行。这种层次的法治思维，是普通社会成员都可以在不同程度上具备的。为提高认知判断能力，人们应该学习基本的法律知识，以及对自己所从事的业务的相关法律进行必要的了解，这样就不会“无知无畏”、莽打莽撞，在无意中违法犯罪。这也是全民普法的意义所在。

2. 逻辑推理层次

逻辑推理层次即运用法治原则和规范对问题进行分析判

断、综合推理，并得出结论乃至解决办法的层次。法律从业者的思维多为这一层次。这一层次的思维是以通过法律解决个案为主要特征。

3. 综合决策层次

综合决策即在前述法律性的认知判断、分析推理的基础上，还需要结合其他因素，进行综合性衡量，并作出符合法治要求的决策。对于领导干部而言，法治思维更多地体现在这一层次上。

4. 建构制度层次

建构制度层次即在前面三个层次的思维基础上进一步深化、抽象，从而能够通过建构或改革法律制度对更宏观的问题提出长远的解决方案。这是最高层次的法治思维，也是高层级的领导干部应当具备的。比如，2018 年 2 月 24 日第十二届全国人大常委会第三十三次会议修订《关于实行宪法宣誓制度的决定》规定：“各级人民代表大会及县级以上各级人民代表大会常务委员会选举或者决定任命的国家工作人员，以及各级人民政府、监察委员会、人民法院、人民检察院任命的国家工作人员，在就职时应当公开进行宪法宣誓。”这是培养领导干部对宪法的忠诚，同时也告诉全体社会成员，一切权力行使都应当以宪法为依据，一切治理活动都应当在宪法框架内进行，没有任何超越宪法的特权。其目的在于让法治思维成为全体社会成员的思维习惯，内化到每一个社会成员心中。

## （二）法治思维养成的条件

法治思维说到底是将法律作为判断是非和处理事务的准

绳，它要求崇尚法治、尊重法律，善于运用法律手段解决问题和推进工作。法治思维是依法治国的思想灵魂。但法治思维的养成绝非易事，需要社会及其成员的不懈努力，共同按法治精神行事，这样依法治国才能变成现实。

**1. 法治思维的养成，必须有良好的法治环境**

依法治国不只是执政党的任务，更是全体社会成员的分内事。法治要成为社会的常态，离不开法律知识的普及，法律知识让人们心中拥有一个标准尺度，什么能做，什么不能逾越，用法律的尺子来丈量自己的言行。孔子说："政者，正也。子帅以正，孰敢不正？"[1] 社会治理者带头遵法、守法、护法尤为重要，特别是要把权力关进制度的笼子。法治既授予权力，更约束权力。权力来源于法律，权力的行使必须按照法定的权限和程序进行。社会的组织者、管理者首先应当明晰法律授予其什么权力、边界在哪里、行使的程序是什么、不依法行使应承担什么责任等，以提高依照法定权限、程序行使权力的素养和自觉性。一般家长有规矩、有好习惯，家庭成员也都有规矩意识、有好习惯。只要权力在"以人民为中心"的轨道内运行、在法治框架内运行，全体社会成员自觉尊法、信法、守法、用法、护法，法治就能从口头变为现实，法治良性循环就能得到普遍的认同，法治思维也能成为一种社会习惯、生活习惯。

**2. 法治思维的养成，必须坚持以人为本**

以人为本应当以人的生命为本、以育人为本、以就业为



---

① 杨伯峻：《论语译注》，中华书局 2009 年版，第 127 页。

本、以能力为本、以权益为本，其核心价值取向在于尊重和保障人权。法律的真谛在于对人权和公民权利的确认和保障，法治的根本宗旨在于尊重和保障人权和公民权利。人权，指一定社会历史条件下每个人按其本质和尊严享有或应当享有的基本权利，包括生存权、教育权、就业权、发展权等。人权原则是指尊重和保障人权的原则，是法治首先应当坚持的原则。纵观法治的历史，我们可以发现，法治为适应人权和权利的需要而产生，并随着人权和权利需要的扩展而演进。1789 年 8 月 26 日，法国制宪议会通过了《人权和公民权利宣言》，它不仅是法国历史上第一部人权宣言，也是人类历史上第一部正式的人权宣言，具有极其重要的历史意义。1791 年，法国国民议会正式通过以人权宣言为序言的 1791 年宪法，这是法国历史上第一部资产阶级宪法，其后各国的宪法文本大多数也是以人权和公民权利为核心的。尊重和保障人权和公民权利是法治国家和法治社会的基本特征。法治的核心是对公权力的约束与规范，以及对公民权利的保护。作为法治中国的社会管理者，第一，要坚持人民利益至上原则。即以法治思维来主导权力的行使，始终做到权为民所用，思考问题、谋划工作、执政行事，都要尊重人民的主体地位，情为民所系，利为民所谋，急民之所急，忧民之所忧；坚持人性化执法行政，让每一个行政事务、每一个司法案件都体现公平正义，都体现权利公平、机会公平、规则公平。第二，要坚持平等原则。“平等性”既是法的内容属性，也是法的适用原则。平等原则作为法治思维和法治方式的基本内容，要求社会管理者行政执法时做到法律面前人人平等，对同样主体的同样行为不得作不同处理，减少直至最终杜绝“下不为例”“领导特批”的做法；要避免以口号、会议、领导人讲话代替法律规则，也要避免以道德规范代替法律规范。第三，要尊重世俗原则。基于前述两个原则，在保证程序合法的情况下，采取行政措施、选择执法方式时尽可能尊重当地风俗习惯，尽可能考虑当事者可以接受的办法、场景，努力在和谐状态下解决问题，让人充分感受到法中有情。比如，某地法院在被执行者母亲出殡之时对其采取强制措施，引起群众公愤。执法符合法律程序，但不尊重人情世俗，效果可想而知。



3. 法治思维的养成，必须以法律为戒尺

每一个社会成员都要敬畏法律，以法律来支配自己的思想和行为。首先，要树立法治信仰。法治信仰，是对法治油然而生的神圣情感，是对法治发自内心的认同和尊崇。法治之所以能够成为信仰，是因为法律规范主流人性，是人民意志的体现，是社会全体成员的行为准则，承载着规律和真理，就像堤坝规范着水的流动。作为个人，只能敬仰和敬畏，不能破堤而出，堤破而水肆虐，自己也难以保全。其次，要树立法治至上的理念，明白法律神圣不可亵渎，必须严格遵照执行。“要把对法治的尊崇、对法律的敬畏转化成思维方式和行为方式，做到在法治之下、而不是法治之外、更不是法治之上想问题、作决策、办事情。”[①] 这是法治思维的定律。“在法治之下”就是想问题、作决策、办事情要自觉地置于宪法法律框架之内，养成办事依法、遇事找法、解决问题用法、化解矛盾靠法的思维

① 习近平：《领导干部要做尊法学法守法用法的模范》，《习近平谈治国理政》第二卷，外文出版社 2018 年版，第 127 页。

习惯，凡事要有规则、规矩。再之，要守住合法性的底线。“合法性”是法治的核心内容，要求行为合法是法治的基本要求。从“是否合法”出发来思考和处理问题，无疑是法治思维和法治方式的基本特征和基本要求。想问题、作决策、办事情要杜绝任何侥幸心理，防止打宪法法律的“擦边球”、钻政策的空子，不能在“法治之外”，也不能在“法治之上”，严禁一切无视和挑战宪法法律的行为；凡事要问是否合法，要弄明白法律规定我们什么事能干、什么事不能干，心中高悬法律的明镜，手中紧握法律的戒尺，知晓做人做事的尺度。

**4. 法治思维的养成，必须做一个“冷静的观察者”**

在新兴媒体发达、人人都是自媒体的当今社会，各种价值观念时常会左右人们的思想，铺天盖地的舆论会遮挡人们的视线，影响人们对好坏、善恶、正义与非正义的判断，这就更需要人们具备法律的理性、法治的冷静、客观的观察。做一个“冷静的观察者”，愚认为应从三方面做起。第一，要观察事件的真相。观察事件的客观实际，如其发生的原因、背景，形成的过程、条件及造成的结果。不能“听风就是雨”，火急火燎地作出事实判断，应当有“看一看、等一等”再说的冷静思考，就像观察一杯滚烫的水，要让水静下来、冷下来、沉淀一下，才能看清真相。第二，要观察事件对大局和未来的影响。不能站在“庐山”之内而随意评判“庐山”之外的事，少一些主观臆断，多一些客观尺度；既要看正面影响，又要看负面影响，既要看当前，又要看将来。这需要有“历史真理”的观点，不能用以前的“真理”来套用现实的问题，也不能以现实的标准来衡量以前的事件、决定将来的事情。第三，要谨防以道德观察代替法律观察。尽最大可能抛弃自己个性、成长环境形成的主观好恶价值判断，不能“路见不平”就“拔刀相助”，不能人云亦云以公众言论代替真理价值判断，不能以道德的评判来代替法律关系的处理。比如，前一段时间网上热议的动车上年轻人要不要给年老体弱者让座的问题。年轻人让座，道德上可以点赞，这体现了中华民族尊老爱幼的道德风尚；年轻人不让座，座位是他自己花钱购买的，按照商品交换原则他就有权利享用，别人无权干涉，更不能强制逼迫让座，不能用道德绑架法律。人普遍受道德规范的约束，但道德规范不具有法律一样的强制性。处于转型期的社会风起云涌，网络时代各类事件层出不穷，人们应当做一个“冷静的观察者”。对一事件，既要近看又要远看，既要在低处看又要在高处看，既要及时看又要等一等再看，既要看局部、看现实的表象，又要看整体、看长远的效应，更重要的是要自己观察、思考，防止不明真相跟着人家瞎起哄。只有这样，才会让社会按法治轨道理性运转，以促进和谐社会的构建。

**5. 法治思维的养成，必须明白法不是万能的工具**

世界是多元的世界，社会是复杂的社会，人是复杂的人。人是自然存在物、社会存在物、有意识的存在物。法是国之利器，它规范社会秩序，体现主流人性，但不可能延伸至世界的每一个角落，规范社会的每一项活动，触及每一个人的生活细节、灵魂深处。不是什么事都能用法律解决，即使解决了也不可能事事都达到人们所期盼的效果。法是铁律，是冰冷的；人是有情的，人心是热的。法不能替代情。比如，曾经的好朋友的债权债务问题、家庭成员的财产问题，一旦诉之法律，友谊、亲情就可能大打折扣，双方甚至会反目成仇。有不少亲骨肉因财产继承权纠纷打官司，最后生死不相见，可悲至极。比如，朋友聚会，大家在一起多喝几杯酒，在酒兴之下可能就多讲了几句话，个别可能发生语言或肢体的矛盾和冲撞，就可能造成伤害。如果对伤害方采取法律强制措施，友谊可能就到此为止了，甚至会走向反面。这不符合法治精神。如果采取协调等方式处理，协商达成谅解，经历冲突矛盾后的友谊可能更加坚固，甚至成为一生至交。这才是大家所需要、所期盼的结果。法是国家强制力保障实施的工具，是利器，利器容易伤人，不能随意使用。每个人都应当具备法的意识，但不能什么都用法来解决。人们必须知法、明法，自觉遵法、守法，但是，法在挚友、家庭成员之间尽可能慎用、少用，最好不用。亲兄弟明算账，但不是什么事都能算得清楚，都能“AA 制”，婚前搞再缜密的财产公证，婚后生活出行子女培养，每一笔账都能算得清清楚楚吗？如果用法律这个“冷兵器”在家庭中间插一杠，家庭生活事宜件件依法来左右、来丈量，那么生活中可能处处留伤痕，家的温暖、家的幸福可能就大打折扣。当然，每个人都有自己的生活方式，都按照法的精神也应当予以尊重，他人无须也无权干涉。

## 七、底线思维

底线，这里指事情在一定限度范围内的临界值。底线是不可逾越的警戒线、是事物质变的临界点。一旦突破底线，就会出现无法接受的坏结果。底线思维是指在考察和处理问题时充分估算可能出现的风险和最坏情况，并积极做好危机等负面因素的管控，促进其向好的方面转化的思维过程。简单地说，就是“做好最坏打算、争取最好结果”的意识。底线思维能力，就是客观地设定最低目标，立足最低点，争取最大期望值的一种积极的思维能力。“君子以思患而豫防之”，居安思危，有备才能无患；善于运用底线思维，防患于未然，才能赢得工作的主动权。古人讲：“君子安而不忘危，存而不忘亡，治而不忘乱，是以身安而国家可保也。”习近平总书记指出：“要善于运用‘底线思维’的方法，凡事从坏处准备，努力争取最好的结果，这样才能有备无患、遇事不慌，牢牢把握主动权。”①



### （一）坚持底线思维的重要性

#### 1. 坚持底线思维，能强化忧患意识

俗话说：“不怕一万，就怕万一。”“怕万一”就是坚持底线，强化忧患意识，哪怕是万分之一可能出现的隐患、危机，也应当警惕，小心预防。如果对世事盲目乐观，可能就会在阴沟里翻船，在平坦的大道上翻车。底线思维就是要直面事实、正视困难，保持清醒头脑，客观分析，着力解决问题；就是要树立起强烈的风险意识，宁可把风险、困难估计得更多一点，就像用放大镜看害虫、用显微镜观察病毒，这样就不会因为估计不足而在突如其来的危机中手足无措、陷于被动。

---

① 习近平：《提高解决改革发展基本问题的本领——关于科学的思想方法和工作方法》，《习近平总书记系列重要讲话读本》，中共中央宣传部编，学习出版社、人民出版社2016年版，第288页。

2. 坚持底线思维，能强化全局意识

看待问题、处理矛盾，不能“只知其一不知其二”，要站在全局角度辩证地、全面地分析。底线思维就是要摒弃只有前瞻没有后顾的错误思维方式，看形势、作决策既要看到有利的一面，又要看到不利的一面，既能抓住机遇、控制局面，又能扭转不利局势、化解危难；就是要转变封闭狭隘的观念，努力冲破局部思想束缚，提高全局意识，多角度、多维度，通盘考虑，立足长远，整体思维，为广阔大局谋发展。

3. 坚持底线思维，能强化责任意识

风险固然让人担忧，但面对风险和困境若置之不理则可能雪上加霜。底线思维就是要能够坚守住底线，做到“只要有百分之一的可能，就要做百分之百的准备”，无论是个人的分内事，还是关乎服务对象、他人的事，都要用心用情用力周全谋划；无论是大事还是小事，都能做于细做于微，防止出纰漏；无论是多难的事，哪怕是泰山压顶风雨欲来，都不弯腰不屈服，勇作“石敢当”，砥砺风浪迎难而上，始终以“国家兴亡，匹夫有责”“大家好自己才好”的境界气度，以行百里半九十的执着精神，做好每一件事。坚持底线思维，好事能让其好上加好，不完美的事能让其增加含金量，坏事能尽最大可能让其变为好事。

4. 坚持底线思维，能强化开拓意识

底线思维就是要实实在在地考虑某种环境下可能产生的最差后果，接受现状，并意识到一旦处于底线的位置，倒退没有出路，唯一能做的事只有向上。即使风险加大，困难加大，在生死攸关之际，要想“咸鱼翻身”，实现反转，只有用风险来倒逼，急中生智，急中用智，此外别无他途。华山路险，只有智取一条路，开拓探索、寻找更多可能性，从守住底线开始，量力而行、步步为营，逐项落实预案，最终战胜困难，化危为安。就像毛泽东同志用兵如神，带领红军四渡赤水，摆脱了几十万国民党军队的围追堵截，取得了战略转移中具有决定性意义的胜利。

人人都期盼自己一生平安，都担心意外发生，都怕万一。底线思维能保一生少灾祸。普通大众如此，社会组织者、管理者以及公众人物更是如此。因为他们是民众的标杆，以引领和服务社会为己任，不仅要保自己平安，还要保社会及大众的平安，以自身的良好形象来引领社会新风尚。因此，社会组织者、管理者以及公众人物，必须“把做人做事的底线画出来”，必须牢固树立原则意识、边界意识、短板意识、小节意识，把好权力观、金钱观、人情观，守住道德、用权、金钱、交友的底线，以守住自己的政治生命线、守住自己的人生幸福线。



### （二）守住人生的底线

#### 1. 守住道德底线

何谓道德？在中国哲学史上，“道德”指“道”与“德”的关系。孔子主张：“志于道，据于德。”这里的“道”指理想的人格或社会图景，“德”指立身根据和行为准则。因儒家以仁义为道德的重要内容，故也以仁义道德并称。老子说的“道”主要是指事物运动变化所必须遵循的普遍规律或万物的本体。“德”和“得”意义相近，指具体事物从“道”所得的特殊规律或特殊性质；对于“道”的认识修养有得于己，亦称为“德”。老子曰：“道生之，德畜之，……道之尊，德之贵，夫莫之命而常自然。”[①] 认为“道”和“德”虽尊贵，却不是什么主宰（“命”），而是一切任其自然的。韩非子认为“德者道之功”，把“德”释为道的功用。北宋张载提出：“德，其体；道，其用，一于气而已。”道德也指依靠社会舆论和人的内心信念来维持的、调整人们相互关系的行为规范的总和。它以善和恶、正义和非正义、诚实和虚伪等道德概念来评价和调节人们的行为，由一定的社会经济基础决定，并为一定的社会经济基础服务，具有历史性，其内容和形式受一定的物质生活条件的制约。它与利益紧密相关，总是反映和维护一定的利益。

“目失镜，则无以正须眉；身失道，则无以知迷惑。”中华民族崇德尚道。作为普通百姓，必须用社会公德、职业道德、家庭美德等一系列道德规范来约束自己的言行，坚守最基本、最朴素的做人做事的道德底线。而作为社会组织者、管理者，特别是为官从政者，不仅要坚守法律底线、纪律底线和政策底线，还要带头坚守社会大众心中的道德底线，其道德修养应在社会公德的一般性要求之上，应该成为普通大众的道德标杆。“为官先修身，律人先律己”，德乃官之本，为官先修德。习近平总书记说：“道德问题是做人的首要的基本问题。”[②] 古人说，“百行以德为首”，讲的就是这个道理。大量情况表明，

---

① （魏）王弼注：《老子道德经注》，楼宇烈校释，中华书局 2011 年版，第 141 页。

② 习近平在中央党校 2009 年秋季学期第二批进修班开学典礼上的讲话。

道德情操与生活情趣是密切联系在一起的。腐败分子走上犯罪道路，大多是从操守不严、品行不端、道德败坏开始的。面对纷繁复杂的社会现实，社会精英、管理者、组织者必须把加强道德修养作为重要的人生必修课，正确选择个人爱好，注重培养健康的生活情趣，慎重择友交友，以严格标准加强自律、接受他律，明辨是非，克己慎行，堂堂正正做人、老老实实干事、清清白白为官，努力以道德的力量去赢得人心、赢得事业成就。



守住道德底线，首要的是要严以修身。正心方能修身。“欲修其身者，先正其心。”《大学》有言：“心不在焉，视而不见，听而不闻，食而不知其味。”一个人心思不端正，就像心不在自己身上一样，虽然在看，却像没有看见一样；虽然在听，却像没有听见一样；虽然在吃东西，却像一点也不知道其滋味一样。心不正必然导致身不正，思想不牢，行动上就会麻木不仁，修身就会成为无源之水、无本之木。人修身不严，就会经不住诱惑和考验，根本原因是其内心发生了畸形，被私情私欲蒙蔽了心境。在众多违法乱纪者的忏悔中，无一不自诉其人生是从思想蜕变、心理失范开始滑坡的。面对纷繁复杂的现实社会，要给自己设置一个言行区间，让自己的思想始终有数有度，区间内外界限清晰明确：什么是讲道德的，什么是不道德的，什么事能做，什么事不能做，什么话能说，什么话不能说；思想上始终有道德底线这根“弦”，始终绷紧这根“弦”，触“弦”就发声敲响警钟。庄子说：“为善不近名，为恶不近刑。”做好事不是为了求名，人有时会因私心杂念干坏事，但不能违反国家法律政纲，更不能触犯刑律而犯罪。庄子认为无论善恶，都有行为边界，因为人在社会中生活，必须考虑到世俗道德及法律等对人的反制。社会上绝大部分人是讲道德守道德的，不会突破道德底线甚至违法犯罪。现实生活中，一般在困难、危险的境遇中，人们能做好防守，守好底线。但是，在顺境中追求成功和幸福时，往往会忘记底线。如人在崎岖的山路行车时，都十分谨慎小心，而在高速公路行车时，思想就容易放松，事故的风险就会加大。因此，人生在追求成功幸福时更要注意设置自己的底线和上线。一般人成功的底线是不伤害别人和不伤害社会，成功的上线是尽量多地回报社会，二者距离越大，绝对值越大，能创造的功绩就越大。人在追求成功的过程中要常常问自己什么样的“成功”不能要，要不忘初衷、保持定力，否则可能马失前蹄，前功尽弃。许多犯错误的人在立世之初是有理想信念、重道德守规范的，但是，有的人因缺乏人生阅历被不善之人引入歧途；有的人见了一些人不守规矩得到好处后，也随大流加入了“违章”“加塞”的行列；有的人求功心切，因没有及时实现目标受挫而走向了反面；有的人因为受到不公正的待遇，导致心理失衡，动摇了底线，走向了邪路。一个人良好道德操守的养成，个人主观起决定性的作用，但也需要社会环境的呵护。

2. 守住用权底线

权力有公权力、私权力和共权力之分，这里说的主要是公权力。所谓公权力，是指国家作为政权主体依据人民授权从事国家管理职能所产生的权力。权力来自人民，必须用之于民。公职人员手上的权力是人民赋予的，是国家或组织授予的，公职人员是代表国家或组织行使权力的主体，是受托人、代理人，而非权力享有者。西方哲人孟德斯鸠指出："一切有权力的人都容易滥用权力，这是万古不易的一条经验。有权力的人往往使用权力一直到遇有界限的地方才休止。"在用权问题上，公职人员一定要有底线、有界限，摆正公私关系，严以用权。严以用权，就是要坚持用权为民，按规则、按制度行使权力，把权力关进制度的笼子，任何时候都不搞特权、不以权谋私。当下存在的不正确履行公权力的问题，归纳起来，主要有四个方面：一是公权不用。主要表现形式有：等着干，在其位不谋其政，不当后进也不争先进，工作缺乏主动性；不想干，精神懈怠，作风懒散，怕担当责任，饱食终日无所事事；不会干，能力平庸，创新意识不强，遇到问题和矛盾束手无策。二是公权虚用。主要表现形式有：虚报浮夸，说假话，办假事，做虚假政绩；虚假执行，对中央的政策和上级的要求，搞"上有政策，下有对策"，不执行或变通执行；虚假作为，脱离实际，急于求成，热衷于搞形象工程、政绩工程。三是公权乱用。主要表现形式有：专断，不向群众学习，不同群众商量，不深入调查研究，拍脑袋作决策；单干，无视组织原则和程序，独断专行，我行我素；蛮干，用机械的观点看问题、观形势、做工作，工作盲目；乱干，工作不负责任，滥用职权，权力越位、错位，不给好处不办事，给了好处乱办事。四是公权私用。主要表现形式有：公私不分，把公家财物当作私人财物随意支配；权利交易，利用公权为个人谋取私利，大搞权权交易、权钱交易、权色交易；徇私枉法，超越法纪边界，贪污受贿，贪赃枉法，政治上蜕变、经济上贪婪、生活上腐化，丧失做人为官的底线。现实中还有一些好大喜功的当权者，为了个人的升迁，以封建家长式的作风，不停地“搞探索”“抢镜头”，不顾党纪国法，搞地方土政策，随意剥夺他人的合法权益，以此彰显自己当权的“威严”“做派”。比如说，凭个人的意愿喜好，随意出红头文件，强令下属及其亲属清退合法拥有的股票等金融产品，随意剥夺人们依法理财的权利，其实质是为了达到私人目的，用“权威”来破坏法纪人权、强奸民意、侵害民利。隐藏私心杂念、不符合法治精神、不体现主流民意的所谓“红头文件”会扰乱民心，危害比个人为钱财贪腐更深、更广。

公职人员的权力无论大小，都应该慎用，不可以滥用。老子说：“故飘风不终朝，骤雨不终日。孰为此者？天地。天地尚不能久，而况于人乎？”[①] 意思是狂风刮不到整个早晨，暴雨也下不了一整天，谁做这些狂行肆虐的事呢？天地。天地的狂暴尚且不能长久，更何况我们人类呢？这给我们一个启示，事物是发展变化的，天地、风雨不能一直强劲，人生也如此。人不能为所欲为，特别是在自己享有荣华富贵的时候，在自己手握大权的时候，享用要有度，行为要有节。人们常说“权不可用尽，势不可用竭”，事情不能做太绝，要把握个度，天地都不能长久，更何况我们人？一个人在一个岗位能坐多久？有权力，也不能用尽；有了势力，也不能无法无天、一手遮天，即便一时得逞也不能长久。作为公职人员，就是要大公无私、公私分明、先公后私、公而忘私，只有一心为公、事事出于公心，才能坦荡做人、谨慎用权，才能光明正大、堂堂正

---

① （魏）王弼注：《老子道德经注》，楼宇烈校释，中华书局 2011 年版，第 60 页。

正。公权为民，一丝一毫都不能私用。权力一旦姓“私”，地狱之门就会随之打开。纵观古今，多少位高权重者因弄权营私而折戟沉沙，又因疯狂而死亡。无论权再大，势再强，只要敢结党营私，要阴谋弄权术，作恶多端，最终都难逃灭亡的命运。历数历史上的强人，哪个不是先疯狂而后灭亡的？这是历史的教训，必须铭记。任何时代，都有一些对地位、权势的过分追求者，总有一些对金钱、美色的过分贪婪者，他们都疯狂，最后的结果可想而知。即使一时还趾高气扬、不可一世，但离灭亡的时间已经不远了。这是历史的铁律。



位高权重者有疯狂的机会，普通公职人员同样有疯狂的机会。普通公职人员，可能会被认为没有多大的权力，不可能谋私利、搞腐败。但是，如果没有权为民赋、权为民用的意识，在工作中不注意约束自己，将会产生权力傲慢，时间久了，就像温水煮青蛙，最终也会在劫难逃，酿成人生悲剧。

无论职位高低，都要谨慎对待自己的权力。权力是把双刃剑，既可以用来斩妖除魔为群众谋幸福，也可以用来作威作福搞腐败贻害一方。因此，要慎用权力。谨慎用权，关键在于自我教育、自我完善、自我提升，要经常进行“四对比五算账”：对照自己走过的路，比一比理想信念是不是比以前更加坚定，比一比精神状态是不是比以前更加奋发，比一比工作本领是不是比以前更高更强，比一比工作作风是不是比以前更加扎实。时时算好个人廉洁履职账：算一算政治账，不廉洁履职可能误了进步，甚至毁了前程；算一算经济账，不廉洁可能丢了饭碗，甚至人财两空；算一算名誉账，不廉洁可能伤害尊严，甚至身败名裂；算一算家庭账，不廉洁可能失去自由，甚至妻离子散；算一算健康账，不廉洁可能担惊受怕，甚至性命难保。要时刻记住“无论大权小权，都是人民赋予的，必须用它来为人民谋利益”，要自觉把权力关进制度的笼子里，防止权力傲慢，用制度防范特权的衍生，坚决克服和反对各种特权思想和特权现象，杜绝“大权独揽”或“小权力”滋生“大腐败”。实际上，无论大权还是小权，无论公权还是私权，都得神圣对待。每个人都得敬畏权力，慎用权力，用好权力。

无论时空如何变化，身份地位如何改变，每个人都应该明白支撑自己享有权力的社会环境、社会基础，都应该明白自己享有的权力与权力与人、与责任之间的诸多关系。一是老师与学生的关系。毛泽东主席指出：“这些干部、农民、秀才、狱吏、商人和钱粮师爷，就是我的可敬爱的先生，我给他们当学生是必须恭谨勤劳和采取同志态度的，否则他们就不理我。”① 又说：“只有代表群众才能教育群众，只有做群众的学生才能做群众的先生。”② 孔子说：“三人行，必有我师焉：择其善者而从之，其不善者而改之。”③ 几个人一起走路，其中一定有值得我学习的人。选取他们的优点进行学习，用他们的缺点对照自己加以改正，无论是“善者”还是“不善者”，都可以作为学习、借鉴的对象。这不仅是根本的工作方法问题，更重要的是对人的态度问题，具体地说就是对待与你一起行走的人、支持你远行的人的态度、价值取向问题。每个人要肯当学生、

---

① 毛泽东：《〈农村调查〉的序言和跋》，《毛泽东选集》第三卷，人民出版社1991年版，第790页。

② 毛泽东：《在延安文艺座谈会上的讲话》，《毛泽东选集》第三卷，人民出版社1991年版，第864页。

③ 杨伯峻：《论语译注》，中华书局2009年版，第71页。

善于做学生，“必须恭谨勤劳和采取同志态度”，不耻下问，问政于民、问需于民、问计于民，虚心向周边的人学习，向社会大众学习，向实践学习，就如同行走勤于问路，就容易绕过坎、跨过沟，就会少走弯路、不容易走错路，人生的路径就能远离不败之地。二是土地与种子的关系。毛泽东主席在《关于重庆谈判》一文中指出：“我们共产党人好比种子，人民好比土地。我们到了一个地方，就要同那里的人民结合起来，在人民中间生根、开花。”① 共产党人好比种子，任何管理者、组织者都应当是种子，每个人也应当是种子，只有把自己深深根植于所服务的团体成员之中，才能吸收其中的“水分”“营养”，才能从中获取力量，从而有力地推动、保障事业的成功。比如说，企业管理者必须融入员工之中，与员工打成一片，凝聚经营管理共识；同时充分考虑客户的利益，听取客户的意见建议，开发出符合客户需求的产品，才能保证企业健康运营、快速成长。现在的中国人口流动加剧，已从熟人社会向陌生人社会转型，无论是组织安排工作交流还是个人外出打工，不管是“北漂”还是“南流”，都必须“接地气”，与所在地的人们融为一体，汲取他们的文化营养，争取得到更加广泛的认同和支持，才有可能取得事业的成功。三是父母与子女的关系。邓小平说：“我是中国人民的儿子，我深情地爱着我的祖国和人民。”没有父母，哪有儿女。每个人都有生其养其教其成人的父母，都应该爱自己的父母、感恩自己的父母、报答自己的父母。人民从事生产劳动和纳税，是衣食父母。有了

① 毛泽东：《关于重庆谈判》，《毛泽东选集》第四卷，人民出版社 1991 年版，第 1162 页。

父母含辛茹苦的劳作，才有祖国这个家园。有了家园，每个人才享有应有的权利、地位和尊严。回想一下旧中国，上海外滩公园写着“狗和华人不能入内”；看看现在一些动乱的国家，那里的人还有多少做人应有的权利？每个人的成长都离不开自己亲人的抚育，离不开周边人的支持和帮助，每个人的生活都离不开社会大众的各种“供给”，离不开人民当家作主创造的和谐家园。人人享有做人应有的权利、尊严，人民当家作主，才有国家之尊。有国才有家，有家才有我。吃国家的俸禄，得人民的实惠，为祖国尽责，为衣食父母用心、用情、用力，这是每一个为人子女应尽的义务。四是孺子与牛的关系。“横眉冷对千夫指，俯首甘为孺子牛。”1942 年 5 月，毛主席在《在延安文艺座谈会上的讲话》中指出：“‘横眉冷对千夫指，俯首甘为孺子牛’，应该成为我们的座右铭。‘千夫’在这里就是说敌人，对于无论什么凶恶的敌人我们决不屈服。‘孺子’在这里就是说无产阶级和人民大众。一切共产党员，一切革命家，一切革命的文艺工作者，都应该学鲁迅的榜样，做无产阶级和人民大众的‘牛’，鞠躬尽瘁，死而后已。”① 每个时代都有每个时代的问题和困难，每个人也都会遇到困难和问题。世上本没有一条现成的路、顺畅的路，路难行，但人必须披荆斩棘地前行，无论多难，生活总得过下去，还要争取过好，直至到达人生的彼岸，这也是人是主体、手段和目的相统一的应有之义。每个人都应该以问题为导向，遇到问题冷静对待、积极思考、勇敢突破，哪怕是千夫所指的难题、矛盾，即便面对的

① 毛泽东：《在延安文艺座谈会上的讲话》，《毛泽东选集》第三卷，人民出版社 1991 年版，第 877 页。

是刀山火海，都必须以愚公移山的精神，以对“孺子”、对国家、对社会负责的态度，坚忍不拔，攻坚克难，精卫填海，埋头苦干，久久为功，甘做一家、一组织、一团体，乃至社会人民大众的“老黄牛”。五是鱼与水的关系。毛泽东主席在延安说过，“党群关系好比鱼水关系，共产党是鱼，老百姓是水；水里可以没有鱼，鱼可是永远离不开水啊！”水中有鱼所需的一切东西，承载着鱼的生命，任鱼沉浮逍遥，为鱼的嬉戏娱乐搭建自由自在的平台。鱼儿离不开水，让生命鲜活离不开水，遭遇苦难时相濡以沫也一样离不开水。回顾共产党的光辉历程，无论是在苦难艰难的岁月，还是革命、建设、改革开放取得伟大胜利之时，都离不开人民的支持和参与。共产党来自人民，只有对人民不离不弃，深深根植于人民，才有生机和活力，才能蓬勃发展、蒸蒸日上。六是公仆和主人的关系。1944年底，毛泽东主席在《解放日报》发表的《一九四五年的任务》一文中明确指出：“我们一切工作干部，不论职位高低，都是人民的勤务员，我们所做的一切，都是为人民服务。”①社会的组织者、管理者应当始终记住自己是勤务员、是人民的公仆，吃人民俸禄，应当为民办事，办实事、办好事。一些人之所以在群众面前作威作福、漠视群众利益，就是忘记了公仆与主人的关系，忘记了自己享受的工资以及各种福利待遇都是纳税人的贡献，都是老百姓辛勤付出创造的，每一天的衣食住行都是人民群众给予的。在现实中可以看到，一些懒散的干部，干的活不值其得到的薪资。老百姓每个月给你付了酬劳，

① 毛泽东：《一九四五年的任务》，《毛泽东文集》第三卷，人民出版社1996年版，第243页。

你若不认真做事，就愧对老百姓。老百姓给你这份工钱，就是要你做事，要你服务，不要以为一次考进公务员就可以躺着领工资。每个人都应该对工作负责，你不在职位上认真工作，取得的工资就是不义之财，得之有愧；再说，没有人愿意做亏本生意，不为企业、单位奉献心力创造财富，总有一天会被淘汰出局。只有公仆认真干活、干更多的活、干好活，才能报答人民群众的付出，才能让人民群众有更多的获得感。

3. 守住金钱底线

马克思在《德意志意识形态》中尖锐地指出，“金钱是财产的最一般的形式，它与个人的独特性很少有共同点，它甚至还直接与个人的独特性相对立”[①]。他引用莎士比亚的话说，“金子，只要一点儿，就可以使黑变成白，丑变成美，错变成对，卑贱变成高贵，……你，我们看得见的神，你可使性格全异的人接近，使他们接吻！……”[②] 可见，金钱是使人异化的力量。在对待金钱的问题上，我们要有底线。作家易卜生说：“钱能带来奉承，却带不来信赖；钱能使你开心，却不能使你幸福。”广厦万间，夜眠七尺；良田千顷，日仅三餐。一个人的生活需求是有限的，不要被物之所役，做金钱的奴隶。“多藏必厚亡。”过度贪图钱财，最终会人财两空，历史和现实都可以证明。清朝和珅敛财之巨，有“和珅跌倒，嘉庆吃饱”之说。据史家估算，和珅资产总计估值约 7 亿两银子。据《清史稿》记载，当时清朝全国财政收入不过 4000 多万两银

① 马克思，恩格斯：《德意志意识形态》，《马克思恩格斯全集》第三卷，人民出版社 2002 年版，第 254 页。

② 马克思，恩格斯：《德意志意识形态》，《马克思恩格斯全集》第三卷，人民出版社 2002 年版，第 254—255 页。

子，和珅总资产约为其15倍。嘉庆四年（1799）公布他的二十条罪状①，其中八条涉及财产：（13）“昨将和珅家产查抄，所盖楠木房屋，僭侈逾制，其多宝阁，及隔段式样，皆仿照宁寿宫制度，其园寓点缀，竟与圆明园蓬岛瑶台无异，不知是何肺肠，其大罪十三。”（14）“蓟州坟茔，居然设立享殿，开置隧道，附近居民有“和陵”之称，其大罪十四。”（15）“家内所藏珍宝，内珍珠手串，竟有二百余串，较之大内多至数倍，并有大珠，较御用冠顶尤大，其大罪十五。”（16）“又宝石顶并非伊应戴之物，所藏真宝石顶有数十余个，而整块大宝石不计其数，且有内府所无者，其大罪十六。”（17）“家内银两及衣服等件，数逾千万，其大罪十七。”（18）“且有夹墙藏金二万六千余两，私库藏金六千余两，地窖内并有埋藏银两百余万，其大罪十八。”（19）“附近通州、蓟州地方，均有当铺钱店，查计资本，又不下十余万，以首辅大臣，下与小民争利，其大罪十九。”（20）“伊家人刘全，不过下贱家奴，而查抄资产，竟至二十余万，并有大珠及珍珠手串，若非纵令需索，何得如此丰饶？其大罪二十。”三天后下达赐死的诏书。和珅知道自己的末日已经来临，罪状公布的当晚，正是元宵。他对着皎洁的月光，不由得感慨万分，写下了《上元夜狱中对月》：“夜色明如许，嗟令困不伸。百年原是梦，廿载枉劳神。室暗难挨晓，墙高不见春。星辰环冷月，缧绁泣孤臣。对景伤前事，怀才误此身。余生料无几，空负九重仁。”这首诗相当真实地表现出和珅当时的处境和心情。二十年苦心孤诣地要弄权



① （民国）赵尔巽：《清史稿》卷三一九，中华书局1972年版，第10752—10760页。

术、搜刮财富，如今一切都化为乌有，真是为钱财“枉劳神”！为钱财“误此身”！和珅死后，人们在他的腰带里发现一首七言绝句：“五十年来梦幻真，今朝撒手谢红尘。他时水泛含龙日，认取香烟是后身。”和珅彼时刚入五十岁，苦心谋得的权势和财富就如幻梦，一朝成空。他的诗，字里行间饱含着无限的凄苦之情。和珅搜刮的巨额财富，没有保障他永生幸福，贪婪的双手早早结束了他的生命。

当今社会也是如此，非法贪婪敛财者也一样会葬送自己的人生幸福，走向万劫不复的境地。

老子说：“圣人不积，既以为人，己愈有；既以与人，己愈多。”[①] 有道的“圣人”无私无藏，尽量以自己的所有帮助别人，自己反而更加充实；他给予别人愈多，自己反而愈丰富。人们常说“革命者永远年轻”，一个重要的原因就是革命者“不积”，无私无藏，没有自己的利益。无数革命先辈身后都没有自己的财产，没有金银珠宝的负担，他们一心只有革命事业，一心只有为人民服务，对事业极端负责，对同志极端热忱，因此始终有一股乐观向上的精神，无论遇到多少艰难困苦，他们始终“愈有”“愈多”，内心无比强大，“一不怕苦、二不怕死”，任何东西都压不倒、打不烂、摧不垮。他们冲破有形的“必然王国”，直至达到自己的“自由王国”，如北冥之鲲，化而为鹏鸟，灵魂得到了升华，徙于“天池”，“水击三千里，抟扶摇而上者九万里”，自由自在地飞翔。

---

① （魏）王弼注：《老子道德经注》，楼宇烈校释，中华书局 2011 年版，第 200 页。

4. 守住交友底线

“友”字，有“朋友”“兄弟相敬爱”“交好、相聚”“帮助”之意。交友，现代人通常认为就是交朋友。古代的“朋”与“友”是有区别的，古人说：“同门曰朋，同志曰友。”“同门曰朋”，师从同一个老师的人称为“朋”，即现代讲的同学；“同志曰友”，即志同道合之人称为“友”。朋友就是彼此有交情的人、彼此要好的人。友情是一种最纯洁、最高尚、最朴素、最平凡的感情，也是最浪漫、最动人、最坚实、最永恒的情感。人人都离不开友情。你可以没有爱情，但是你绝不能没有友情；一旦没有了友情，生活就不会有悦耳的和音，如死水一潭。友情无处不在，伴随你左右，萦绕在你身边，和你共度一生。

既然友情如此重要，那么我们应怎样交友呢？《荀子·性恶》指出：“择良友而友之。”孔子曰：“益者三友，损者三友。友直，友谅，友多闻，益矣。友便辟，友善柔，友便佞，损矣。”意思是说，有益的朋友有三种，有害的朋友有三种。与正直的人交朋友，与诚信的人交朋友，与知识广博的人交朋友，是有益的；与谄媚逢迎的人交朋友，与表面奉承而背后诽谤人的人交朋友，与善于花言巧语的人交朋友，是有害的。这就是交友之道。

交友，好像人人都会。朋友或多或少，人人都有。不过如今人们多把朋友看作关系、看作交易、看作社会资本，就算看重交情的，也会讲究一个投入与回报。“多一个朋友多一条路”这类俗话，隐含的还是一种功利的朋友观。儒家强调的友道是以仁义为归宿的，看重的是志同道合。儒家重视友道，所谓父子有亲、君臣有义、夫妇有别、长幼有序、朋友有信，在儒家的五种人伦关系中，朋友是重要的一伦。《诗经》中说“虽有兄弟，不如友生”，认为兄弟有时还不如朋友。所以，《论语》开篇说道：“有朋自远方来，不亦乐乎？”在孔子心目中，有朋友来是一件很快乐的事。儒家对友道的看重，多体现在学问道德层面。孔子说：“朋友切切偲偲，兄弟怡怡。”切切偲偲，是互相切磋、督促的意思，怡怡是和顺的样子。因朋友以道义相交，所以要看重相互间的批评，而兄弟是血缘之亲，需和睦相待，否则会因小事造成感情不和。这是对人伦情感的经验之谈。孟子也说过类似的话：“责善，朋友之道也。”意思是：责求善行，这是朋友相处之道。子贡在问孔子的交友之道时，孔子回答“忠告而善道之”，就是说朋友如有不是之处，应该尽忠直告和善意引导，这才是真正的朋友之道。曾子说：“君子以文会友，以友辅仁。”君子是以讲习礼乐文章来聚会朋友的，而朋友的聚会相互辅助，又能有助于仁德的成长。曾子认为仁德的成长是需要朋友辅助的，当然这里的朋友，本身就表现出了仁德，也就是孔子说的益友。孟子也说，“友也者，友其德也”，不能另有所图。

从这些观点可看出，儒家强调的友道精神是规过劝善，看重的是志同道合。朋友首先是因为志同道合走到一起，但朋友困窘时，儒家并不反对仗义疏财。《论语》中子路说：“愿车马衣轻裘，与朋友共，敝之而无憾。”子路愿意将自己的车马衣裘，和朋友共同使用，即使用坏了也毫无遗憾。孔子有朋友死了，因其没有亲人，孔子出财物为朋友办丧事。有朋友送给孔子礼物，除了祭肉，还有车马这样的贵重物品，孔子也是不拜的。因为儒家认为朋友有通财之义，但通财绝非交友的目的，这在儒家的友道观中分辨得很清楚。

物以类聚，人以群分。对人来说，志同道合的人能走到一起，好人会跟好人在一起，坏人会跟坏人在一起，同类相聚，从人的交友圈也能看出人的品性德行。但在现实中，由于受各种因素的影响，人可能会交往一些不该交的人，甚至与不善之人交往、亲近，这个时候心中要有戒尺。是深交还是浅交，是工作交往还是上升为朋友往来，心中要有数有度，不可麻痹大意，掉以轻心。一个人的品性修养，会受朋友圈的影响，品性的优劣很大程度上取决于交友圈的优劣。“近朱者赤，近墨者黑”，人的本质是社会性的实践。你进行近“墨”的实践，或“墨”充斥在你周围，你会不由自主地染上“黑”，潜移默化地逐渐变“黑”。出淤泥而不染是理想状态，普通人难以做到。现实中，作为公职人员，要过好人情关，需要慎交友，交诤友、交善友、交良友。一朝交友不慎，很可能抱憾终生。为了攀权贵而交，为了聚钱货而交，最后都要付出代价。务必谨记，天下没有免费的午餐。许许多多的案例证明，唯利是图的“朋友”是靠不住的，重钱重利的兄弟也照样靠不住，这是活生生的事实。一些人对公职人员有所图，便会鞍前马后、尽其所能寻找薄弱环节，只要有机会，就会送钱送物，受到拒绝还会信誓旦旦地保证不会出事，他绝对不会出卖。然而在诸多职务犯罪案件中，几乎没有发现能不把违法违纪的公职人员供出的人，有的为了逃避责任早早就交代了问题，有的本来是主动送的还要说成是对方索要。即使如此，他们还要装“英雄”、装“肝胆”。有的人出去后，还会杜撰出是公职人员先交代，而他自己是被逼无奈才说的，以显示他们的“英雄本色”，让他们今后能交更多的“朋友”，达到他们不可告人的目的。即使是亲兄弟、恩爱夫妻，到了出事的时候，为了自身利益也会大难临头各自飞，让公职人员自作自受。人总是趋乐避苦、趋利避害的。愚在几十年的工作经历中，还没有发现为利而来的所谓“朋友”哪个能肝胆相照，哪个能信守诺言。因为这些人投你所好，是为了他们自己的私利，不可能跟你有真挚的友情。

只有在学习、工作中结下的友谊才牢不可破，老一辈无产阶级革命家为我们树立了光辉典范。古田会议之前，由于红军中很多人是从旧式军队里分化过来的，红四军的党内存在着大量的非无产阶级思想，尚处在幼年时期的红军领导机关对党内不正确思想缺乏一致的、坚决的斗争，缺乏对党员的正确路线教育，因此，随着土地革命的深入和政治形势的变化，非无产阶级思想不断滋生和发展，表现为单纯军事观点、极端民主化、非组织观点、绝对平均主义、主观主义、个人主义、流寇思想、盲动主义残余等等。为了纠正党内的错误思想，统一认识，1929 年 5 月底和 6 月上旬，红四军前委分别在永定湖雷、上杭白砂召开了前委扩大会议，就红四军党内的思想分歧进行了讨论，但未能取得一致，特别是在要不要成立红四军军委这一问题上分歧很大。6 月 22 日，红四军利用三克龙岩城后较安定而且优越的斗争环境，召开了红四军党的第七次代表大会，到会的有红四军前委委员、各纵队司令员、党代表和士兵代表共 40 多人。会议之前分歧已经表露出来了，会议期间两种不同思想的争论是比较尖锐、比较激烈的，作为红四军政治部主任的陈毅主持会议，本意在于解决或化解两种对立思想的矛盾，但是没有成功。因为当时毛泽东“以政治建军，人民军队必须在党的绝对领导下”的思想在红军党内并不占有绝对优势，所以在这次会议上，尽管毛泽东的一部分观点被大家接受，但其余大部分最后并没有被接受。这次会议后来进行了一次改选，也就是重新选举红四军前敌委员会，红四军前敌委员会是当时红四军党内最高领导机关，毛泽东没能继续担任红四军前委书记，陈毅取代毛泽东当选为红四军前委书记。陈毅左右为难，为缓和气氛，他依然风趣地笑道：“你们朱毛二人，一个晋国，一个楚国。你们两个大国天天在打架，我这个郑国在中间简直是不好办。我是晋楚之间，两大国之间，我站在哪一边，跟谁走？我就是担心红军分裂，我还是希望你们两方面团结。”①

为了打破僵局，陈毅采取了对毛泽东和朱德“各打五十大板”的调和折中方式：给予毛泽东党内严重警告处分，给予朱德党内警告处分。毛泽东批评陈毅和稀泥，没原则。

1929 年 8 月下旬，陈毅到上海向党中央汇报工作，如实客观地向中央及周恩来汇报了朱毛情况，他写了《关于朱毛军的历史及其状况的报告》等报告，客观地评价朱、毛的优缺点，对自己也作了自我批评。周恩来多次找陈毅谈话，他强调要把毛泽东同志请回来，召开一次会议，统一思想，分清是非，巩固红四军的团结，维护朱、毛的领导。在周恩来的主持下，根据周恩来的多次谈话，陈毅起草了中共中央给红军第四

① 梅黎明主编：《浴血罗霄：井冈山革命根据地历史》，中国发展出版社 2014 年版，第 348 页。

军前委的指示信。这就是“九月来信”。

1929 年 12 月 28 日，中国共产党红军第四军第九次代表大会在古田曙光小学开幕。主持会议的陈毅传达了上海中央的“九月来信”，“九月来信”在根本上赞成并且支持了毛泽东的主张和观点，并且要求毛泽东必须回到红四军的领导岗位上来，陈毅作了《反对枪毙逃兵》的报告，毛泽东作了《中国共产党红军第四军第九次代表大会决议案》的报告，朱德作军事问题的报告，会议一致通过了《中国共产党红军第四军第九次代表大会决议案》及《古田会议决议》等五项决议，选举产生了新的领导班子，毛泽东当选为前委书记，加强了红军的领导。

在“九月来信”精神的指导下，古田会议真正确立了思想建党的原则，也真正确立了党对人民军队绝对领导的原则，赋予人民军队军魂，找到了党和人民军队建设的正确方向。

革命者的理想高如天，革命者的胸怀宽如海，革命的友谊坚如磐石。尽管朱、毛等红四军领导人对党和军队的关系问题争论激烈，有时还讲了伤感情的话，尽管当时他们都比较年轻，时年陈毅仅 28 岁，也受了委屈，但他只身去上海，难能可贵地如实向中央汇报情况，没有因为争论而受情感左右；他们不计较个人的一时得失，为了伟大的理想和事业，各自作了自我批评，包容他人的不足和缺点。从古田会议以后，毛泽东、周恩来、朱德、陈毅的革命友谊牢不可破，无论遇到多少困难险阻，他们都紧紧团结在一起，领导中国革命和建设取得一个又一个胜利。陈毅于 1972 年逝世，毛泽东主席即使拖着病躯也要到八宝山送尊敬的战友最后一程，可见挚友之情至死不渝。

当今社会，物欲膨胀，熙熙攘攘，为名利者，哪里能寻得真正的知音呢？一年夏天，愚同几位友人到东山县东门屿，品茗东明寺，闲步月牙湾，揽胜黄道周读书处，在一片马尾松下仰望灯塔，静听悦耳的松涛声，心旷神怡。随兴吟了几句：人间三伏热浪高，寺中七月清风怡。涛声来自无声处，知音缘于寂音时。真正的知音应该是清风扑面，在无声处给你关怀、给你帮助，在寂寞孤单时给你温暖、给你精神力量，这才是应该交的朋友。



底线思维，从某种意义上来说，也就是极限思维。人对极限一般都有感觉、都有所反应，不能迟钝，不能置之不理，不能久拖不决。尤为重要的是，人对极限反应要见微知著，要引起思考、引起重视，遵循“反者，道之动”的原则，到了极限要及时知返，为自身寻找一个安全、健康、自由、自在、自然的人生区域，从而一生平安、平安一生。

## 八、精准思维

在现实中，人的工作、生活离不开精准。比如说，现在居家装空调，需要根据住房室内的空间来精心选择空调的马力，日常使用需要根据室内人数等情况来调节温度，恰到好处了，人才舒服。又比如，现在车多而停车位有限，停好车需要精准顾及前后左右，否则不是这边刮了，就是那边碰了，车损坏了又影响心情。再比如，一日三餐煮饭，米放多少、水放多少、火开多大，都需要精确，否则，米多水少火大，可能就烧焦了；米少水多火小，可能就烧成了粥；米水刚好而火力不够，可能就煮成了夹生饭，当然还会有许许多多的情况发生。只有人、米、水、火精确相适宜，饭才好吃。可见，每个人的生活质量都与精准思维紧密相关。精准，有精确、准确之意，就是时间感念中精准、空间位置上的准确。精准思维是指探究事物的本质，抓住其中的核心及规律，并精心运用到实际工作、生活的思维过程中。它是一种非常务实的思维方式，它坚持问题导向，注重具体和准确，要求动作精准到位、有的放矢，扎实细致、具体实在，落实到位、注重实效，避免大而化之、笼而统之地抓工作、过生活。正所谓："天下大事必作于细"，"业成于精"。

### （一）精准思维必须坚持精准调研

提高精准思维能力的前提是要深入细致地调查研究，首要的就是彻底探究事物的本质和规律。工欲善其事，必先利其器。没有调查，就没有发言权。只有认真调查，摸清问题所在，抓住问题的关键，把握规律，像中医那样望闻问切，分析原因，找出症结，才能对症下药，工作才有针对性。这方面，我们要学习毛泽东主席的才溪乡调查。他于 1930 年 6 月至 1933 年 11 月间，三次到上杭县才溪乡进行深入细致的社会调查，写下了《才溪乡调查》。才溪乡调查，是以毛泽东同志为代表的中国共产党人坚持群众路线、深入实际调查研究、为中国共产党制定实事求是的思想路线和坚持从群众中来到群众中去的工作路线、工作方法和工作作风树立的光辉典范。以下是

“文化教育”部分[1]：

上才溪：

日学。四个，共一校长，各一教员。教员伙食，群众募集款子，每人一角三分计算。学生共一百四十一人，多是六岁至十岁的。十一至十四岁的多进区苏义务教育性的劳动学校（由儿童工作干部训练所改）。全乡一至十五岁儿童六百多人，内六岁至十五岁的三百二十三人，此数内入日校的一百四十一人，入区苏劳动学校的三十七人，尚有一百四十五人失学。

夜学。四个，无校长，教员由日学教员兼。学生共一百二十多人，多是女子。每月每校办公费五角，群众募集的。

识字班。二十四组，每组十人，共二百四十人，每五天由夜学教员发五个新字去认。每组一个组长，男女均有。因老，因工作，因小孩牵累，不能入夜学的，便入识字班。

读报团。设于俱乐部内，有一主任，逢圩日（五日一圩）读《斗争》、《红中》及“通知”、“阶级分析”等。每次最少五六十人听，多的八九十人。

识字牌。六块，设置于通路处。

俱乐部。一个，任俱乐部工作的五十多人，内新剧团占三十多人。

墙报。四处，每村一处，在日校门外。文章，学生教

① 毛泽东：《才溪乡调查》，《毛泽东文集》第一卷，人民出版社1993年版，第340—342页。

员做得多，群众做的不过十分之一。

下才溪：

日学。五个，共一校长，各一教员。教员伙食办法同上才溪。学生共一百五十多人，入区校的六十多人，共二百一十多人。

夜学。八个，无校长，教员五个由日校教员兼，三个是另找来的。平均每校学生约三十，共二百四十人。办公费每月五角。

俱乐部。一个，工作人员五十多人。

识字班。二十六组，共二百六十人，识字办法同上才溪。

识字牌。五块。

墙报。五处。

读报团。一处，也是每五天逢圩日一次。

从以上摘录可以看出，《才溪乡调查》中所述相当具体和琐细，不仅对日学、夜学、识字班的情况了如指掌，甚至连识字牌几块、墙报几处都清清楚楚，体现了毛泽东同志对底层群众生活的细微关心和细致调查，以及对苏区各项工作的周密安排。在中国革命史上，凡是依靠人民群众的方法、根据实际情况进行工作的方法，就能发挥人民群众的创造力，就能在革命运动乃至共产主义运动中创造性地解决问题。《才溪乡调查》为我们留下了一笔十分宝贵的精神财富，毛泽东同志的“注重调查！反对瞎说！”“没有调查，没有发言权”“粉碎一切机会主义者的瞎说”尤其振聋发聩；他第一次阐述了“共产党人从斗争中创造新局面的思想路线”，并在抗日战争和解放战争中，向全党提出了解决思想路线、思想方法、学习方法的任务，在当今社会仍有非凡的意义。现在有大数据、云计算、先进的互联网技术，社会调查研究理应更加精准，可现实中调查统计数据注水现象屡见不鲜，在某一单位某一区域某一地方都不同程度地存在，有的弄虚作假却能一路蒙混过关，值得深思。表面看是数据问题，实际上是人和团体的诚信问题，关乎对问题的预决评判，关乎事业的成败。



### （二）精准思维必须坚持精准决策

毛泽东主席说过，政策和策略是党的生命。凡事预则立，不预则败。没有正确科学的决策，就得不到满意的结果，甚至会严重影响事业的发展。经过调查研究抓准了问题，需要提出解决问题的具体对策，而且必须是准确管用的对策。无论是谋划发展、制定战略，还是提出建议、指导工作，都要从实际情况出发、从可行性出发，才能取得好的效果。决策的失误影响深远，有的甚至会招致灾难性的结果，在实践中必须克服和避免对科学理论进行机械、教条式推行的决策。理论是灰色的，只有生活之树常青。任何理论只有与实际相结合，才具有生命力和意义。比如，我们党曾出现过自诩是“真正的布尔什维克”的王明，他不结合中国革命的具体情况，在党内推行一条以教条主义、媚苏亲苏为特征的“左”倾机会主义路线，做了许多错误的决策，对革命事业造成极大危害。遵义会议确立了以毛泽东同志为核心的新的党中央以及毛泽东同志在红军和党中央的领导地位，让与中国实际相结合的“山沟沟”的马克思主义来指引中国革命的方向。这是中国共产党在生死攸关的转折点做出的英明决策，使红军在极端危险的境地中得以保存下来，胜利地完成长征，开创了抗日战争的新局面，挽救了党、挽救了红军、挽救了中国革命。必须克服和避免“上下一般粗”的决策。大街道中高楼大厦发生火灾可以开进消防车灭火，而对小街小巷中的楼房火灾，消防车却不能近距离作业，必须另选他法。无论是谋划工作还是落实宏观决策，既要遵循普遍性，又要充分考虑特殊性，不唯上、不唯书、只唯实，特别要尊重和总结一时一地的首创精神，做出切合实际的决策，切不可以文件落实文件、以会议落实会议，机械化地执行决策。必须克服和避免套用“大概念”“新理论”作决策。改革开放很重要的一点，就是要学习西方的先进理论、先进经验，但必须批判地学、结合实际地学，而不是照搬照抄，不是套用所谓“新概念”“新理论”提出天方夜谭式的宏伟蓝图，名义上是与国际接轨、好看应景，实则落实不了，只会忽悠人，也害了自己。现实中“东施效颦”的事例不少，本来用筷子吃饭更加自如，却为了赶时尚非要用刀叉不可，小则别扭而食之无味，大则搞出笑话而让人难堪。必须克服和避免空洞无用的决策。决策必须是深思熟虑的，有针对性、可操作的，而不是随意的、凭空想象的。现实中总有一些人，好像能先知先觉，不了解情况就先做“指示”、发表“讲话”，听上去每句话都正确、每个字都有理，讲理论有高度有深度，讲情况生搬硬套、云里雾里，讲措施以原则意见来应对具体问题，不接地气，无法解决实际问题。只在乎对上表决心、诉衷肠，不管百姓爱不爱听，想不想听，用不用得上。

### （三）精准思维必须坚持精准实施

抓落实，必须紧紧抓住核心问题和关键问题不放，在问题的症结点和关键点上做文章、出实招，来不得半点虚假。0.99的1000次方接近于0，每一个工作环节都差那么一点点，最终的结果就会谬以千里。当前许多工作都是因为管理不到位、操作不标准，导致质量不高、效率低下，甚至酿成严重事故，危害人民生命财产安全。有许多制度，因为执行不严格，结果造成制度虚设、程序空转。因工作落实不细不准造成的事故举不胜举。如1986年美国挑战者号航天飞机在升空后爆炸，是由于发射时天气状况不佳，气温很低，导致O型封环在低温下失效而发生事故。尽管在发射前夕有些工程师警告不要在寒冷的天气发射，但是未能引起重视。又如，天津港“8·12”瑞海公司危险品仓库重大火灾爆炸事故造成数百人死伤，主要是有关人员不认真履行责任、监管不力所致。事故鉴定有关部门认为，在明知瑞海公司经营危险化学品仓储地点违反安全距离规定的情况下，滨海新区规划和国土资源管理局的有关责任人员未严格履行对辖区内企业经营危险化学品仓储业务规划审批的职责，违规批准该公司的危险化学品仓储业务规划。在危化品进出口监管活动中，天津新港海关有关责任人员未及时发现瑞海公司违法从事危化品经营活动，并给不具备资质的瑞海公司开辟绿色进出关通道，放纵其从事违法经营活动。不严格精准地履行职责严密监管，换来的是血的惨痛代价。对工作如此，对人生也一样。有的人对自己的前途命运也曾有计划目标，但落实时总是奉行“过得去”“差不多”的人生信条，对什么好像都无所谓、不认真、得过且过，尽管也读了些书，有些学识，但因马虎应付而一事无成。比如鲁迅笔下的孔乙己，“幸而写得一笔好字”，满口“之乎者也”，“可惜他又有一样坏脾气，便是好喝懒做”。替人家抄书，“坐不到几天，便连人和书籍纸张笔砚，一齐失踪”。他精神上迂腐不堪，麻木不仁，生活上四体不勤，穷困潦倒，最后只能落个让人们“哀其不幸，怒其不争”的命运。

### （四）精准思维必须具有精湛技艺

俗话说“艺高人胆大”，技艺高超，本领水平强就敢于做决策，也能够精准地做出决策。传统的“工匠精神”是精准思维的最好体现。工匠精神，是指工匠对自己的产品精雕细琢、精益求精的精神理念。工匠们喜欢不断雕琢自己的产品，不断改善自己的工艺，享受产品在双手中升华的过程。工匠精神的内涵，一是精益求精。注重细节，追求完美和极致，不惜花费时间精力，孜孜不倦，反复改进产品，把 99% 提高到 99.99%，其利虽微，却能长久造福于世。如“全聚德”烤鸭等百年老店，只生产经营一种商品，就能享誉全球。二是严谨，一丝不苟。坚持程序，严格对标，不达要求绝不轻易出手，确保质量。如漳州的“片仔癀”“八宝印泥”，严格按照老工艺、老配方生产，每一环节都不能打一丝折扣，以保持传统功用。三是耐心，专注。对精品有执着的坚持和追求，追求无止境、创新无止境、提升无止境，就是我们常说的“十年磨一剑”。四是专业，敬业。干一行爱一行，从一业专一业，善始善终做好每一件事，尽心尽责干好每一天，就能开心快乐每一天。现实中许多有造诣的老工匠、老艺人、老中医、老教师、老专家，不都是慈眉善目的吗？这都是相随心生之故，心喜而颜开。

明朝魏学洢的《核舟记》生动展现了工匠精神。

明有奇巧人曰王叔远，能以径寸之木，为宫室、器皿、人物，以至鸟兽、木石，罔不因势象形，各具情态。尝贻余核舟一，盖大苏泛赤壁云。

舟首尾长约八分有奇，高可二黍许。中轩敞者为舱，箬篷覆之。旁开小窗，左右各四，共八扇。启窗而观，雕栏相望焉。闭之，则右刻“山高月小，水落石出”，左刻“清风徐来，水波不兴”，石青糁之。

船头坐三人，中峨冠而多髯者为东坡，佛印居右，鲁直居左。苏、黄共阅一手卷。东坡右手执卷端，左手抚鲁直背。鲁直左手执卷末，右手指卷，如有所语。东坡现右足，鲁直现左足，各微侧，其两膝相比者，各隐卷底衣褶中。佛印绝类弥勒，袒胸露乳，矫首昂视，神情与苏、黄不属。卧右膝，诎右臂支船，而竖其左膝，左臂挂念珠倚之，珠可历历数也。

舟尾横卧一楫。楫左右舟子各一人。居右者椎髻仰面，左手倚一衡木，右手攀右趾，若啸呼状。居左者右手执蒲葵扇，左手抚炉，炉上有壶，其人视端容寂，若听茶声然。

其船背稍夷，则题名其上，文曰“天启壬戌秋日，虞山王毅叔远甫刻”，细若蚊足，钩画了了，其色墨。又用篆章一，文曰“初平山人”，其色丹。

通计一舟，为人五，为窗八，为箬篷，为楫，为炉，为壶，为手卷，为念珠各一；对联、题名并篆文，为字共三十有四。而计其长，曾不盈寸。盖简桃核修狭者为之。

魏子详瞩既毕，诧曰："嘻，技亦灵怪矣哉！《庄》《列》所载，称惊犹鬼神者良多，然谁有游削于不寸之质，而须麋了然者？假有人焉，举我言以复于我，亦必疑其诳。乃今亲睹之。由斯以观，棘刺之端，未必不可为母猴也。嘻，技亦灵怪矣哉！"①

## （五）精准思维必须坚持精品意识

凡事做精做好，把工作重点变成亮点，把亮点打造成品牌，变成经得起群众和历史检验的招牌。打造精品，需要工匠精神。商有商道，工有工道，农有农道，古代的范蠡、鲁班、卖油翁等等，都是具有工匠精神的杰出代表。现代人更需要工匠精神，尤其在科技日新月异的时代，不能仅仅把工作当作养家糊口的工具，而应树立起对职业的敬畏和对工作执着、负责的态度，注重细节，不断追求完美和极致，将一丝不苟、精益求精的工匠精神融入每一个环节，做出打动人心的一流业绩。要摒弃"不拘小节"的思维陋习，克服"差不多""过得去"的不良习惯，做有心人、细心人、耐心人，遇事从大处着眼、小处入手，大胆设想、小心求证，在每一个细小处从严把关，去虚、去空、去粗，抓小、抓细、抓到位，严格标准、严格程序，认认真真把工作做细做实做到位。特别是对于公共服务者

① 汤克勤主编：《古文鉴赏辞典》，崇文书局2015年版，第420—421页。

而言，自己工作百分之一的失误，给他人造成的损失将是百分之百，切不可疏忽大意，以免给人家造成不必要的伤害。

中国人历来重视精准思维。如成语“精打细算”“精雕细刻”“精耕细作”“精益求精”“百发百中”等，还有俗语“好钢用在刀刃上”“见缝插针”“手到心到”，说的都是精准思维。这方面，古代有许多鲜活的事例。比如“百步穿杨”的故事：楚有养由基者，善射；去柳叶者百步而射之，百发百中。左右皆曰善。有一人过曰：“善射，可教射也矣。”养由基曰：“人皆曰善，子乃曰可教射，子何不代我射之也？”客曰：“我不能教子支左屈右。夫射柳叶者，百发百中，而不以善息，少焉气力倦，弓拨矢钩，一发不中，前功尽弃。”意思是说，从前，楚国有一个名叫养由基的人擅长射箭，他距离柳树一百步放箭射击，每箭都射中柳叶的中心，百发百中，左右看的人都说射得好，可是一个过路的人却说：“我擅长射箭，可以教他该怎样射。”养由基听了这话，心里很不舒服，就说：“大家都说我射得好，你竟说可以教我射箭，你为什么不来替我射那柳叶呢！”那个人说：“我不能教你怎样伸左臂屈右臂的射箭本领；不过你有没有想过，你射柳叶百发百中，但是却不善于调养气息，等一会儿疲倦了，弓拉不开，箭是歪斜的，一箭射不中，就会前功尽弃。”能百步穿杨固然是技艺精湛，但还得注意调整自己的心绪气息，保证百发百中，否则一箭之失将前功尽弃。这就像人们常说的“行百里者半九十”，做任何事情没走好最后一步，最后一步走得不精准，可能就会影响事业成败，影响人的尊严，乃至人生幸福，一着不慎，满盘皆输。

精准思维，对每个人都很重要。三百六十行，行行出状元。但是没有一流的心性，就如“不已善息，少焉气力倦，弓拨矢钩，一发不中”，就没有一流的技术、一流的业绩，也没有如意的人生。的确，如果没有发自肺腑、专心如一的热爱，怎会有废寝忘食、尽心竭力的付出？没有臻于至善、超今冠古的追求，怎会有出类拔萃、巧夺天工的卓越？精准思维，蕴含着技进乎道、超然达观的人生信念，格物致知、正心诚意的生命哲学。在现实生活中，如果一个人能掌握某一技艺到极致的状态，那么他的境界绝对不仅仅停留在就事论事的层面，还能够塑造自己美好的人性。换言之，有一技之长的人，能探明事物本质的人，对于万事万物，都能够做到融会贯通，能善待万物、善待是非曲直，因他人的幸福而幸福。

# 后记

“千钧将一羽，轻重在平衡。”

人生在世，需要在生活实践中把握为人处世的尺度，学会处理与自然、与社会、与他人、与自我的平衡关系。天，播撒阳光雨露；地，承载万物；君，引领方向；亲，血脉相连；师，授业解惑，皆应敬之、拜之、忠之、爱之、尊之。以感恩之心来寻平衡、找平衡，则平衡易得，由此安顿自我，乃至成就自我，平安喜乐过一生。

“平衡”是我个人在生活磨炼中不断感悟而得的理念。结合马克思主义哲学、中华优秀传统文化和自然科学原理中与“平衡”相关的论述，我逐渐加深了对“平衡”概念的系统性认识：人从蹒跚学步，到能奔善跑，到拖腿拄杖前行，无时不在平衡之中。由此有了这本《寻求平衡》。

本书源于个人工作和生活的感悟，纯粹为自己而写，从初具雏形到最后成稿，前后经历了数年的沉淀与打磨，越写越解放自己，越改心越通透，收获也越来越多。本人才疏学浅，却喜欢与人分享，领导同事们不吝赐教，对本书提出许多宝贵意见，并一再催促尽快出版，分享给更多人。经过岁月的照拂和思想的雨露灌溉，时间终让这枚哲思之果成熟落地。

值本书付梓之际，感谢海峡出版发行集团董事长林义良同志的大力支持；感谢福建省书法家协会副主席、福州画院副院长李木教先生题写书名；感谢福建省美术家协会副主席、福建省画院院长张永海先生精心配图；感谢同事小俞、小刘以及所有关心支持本书创作与出版的朋友们；感谢每一位读到此处的读者，谢谢大家！文中疏漏之处，恳请不吝批评指正。

2022 年 11 月 23 日

**图书在版编目（CIP）数据**

寻求平衡/贞尧仔著．--福州：福建人民出版社，2023.1

ISBN 978-7-211-08981-9

Ⅰ.①寻…　Ⅱ.①贞…　Ⅲ.①人生哲学-通俗读物　Ⅳ.①B821-49

中国版本图书馆 CIP 数据核字（2022）第 254020 号

**寻求平衡**

XUNQIU PINGHENG

**作　　者**：贞尧仔
**责任编辑**：沈小燕
**助理编辑**：王丹艺
**责任校对**：陈　璟
**出版发行**：福建人民出版社　　**电　　话**：0591-87533169(发行部)
**网　　址**：http://www.fjpph.com　　**电子邮箱**：fjpph7211@126.com
**地　　址**：福州市东水路 76 号　　**邮政编码**：350001
**经　　销**：福建新华发行（集团）有限责任公司
**印　　刷**：福州万达印刷有限公司
**地　　址**：福州市闽侯县荆溪镇溪头工业区徐家村 166-1 号
**电　　话**：13358230971
**开　　本**：720 毫米×1010 毫米　1/16
**印　　张**：22.5
**字　　数**：242 千字
**版　　次**：2023 年 1 月第 1 版
**印　　次**：2023 年 1 月第 1 次印刷
**书　　号**：ISBN 978-7-211-08981-9
**定　　价**：56.00 元